国际电气工程先进技术译丛

超级电容器在功率变换系统中的应用、分析与设计——从理论到实际

[德] 佩塔尔 J. 格尔波维奇（Petar J. Grbović）著
田立亭 李相俊 连晓峰 秦晓辉 等译

机械工业出版社

本书主要介绍超级电容器及其在功率变换系统中的应用，着重分析了超级电容器模块以及接口 DC - DC 功率变换器的分析、建模和设计。主要包括储能技术及直接/间接储能系统装置的背景、超级电容器的相关理论及模型、不同充/放电方法下的超级电容器电压和电流特性以及电流应力和功率损耗的分析与计算。同时还包括功率变换系统及其应用基础，集成超级电容器储能的典型功率变换系统结构和特殊应用需求中储能装置的选型过程。在超级电容器模块设计的主要参数基础上，介绍了超级电容器模块的选型与设计过程，超级电容器的损耗、效率与尺寸、成本的关系，超级电容器单体的串联和电压均衡问题，以及超级电容器模块的散热设计。另外，详细分析了接口 DC - DC 变流器的分类以及多相交错式双向 DC - DC 变流器。

本书主要面向从事超级电容器应用的电力电子工程师和研究人员，也可作为超级电容器和功率变换应用研究领域的相关专业研究生以及教师的参考用书。

译者序

本书主要介绍了超级电容器及超级电容器在功率变换系统中的应用，着重分析了超级电容器模块以及接口 DC－DC 功率变换器的分析、建模和设计。首先介绍储能技术及装置的背景，包括直接和间接储能系统。第 2 章详细介绍了超级电容器的相关理论，建立了面向应用的超级电容器模型，然后对超级电容器的能量和功率进行定义和讨论，分析了不同的充/放电方法，如电压－电阻模式、电流模式和功率控制模式。在不同的充/放电方法下，导出了超级电容器的电压和电流特性。讨论了不同运行条件下超级电容器电流应力和功率损耗的分析与计算。第 3 章介绍了功率变换系统及其应用基础。讨论了功率变换系统中短期储能设备的应用需求，介绍了集成超级电容器储能的典型功率变换系统结构，简要给出了特殊应用需求中储能装置的选型过程，并比较了两种主要储能设备：电化学电池和超级电容器。然后讨论了不同的功率变换应用。第 4 章介绍了超级电容器模块的选择与设计过程。超级电容器模块的设计基于 3 个主要参数：模块电压、电容和内阻。另外还讨论了超级电容器的损耗、效率与尺寸、成本的关系，介绍了超级电容器模块设计的几个方面，讨论了超级电容器单体的串联和电压均衡问题，以及超级电容器模块的散热设计。第 5 章对接口 DC－DC 变流器进行了详细分析，着重分析了接口 DC－DC 变流器的分类以及多相交错式双向 DC－DC 变流器。

作者 Petar J. Grbović博士长期从事超级电容的研究，曾在施耐德电气公司的施耐德东芝逆变器（STI）研发中心工作。具有丰富的研究经验，发表了多篇相关学术论文。

本书第 1、3、5 章由田立亭翻译，第 2 章由连晓峰翻译，第 4 章由李相俊翻译。全书由连晓峰和秦晓辉审校、整理。同时，潘峰、赵旭、毋冬、郭柯、姚舜才、李东红、潘媛、侯宝奇、贾琦、叶璐、王炎、刘鹏华、申震云、郭朝辉、张栋、何宇婷、任杰等人也参与了本书部分内容的翻译。另外，感谢付旺保、王庆刚工程师对本书部分翻译内容提供悉心指导。

限于译者的经验和水平，书中难免存在缺点和错误，敬请广大读者批评指正。

译者

原书前言

本书是关于什么的?

这是一本关于超级电容器及超级电容器在功率变换系统中应用的专著。本书着重于超级电容器模块以及接口 DC-DC 功率变流器的分析、建模和设计。

功率变换系统和电力电子器件在日常生活中扮演着重要的角色。很难想象没有电力电子器件和静态功率变换设备的应用，比如工业受控电力驱动、可再生能源、发电和输电装置、家用电器、移动式柴油发电机组、土方机械及设备、交通运输等。在大多数应用中，需要一种可以在短时间段内存储和释放一定能量的设备，这种需求正在增长。受控电力驱动中需要储能回收制动能量或在供电中断时提供能量。风力发电机需要利用储能平滑风速波动引起的功率波动。输电设备如静止同步补偿器（STATCOM)，需要在电力系统故障或不稳定运行中，利用储能提供有功功率支撑。移动式柴油发电机组需要利用储能减少燃料消耗和二氧化碳排放。交通运输对储能有强烈需求，用于提高系统的效率和可靠性。

储能装置应具备高功率等级的快速存储和释放能量的能力。充放电时间可持续几秒至数十秒，而功率密度应在 5～10kW/kg。当前有两种储能技术符合这样的要求：①飞轮储能；②电化学双层电容器（EDLC)，多称为“超级电容器”。本书只考虑超级电容器。

本书中有什么?

本书共包括 5 章。首先介绍储能技术及装置的背景，接着详细讲解了超级电容器的相关理论，并介绍了功率变换系统及其应用基础。超级电容器模块的选型与设计过程是本书的一项重要内容。最后，本书对接口 DC-DC 变流器进行了详细分析。

第 1 章给出了储能技术及装置的基础。所有储能系统都可归为两类：直接和间接储能系统。直接储能设备直接存储电能，并不进行能量类型的转换。电抗器和电容器是直接储能设备。超导磁储能（SMES）设备和超级电容器是具有高能量密度的直接储能设备。间接储能系统和设备将电能转换为其他更容易处理和存储的能量类型。典型系统为机电储能系统，如飞轮、抽水蓄能和压缩空气储能系统。电化学储能系统也是广为人知的间接储能系统，如电化学电池和氢燃料电池。

第 2 章介绍了超级电容器的背景理论。首先特别建立了面向应用的超级电容器模型，然后对超级电容器的能量和功率进行定义和讨论，分析了不同充/放电方法，如电压－电阻模式、电流模式和功率控制模式。在不同的充放电方法下，导出了超级电容器的电压和电流特性。讨论了不同运行条件下超级电容器电流应力和功率损耗的分析与计算。解释了超级电容器的损耗与充/放电频率的关联，以及当充放电电流频率在兆赫[⊖]范围（非常低的频率）和赫范围（低频）时如何确定损耗。最后，给出了一些应用实例，如具有制动和穿越能力的变速驱动器。

第3章的第1部分介绍了功率变换的基本原理，讨论了功率变换系统中短期储能设备的应用需求，介绍了集成超级电容器储能的典型功率变换系统结构，简要给出了特殊应用需求中储能装置的选型过程，并比较了两种主要储能设备：电化学电池和超级电容器。第3章的第2部分讨论了不同功率变换应用，如受控电力驱动器、可再生能源（例如风能、光伏和海洋流）、自备柴油和液化天然气（NLG）机组、具有短时有功支撑能力的STATCOM、UPS以及牵引。

第4章深入讨论了超级电容器模块的选型。超级电容器模块的设计基于3个主要参数：模块电压、电容和内阻。模块电压实际上为一组不同的工作电压和模块额定电压。工作电压、额定电压、模块电容和内阻根据应用需求确定，如储能能力、运行寿命、效率等。第4章的第2部分讨论了超级电容器的损耗、效率与尺寸、成本的关系，介绍了超级电容器模块设计的几个方面，讨论了超级电容器单体的串联和电压均衡问题，以及超级电容器模块的散热设计。最后，通过几个实际的功率变换应用案例对上述理论分析进行支撑。

第5章讨论了接口DC－DC变流器。首先介绍了双向DC－DC变流器的背景，将变流器分为不同的类别，如全功率与部分功率变流器、隔离与非隔离式变流器、两电平与多电平变流器、单相与多相交错式变流器。根据应用需求，对比了当前的各类拓扑。在第5章的第2部分中，详细分析了多相交错式双向DC－DC变流器，并给出了设计导则。最后，通过几个实际算例对理论分析进行支持，如高功率UPS和受控电力驱动。

谁应该读这本书（为什么）

本书主要面向需要提升先进超级电容器储能的知识和理解，并关注现在和未来超级电容器在功率变换中应用的电力电子工程师和专业人士。本书也可作为希望了解更多关于超级电容器和功率变换应用的硕士生和博士生的背景资料。读者最好掌握数学、电路原理和系统、电磁学、电力电子学方面的基本知识。

致谢

几年前作者开始了超级电容器的研究，当时在施耐德电气公司位于法国厄尔河畔帕西的施耐德东芝逆变器（STI）研发中心工作。在此特别要感谢Philippe

⊖ 原文为“mega－herz”有误，应为毫赫（mHz）。——译者注

Baudesson 博士和 Fabrice Jadot 博士的支持。在开始思考超级电容器在受控电力驱动中的应用时，获得了他们的支持。

向 Philippe Delarue 教授和法国里尔电气工程及电力电子实验室（L2EP）的 Philippe Le Moigne 教授表达深深的谢意，感谢所有富有创意和成效的讨论，以及所有的意见和建议。

向发行人 Peter Mitchell、项目编辑 Richard Davies、助理编辑 Laura Bell、高级出版编辑 Genna Manaog、项目经理 Radhika Sivalingam 和文字编辑 Caroline McPherson 表示衷心的感谢，和他们一起工作感到真正的快乐。

最后且重要的是，要向家人表示最深切的感谢，感谢妻子 Jelena、儿子 Pavle 和母亲 Stojka，感谢他们的爱和支持，感谢他们对作者的信心。

Petar J. Grbović博士
德国，伊斯马宁

目　录

第 1 章　储能技术及装置

1.1　简介

1.1.1　能量

根据定义，能量是物质的一种属性，可以用于做功。能量既不能被创造也不能被毁灭，只能从一种形式转化为另一种形式。能量可以以多种形式存在，如电磁场、重力、化学能、核能等[1,2]。电能是人们日常生活中广泛使用的一种能量形式，本章将讨论电能的存储技术与装置。

1.1.2　电能及其在日常生活中的作用

电能可定义为通过电气设备做功的能力。自从 19 世纪特斯拉和爱迪生时代，电能已经用于日常生活的方方面面。今天，电能已成为主导能源形式。约 60% 的一次能源被转换成电能，并应用于各种领域，如工业、交通运输、照明、家用电器、电信、计算、娱乐等。

图 1.1 所示为电能生产 – 传输 – 消费过程的简化框图。电能通常由机电式发电机“生产”。发电机由汽轮机、NLG㊀（液化天然气）涡轮机、水轮机、风机或内燃机驱动。此外，电能还可以由静态发电机“生产”，如光伏电池板和氢

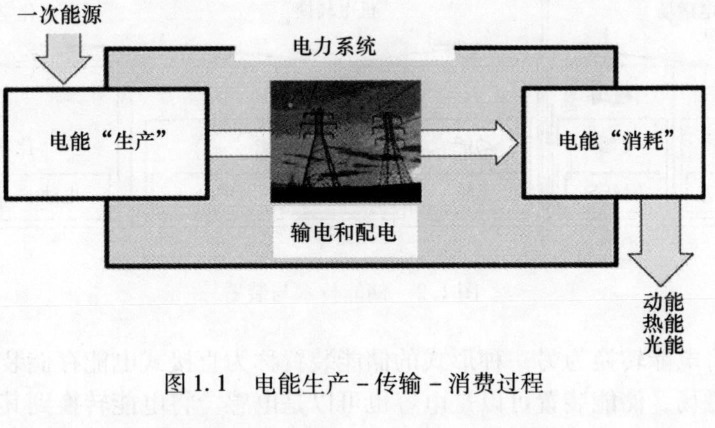

图 1.1　电能生产 – 传输 – 消费过程

㊀ 原书为“NLG”，按当前的使用习惯，多为“LNG”。——译者注

燃料电池。

从“生产地”到“消费地”的电能传输也很便利。“生产地”可以为远离“消费地”（如大城市）的集中式电站。电能通过高压输电和中/低电压配电网进行传输和分配。最后，电能被终端用户“消耗”。实际上，电能只是被转换成另一种形式的能量，如热、光、化学能、线性或旋转运动等。

在小规模系统中，如柴油电力机车、混合动力车、土方设备（挖掘机）和RTG（轮胎式龙门）起重机，电能是由车载柴油发电机产生，并传输到车载负载（电动机）。

从其他能源形式（如机械或者化学形式）产生电能非常方便，但电能难以存储。因此，电能必须在“生产”的同时被“消耗”掉。生产总量和消耗总量之间不平衡将会产生电能质量、电网不稳定以及电力系统崩溃等问题。这使得电能很难应用在动态、波动的“生产”和/或“消费”系统中。由此，需要储能装置来存储和释放电能，使得“生产”和“消耗”之间达到动态平衡。本章将简要介绍主要的储能技术和装置。

1.1.3 储能

储能装置是一种具有以不同形式储能能力的多物理设备。电力系统中的能量，即“电能”，取决于存储介质可以被直接或间接存储。图 1.2 给出了直接和间接能量存储过程和装置。

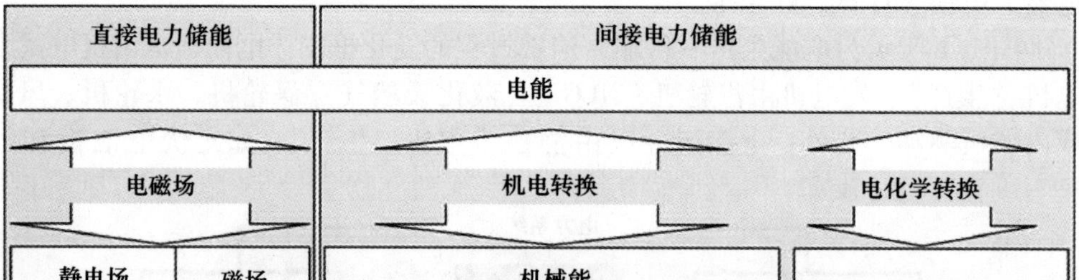

图 1.2　储能技术与装置

无需将电能转换为另一种形式的储能装置称为直接式电能存储装置，其储能介质是电磁场，储能装置可以是电容也可以是电感。将电能转换到其他形式并存储的装置称为间接式储能装置。某些形式的能量可以由电能转换并转换为电能。

其中，最适合的能量形式为机械能和化学能。机械能以两种形式存在：位置能，通常称为势能，以及运动能，通常称为动能。相应的储能装置为飞轮、压缩空气储能（CAES）和抽水蓄能（HPES）。使用化学能作为储能形式的装置有电化学电池和燃料电池。

1.2 直接式电能存储装置

直接式电能存储装置可直接存储电能，而无需将电能变换为其他能量形式。根据定义，能量以电磁场形式存储在某一确定体积 V 内，电磁场主要为静电（电）场 E 和磁场 H。主要采用电场作为储能介质的装置称为电力电容器，而主要采用磁场作为储能介质的装置称为磁性设备（如电抗器）。对于大多数功率变换应用，传统电容器和电抗器的储能能力不足。为克服上述缺点，现已开发出超级电容器储能（UCES）[3-6]与超导磁储能（SMES）[1,2,6]。

1.2.1 电力电容器作为储能装置

在此考虑由两个金属体，及其之间体积为 V 的电介质构成的静电系统。对上述静电系统中的金属体充电，电能以电场形式直接存储。该系统中所存储能量为

$$W_E = \frac{1}{2}\iiint_V \epsilon(E)E^2\mathrm{d}v \tag{1.1}$$

式中，V 为介电质的体积；E 为电场；$\epsilon(E)$ 为介电材料的介电常数。

现在，考虑一个如图1.3所示的平板电容器。该电容器由两个极板以及两个极板之间的介电质组成。极板之间的距离为 d，极板面积为 A。极板分别带有电荷 $+Q$ 和 $-Q$。

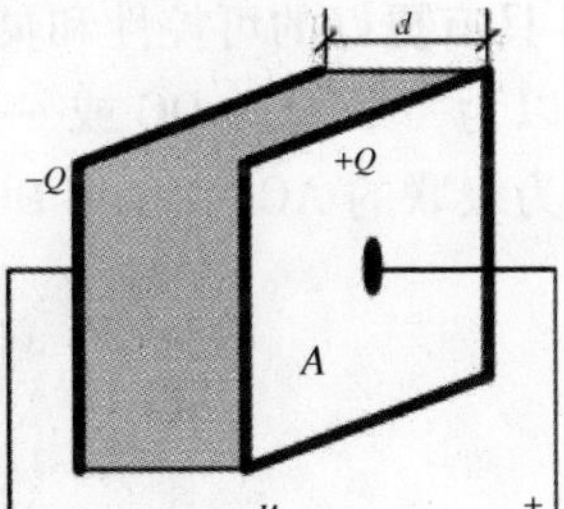

图1.3 平板电容器

不失一般性，假设该电容器为一个电压与电荷和电容相关的非线性电容器。非线性电容器的电荷和电容关系如图1.4所示。一旦电压达到一定值，非线性电容器的电荷达到饱和，电容下降。然而也有一些电容会随施加电压而增大的情况。接下来，将以电化学超级电容器为例进行讨论。

非线性电容器充电到电压 U_0 的能量为

$$W_E = \int_0^{Q_0} u(q)\mathrm{d}q = \int_0^{U_0}\left(C(u) + \frac{\partial C(u)}{\partial u}u\right)u\mathrm{d}u \tag{1.2}$$

式中，$C(u)$ 为与电压相关的电容。

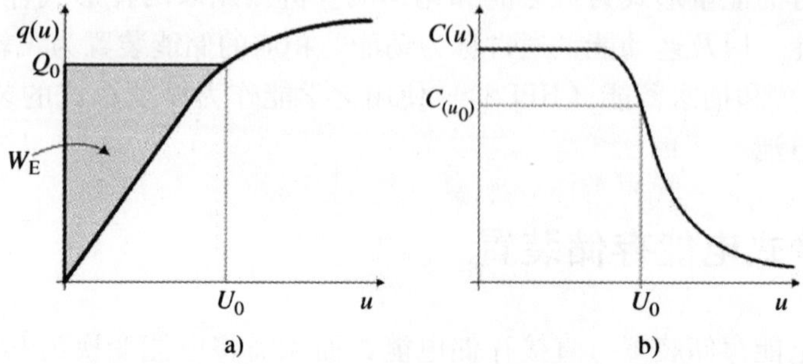

图 1.4　a）电容器充电特性和 b）电容与电压的关系

如果电介质是线性的，则可由式（1.2）计算能量：

$$W_E = \frac{1}{2}Q_0U_0 = \frac{1}{2}C_0U_0^2 \tag{1.3}$$

式中，C_0是电容器的电容；Q_0是电容器的电荷。

由式（1.3）和式（1.2）可以看出，电力电容器的储能能力很大程度上取决于电容器的电压和电容。很明显，为增加电容器的储能能力，电压等级和电容必须尽可能高。电容器的电压等级和电容取决于电容器的技术类型。最常见的电力电容器技术为电解电容器和聚丙烯薄膜电容器。

1.2.1.1　UCES

UCES 以两个导电板之间电场[3,4]的形式储存电能。储能系统由超级电容器和一个接口功率变流器组成，如图 1.5 所示。传统上使用接口功率变流器使 UCES 具有更好的可控性和灵活性。根据所应用电气系统的性质，接口功率变流器可以为一个 AC－DC 或一个 DC－DC 双向变流器。在某些应用中，接口功率变流器为级联的 AC－DC 和 DC－DC 变流器。

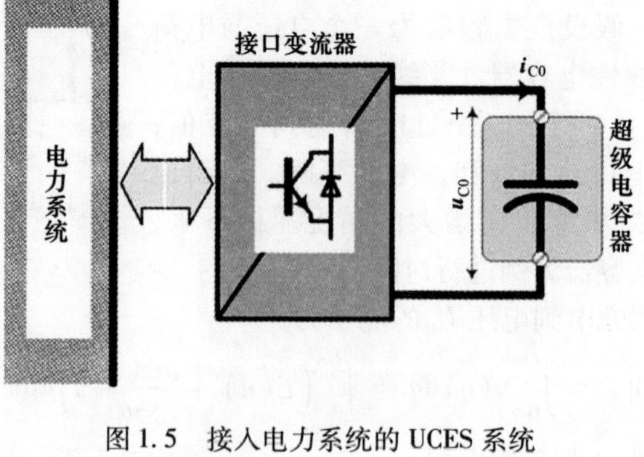

图 1.5　接入电力系统的 UCES 系统

超级电容器是一种电化学电容器，由两个多孔导电电极组成。为防止电极之间的直接接触，在两个电极之间布置隔膜。电极连接到金属集流器，即电容器端子上。图 1.6 所示为简化的截面，电极和隔膜浸在电解质中。每个电极形成了一个覆盖有电解质离子的电容器。电容取决于离子的大小和导电电极的表面积。由于离子的直径在埃数量级，而表面积可达数千平方米，因此电容值在数千法级，远远高于标准电解电容器。

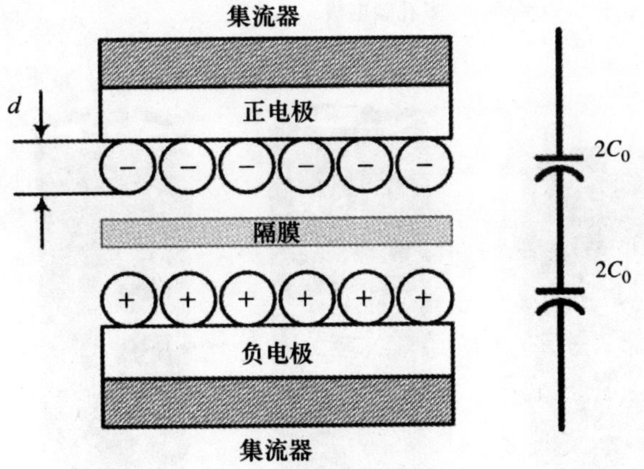

图 1.6　超级电容器单体的简化截面

超级电容器是一种非线性电容器，其电容受控于电压，定义为

$$C(u) = C_0 + k_C u \tag{1.4}$$

式中，C_0为初始电容值，它代表了电容器的静电电容；k_C是一个系数，它代表超级电容器扩散层的影响。

充电到电压 U_0时，超级电容器的能量为

$$W_E = \frac{1}{2}\left(C_0 + \frac{4}{3}k_C U_0\right)U_0^2 \tag{1.5}$$

由于电容 C_0达数千法（F）数量级，超级电容器的储能能力明显高于“标准”的电解电容器。

许多制造商[5,6]提供超级电容器单体。超级电容器单体的典型电容为 100 ~ 6000F，额定电压为 2.5 ~ 2.8V。图 1.7 和图 1.8 所示为制造商 LS Mtron 制造的一些商用超级电容器单体。

超级电容器作为短期储能元件，主要用于需要大功率而不是高能量的领域。在本书的第 3 章将对其可能的应用领域进行详细讨论。

图 1.7　LS Mtron 公司超级电容器。LS Mtron 公司版权许可

图 1.8　LS Mtron 公司超级电容器模块。LS Mtron 公司版权许可

1.2.1.2　超级电容器与电解电容器、薄膜电容器的对比

表 1.1 总结并比较了静电电容器、电解电容器和超级电容器的性能。

静电电容器有很高的额定电压，可达 100～1000V 或更高电压范围。典型的电容低于 1000μF/dm³，而能量密度为 270～350J/dm³。

表 1.1　高功率电容器和超级电容器的特性

	电压/V	电容	能量
静电薄膜电容器	880	700～900μF/dm³	270～350J/dm³
电解电容器	450	5000～7500μF/dm³	500～750J/dm³
超级电容器	2.8	5000～7500F/dm³	19～30kJ/dm³

与此形成对比，电解电容器的电压等级较低，通常不超过 550V，大约为静电电容器的一半。典型的电解电容器的电容范围是 5000～7500μF/dm³，能量密度为 500～750J/dm³，是静电电容器的两倍。

从表 1.1 可以看出，超级电容器的参数与静电电容器和电解电容器的参数有数量级的差别。超级电容器的电压等级为 2.5～2.8V，这是低于电解电容器超过两个数量级的电压等级。然而其电容密度为 7500～5000F/dm³，超过电解电容器 6 个数量级。因此，其能量密度是电解电容器的 25～60 倍。

1.2.2　电抗器储能

1.2.1 节中，介绍了电场是如何作为一种介质来存储能量的。同理，也可以利用磁场来储存能量。本节将简要介绍一种电磁设备（即电抗器）作为储能装置。

考虑体积 V，磁场的磁通密度和强度为 B 和 H。本例中不考虑磁场的源，其可能为磁化材料，也可能为携带电流导线周边的磁场，或者为两者的组合。体积 V 所存储的能量可表述为

$$W_{\mathrm{M}} = \frac{1}{2}\oiiint_V \vec{H}\,\vec{B}\mathrm{d}v \tag{1.6}$$

如图 1.9a 所示的电感由一个环形磁心和一个匝数为 N 的线圈组成。线圈中电流为 I_0。磁芯中的磁场磁通密度和磁场为 B 和 H。图 1.9b 所示为具有非线性特征磁心的一般 $B-H$ 特性。

可利用总磁通和电抗器电流计算磁心存储的能量：

$$W_{\mathrm{E}} = \int_0^{\Psi_0} i(\psi)\,\mathrm{d}\psi \tag{1.7}$$

式中，$i(\psi)$ 为总磁通 ψ 下的电感电流（见图 1.10）。

磁通的定义为

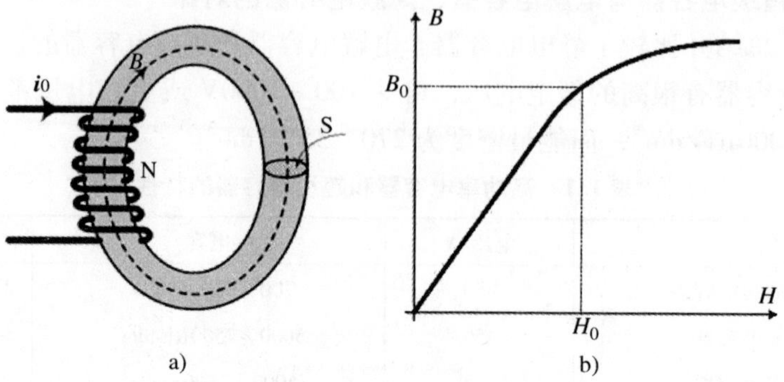

图 1.9　a）环形磁心电抗器和 b）电抗器磁心的 $H-B$ 特性

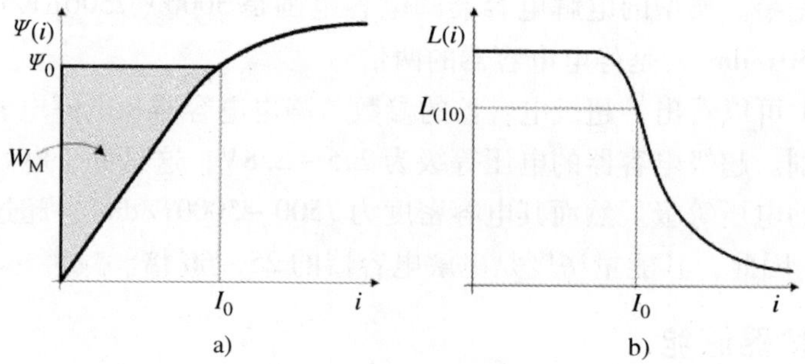

图 1.10　a）总磁通与电流的关系和 b）电感与电流的关系

$$\psi = N\iint_S \vec{B}\mathrm{d}\vec{s} \tag{1.8}$$

式中，S 为磁心的横截面积；N 为线圈的匝数。

载有电流 I_0 的非线性电抗器（以电流 I_0 充电）所具有的能量为

$$W_E = \int_0^{I_0}\left(L(i) + \frac{\partial L(i)}{\partial(i)}i\right)i\mathrm{d}i \tag{1.9}$$

式中，$L(i)$ 是与电流相关的电感。

1.2.2.1　SMES

SMES 装置将能量以磁场的形式存储起来，该磁场由低温冷却[1,2,10]的超导线圈电流产生。SMES 装置由超导线圈和双向接口变流器组成，如图 1.11 所示。传统上使用接口功率变流器，以提高 SMES 系统的可控性和灵活性。根据应用和电力系统的属性，接口电源转换器可为 AC－DC 或 DC－DC 双向功率变流器。某些应用中，出于灵活性考虑，将电压源型 AC－DC 变流器和 DC－DC 变流器级联。

超导线圈为一个电感为 L_0 的线性电抗器。充电电流为 I_0 的超导磁储能中的

能量为

$$W_{\mathrm{SMES}}=\frac{1}{2}L_0I_0^2 \tag{1.10}$$

由式（1.10）可明显看出，高能量需要大的电感和电流。超导体的电阻几乎为零，由于超导体的这项属性，可轻易达到几十亨等级的电感，此时电流 I_0 可达数千安。因此，可实现数十兆焦的储能容量。

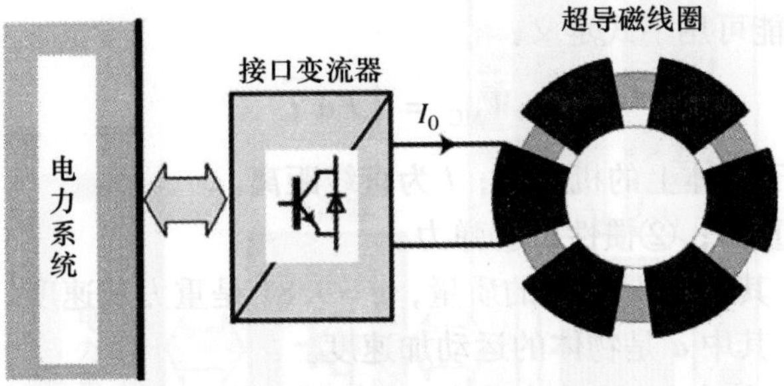

图 1.11　连接到电力系统的 SMES

SMES 系统通过 AC－DC 或 DC－DC 变流器从电网充电。一旦 SMES 线圈中建立起电流 I_0，就可以虚拟地将线圈从电网断开。电流 I_0 在超导线圈和接口功率变流器输出端子间进行循环。当需要能量时，SMES 电流以及能量通过接口功率变流器输送到电网。SMES 系统适用于高功率短时间的应用场合。其功率等级在数百兆瓦范围内，充电/放电时间小于 1s。主要应用领域为大型电力系统的电能质量恢复。

1.3　间接储能技术及装置

间接电力储能是利用能量转换过程存储和释放电能的装置。间接储能设备由能量转换装置和能量存储介质组成，如图 1.12 所示。电能被转换为另一种类型的能量，如机械能或化学能，然后转换后的能量由某种适当的存储介质存储。能量转化通过能量转换装置完成，如电动机/发电机或电化学反应器。

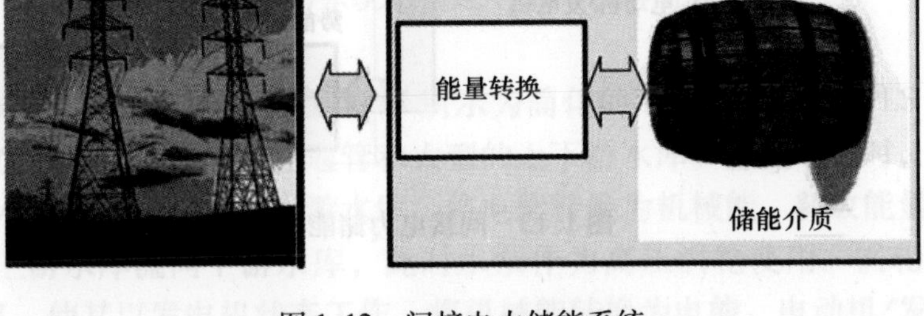

图 1.12　间接电力储能系统

连接到电力系统中。

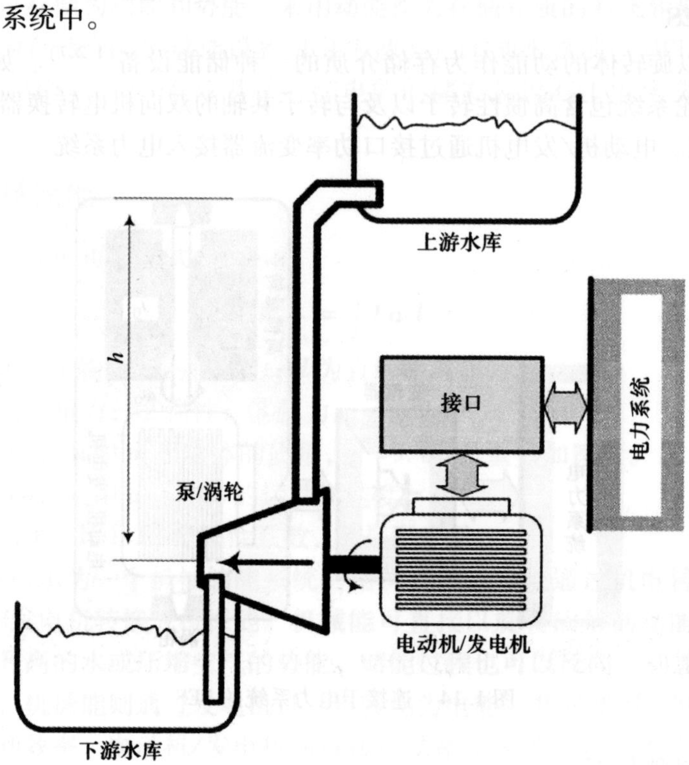

图 1.15　HPES 系统

HPES 系统中存储的能量可以由下式计算：

$$W_{\mathrm{HPES}} = V_0 \rho g H \tag{1.13}$$

式中，V_0为上游水库容积（m^3）；ρ 为水的密度（kg/m^3）；g 为重力加速度（约为 9.81，m/s^2）；H 为上游水库和泵/涡轮之间的垂直距离，即水头（m）。

HPES 用于需要高储能容量和高功率的大型系统中，如电力系统。

1.3.1.3　CAES

CAES 以压缩空气[8]的形式储能。如图 1.16 所示，CAES 包含密封储藏器、压缩机、涡轮和电动机/发电机。通常利用地下洞穴作为密封储气室。当储能时，电动机将电能转换为机械能，并运行压缩机将空气压缩进入储气室。当需要能量时，可通过多级燃气轮机使压缩空气膨胀得到能量。燃气轮机驱动发电机，把机械能转换成电能，反馈到电力系统中㊀。

㊀ 原文为通过接口功率变流器并网，实际上大型的压缩空气储能的发电机是直接并网的。——译者注

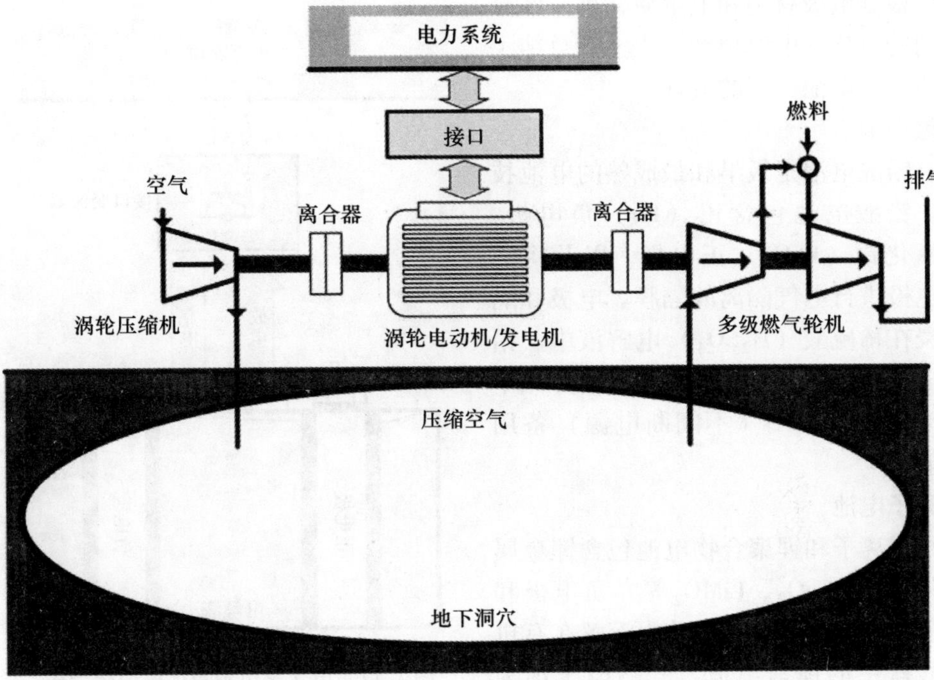

图 1.16　CAES 系统

储能容量取决于贮存体积和压缩空气的最大存储压力。CAES 适用于具有高储能容量和高功率需求的应用，如电力系统和可再生能源。

1.3.2　化学储能

化学储能装置属于间接电力储能装置。电能转换为化学势能，进一步以适当的方式存储。两种最常用的电化学储能类型为①电化学电池[9]；②氢燃料电池[7]。

1.3.2.1　电化学电池

电池储能系统（BES）或电化学电池，是最早的也是技术体系最成熟的储电技术。电池是将电能转化为化学势能并在充电过程中储存能量的电化学装置。当需要能量时，所存储的化学能转换成电能。电化学电池作为储能装置时，由一个或多个连接在一起的单体形成一个单元。一个电池单体包含两个浸在电解液中的电极，即正极和负极。当电池充电时，外部电压/电流源施加在电极上。经过电解质和电极材料，电池的两个电极间形成离子流，从一个电极流向另一个电极。当需要能量时，外部负载加载于电池电极之间，形成相反方向的离子流，从第二个电极传输到第一个电极（见图 1.17）。

根据电极材料和电解质，可以区分不同的电化学电池种类。表 1.2 总结了当前主要电池类型的特性。

铅酸电池

铅酸电池是最早和最成熟的电池技术。铅酸电池包含铅（Pb）负电极、二氧化铅（PbO_2）正电极，以及将两个电极进行电气隔离的隔膜。电极和隔膜浸在稀硫酸（H_2SO_4）电解液中。铅蓄电池是低成本电池，传统上作为汽车起动器以及 UPS（不间断电源）备用储能。

锂离子电池

锂离子和锂聚合物电池包含锂金属氧化物（$LiCoO_2$、$LiMO_2$等）负电极和石墨正电极。电池电解液由溶解在有机碳酸盐中的锂盐组成，开路电压约为 4V。当前锂离子和锂聚合物电池在便携式应用中使用较多，并且有在汽车产业中得到广泛应用的趋势。

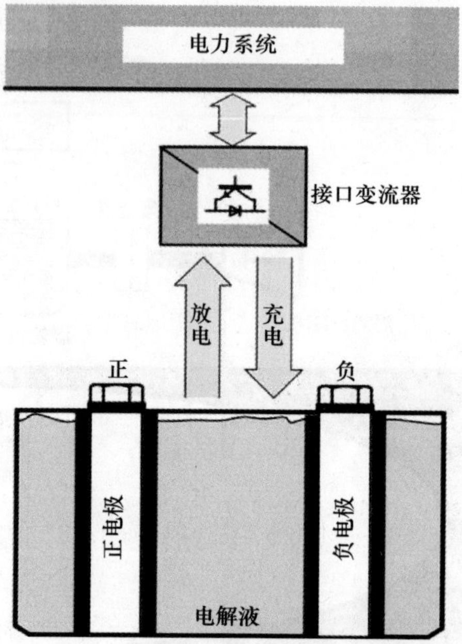

图 1.17 电化学电池单体的简化结构

表 1.2 当前电化学电池总结

	能量密度/(Wh/kg)	功率密度/(W/kg)	寿命/次	运行温度/℃
铅酸电池	20 ~ 35	25	200 ~ 2000	15 ~ 25
锂离子电池	100 ~ 200	360	500 ~ 2000	-40 ~ 60
锂聚合物电池	200	250 ~ 1000	>1200	-40 ~ 60
镍-镉电池	40 ~ 60	140 ~ 180	500 ~ 2000	-20 ~ 60
镍-金属氢化物电池	60 ~ 80	220	<3000	-20 ~ 60
钠硫电池	120	120	2000	

镍-镉电池

镍-镉电池采用羟基氧化镍为正电极，以金属镉为负电极。电解液是含氢氧化锂的浓缩氢氧化钾溶液。开路电压约为 1.3V。镍-镉电池的优点是高比功率和比能量、长循环寿命、快速充电能力、工作温度范围宽和良好的长期存储能力。主要缺点是初始成本高、电池电压低以及镉的环境危害。

镍-金属氢化物电池

镍-金属氢化物电池具有与镍-镉电池相似的特性。主要区别在于负电极，镍-金属氢化物电池的负电极由吸附在金属氢化物中的氢形成，而不是镉。当电池放电时，负电极的金属氢化物被氧化得到合金金属。正极中的镍羟基氧化还原为氢氧化镍。当电池充电时该过程相反。开路电压约为 1.2V。

镍－金属氢化物电池具有与镍－镉电池相似的优点。此外，镍－金属氢化物电池是环境友好的，其不含有镉之类的有毒物质。其主要缺点为初始成本高和记忆效应。

钠硫电池

钠硫（NaS）电池由液态硫正电极和液态钠负电极组成。电极由固体 β 氧化铝陶瓷电解质隔开。电池工作温度较高，约为 300℃。钠硫电池可用于交通运输，也可以用于需要平滑功率的场合。

1.3.2.2 电化学液流电池

电化学液流电池的工作方式类似于前面所描述的富液电池。不同的是，化学能存储在两种不同的电解液中。电化学液流电池的简化框图如图 1.18 所示。电化学液流电池由一个反应器、两个装正负极电解液的罐以及两个泵组成。反应器由两个电极组成，并用具有离子选择性的隔膜隔开。电解液在泵的作用下进入反应器。

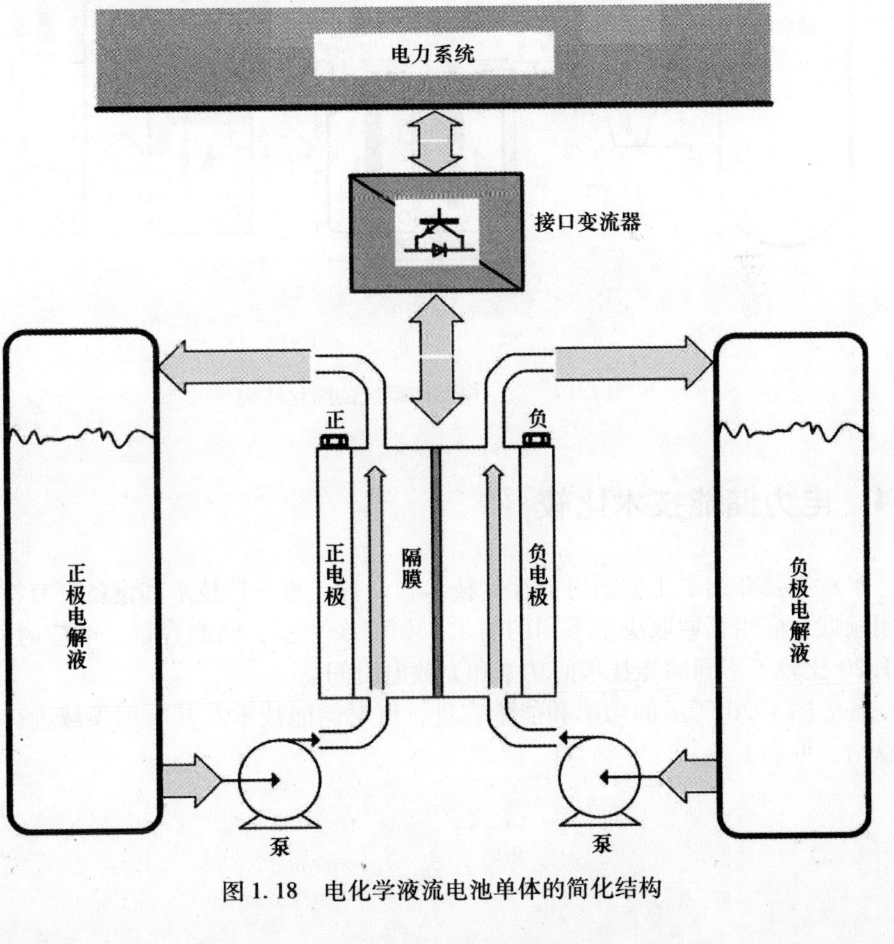

图 1.18 电化学液流电池单体的简化结构

1.3.2.3 氢储能

氢，特别是氢－电储能系统近期受到诸多关注。其储能过程包括 3 个步骤：①利用电能制氢；②存储气态或液态的氢；③将氢能转换为电能。图 1.19 所示为氢－电储能系统的简化框图。该系统包含电解槽、压缩机、氢气罐和燃料电池。电解槽将水分解为氢和氧，把电能转换为化学能。压缩机压缩氢气并把氢气存储在氢气罐里。当需要电能时，存储在罐中的氢气通过燃料电池产生电能和水。电解槽和燃料电池通过接口功率变流器接入电力系统。

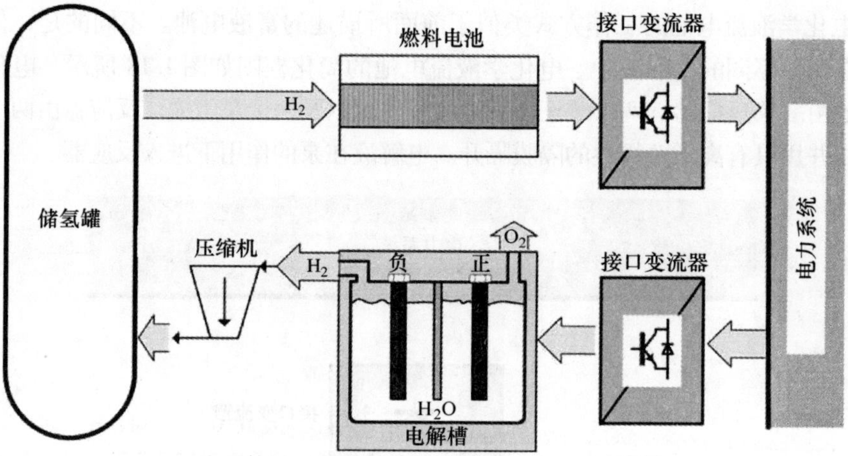

图 1.19 氢－电储能系统的简化结构

1.4 电力储能技术比较

本章简要介绍了主要的电能存储技术和设备，每一种技术和设备都有特定的应用领域。应用领域取决于不同的需求，如变换功率、储能容量、响应时间等。图 1.20 比较了不同储能技术的功率和充放电时间。

基于图 1.20 所示的功率和能量容量，可对储能技术及其应用领域进行分类和总结，见表 1.3。

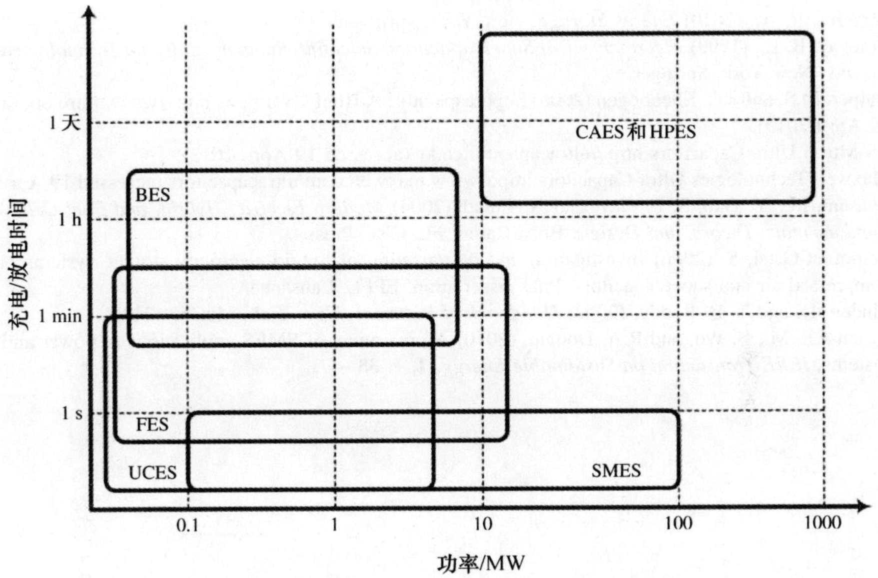

图 1.20　不同储能技术的功率容量和储能时间对比

表 1.3　储能技术及其应用的对比和总结

非常短	短期	中期	长期
<1s 动态电压控制 故障管理和电网稳定控制 穿越和备用	秒到分 穿越和备用 牵引再生制动和峰值功率削减 VSD 再生制动和峰值功率削减 电网频率控制	分到小时 电能质量 中期负荷转移 长期运行牵引	小时到天 大规模电力应用
储能技术			
SMES UCES	SMES UCES FES BES	FES BES	HPES CAES

注：VSD，变速驱动。

参考文献

1. Ribeiro, P. F., B. K. Johnson, M. L. Crow, A. Arsoy, and Y. Liu, (2001) Energy storage systems for advanced power applications, *IEEE Proceedings*, **89**, 12, 1744–1756.
2. Huggins, R. A., (2010) *Energy Storage*, New York, Springer.
3. Conway, B. E., (1999) *Electrochemical Supercapacitors, Scientific Fundamentals and Technological Applications*, New York, Springer.
4. Halper, M.S. and J.C. Ellenbogen (2006) Supercapacitor: A Brief Overview, http://www.mitre.org (accessed 19 April 2013).
5. LS Mtron Ultra-Capacitors http://ultracapacitor.co.kr (accessed 19 April 2013).
6. Maxwell Technologies Ultra-Capacitors http://www.maxwell.com/ultracapacitors (accessed 19 April 2013).
7. Ehasani, M., Y. Gao, S. E. Gay, and A. Emadi,(2004) *Modern Electric, Hybrid, and Fuel Cell Vehicles: Fundamentals, Theory, and Design*, Boca Raton, FL, CRC Press.
8. Lemofuet-Gatsi, S. (2006) Investigation and optimization of hybrid electricity storage systems based on compressed air and supercapacitors. PhD dissertation. EPFL, Lausanne.
9. Linden, D. and T. B. Reddy, (2002) *Handbook of Batteries*, New York, McGraw-Hill.
10. Hasan Ali, M., B. Wu, and R.A. Dougal, (2010) An overview of SMES applications in power and energy systems, *IEEE Transaction on Sustainable Energy*, **1**, 1, 38–47.

第 2 章　超级电容器储能装置

2.1　超级电容器背景知识

电容器是一个无源动态单端电气装置。在这种情况下，动态是指装置的终端电压与电流之比非恒定，呈非线性关系。电压和电流通过一个一般为非线性的微分方程关联。因此，电容器具有像电荷一样的储能的功能，更确切地说是作为电容器极板之间的电场。现有 3 种不同类型的电容器，即静电电容器，电解电容器和电化学电容器。在本书中，只涉及电化学电容器，即所谓的超级电容器。

超级电容器不同于其他类型的电容器主要是因为其电容密度（F/dm^3）和能量密度（kJ/dm^3）都比其他电解电容器大几个数量级。与电化学电池相比，体积能量密度和质量能量密度较低，但体积和质量功率密度大于传统电池。

另外，循环能力也明显优于电池。表 2.1 给出了超级电容器与电池以及其他类型电容器的最主要特性的对比。

表 2.1　现有储能装置的特性

	电容器	超级电容器	电化学电池
能量密度/(W h/kg)	约为 0.1	$1 \sim 10^a$	约为 100
峰值功率密度/(kW/kg)	10^4	2 ~ 20	0.1 ~ 0.5
循环次数	10^{10}	10^6	约为 10^3
寿命/年	约为 10	约为 15	约为 5

注：根据技术发展趋势和市场需求，体积能量密度和质量能量密度未来将会增大 10 倍以上。

2.1.1　超级电容器技术概述

图 2.1 给出了现有超级电容器类型的分类。在此，需要强调的是超级电容器这个名称涉及电容式储能装置，而不仅仅是所谓的双电层电容器（EDLC）。从这个意义上来说，整个超级电容器系列可分为 3 组：EDLC[1-5,29,30]、法拉第准电容器[1]和高压陶瓷电容器[6]。

EDLC 是一种由两个浸没在电解质中并由隔膜分离的多孔导电电极组成的电化学电容器，每个电极与一层电解质离子构成一个电容器，储能过程是一个没有电化学反应的纯电气过程。在本书的后续讨论中，超级电容器仅指 EDLC。

法拉第准电容器是一种依赖于电极 - 电解质表面上的电荷转移反应来储能的

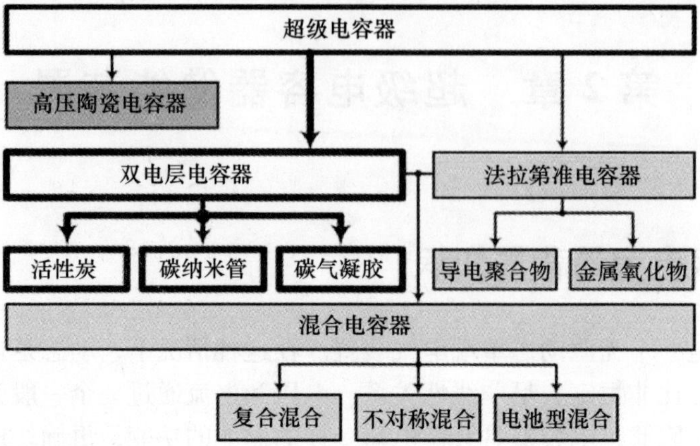

图 2.1 超级电容器的一般分类

储能装置。基本上，法拉第电容器非常类似于可充电的电化学电池。在能量密度方面，法拉第准电容器优于 EDLC，但在功率密度方面较差。

EDLC 和法拉第准电容器相结合就是所谓的混合电容器。将这两种储能技术结合到一个装置中，可实现适中的能量密度和功率密度。

众所周知，高压电容器用于存储能量已存在多年。然而由于其能量密度较低，而并未广泛应用在储能要求较高的场合。2006 年已提出多层陶瓷高压电容器来代替现有电化学电池和 EDLC[6]。

2.2 EDLC

2.2.1 EDLC 发展简史

1879 年亥姆霍兹（Helmholtz）首次发现并描述了双电层电容效应[1]。大约一个世纪之后，标准石油（Standard Oil）公司于 1966 年获得第一个超级电容器的专利。十年后，NEC 公司在 1978 年开发出该装置并实现市场化。1982 年，第一个大功率超级电容器由 Pinnacle 研究所研制开发以用于军事应用。十年后，麦克斯韦实验室于 1992 年开始研究用于混合动力电动汽车的超级电容器 DoE（试验设计）。目前，许多制造商均可提供商业化的超级电容器单体和集成模块。

如今的超级电容器是由所谓隔膜的多孔膜分隔的两个电极构成。隔膜和电极均浸没在电解质溶剂中。电极由活性炭或碳纳米管等多孔材料制成。电极的比表面积通常约为 $2000m^2/g$。如此大的表面积以及纳米级的极薄电荷层可使得比电容高达 250F/g。超级电容器单体的额定电压由电解质的分解电压决定。典型的单体电压为 1 ~2. 8V，这取决于电解质类型。为获得更高电压，取决于具体应用的工作电压，必须多个单体串联以构成一个电容器模块。

由于具有大大优于传统电容器和电化学电池的优点，如能量密度和功率密度高、效率高、循环能力强、工作温度范围宽、寿命长等，因此，作为储能装置的超级电容器在能量变换方面具有非常广泛的应用。

2. 2. 2 超级电容器的结构

为提高超级电容器的电容量，显然需要使得接触表面积最大。为在不增加电容器体积的条件下实现这一目标，必须采用一种特殊的电极材料。这种材料必须为多孔结构，才能具有非常大的比表面积。最常用的材料是活性炭和碳纳米管。在这两种情况下，比表面积可能高达 1000 ~ 3000m^2/g。一个超级电容器单体的简化结构如图 2. 2 所示。

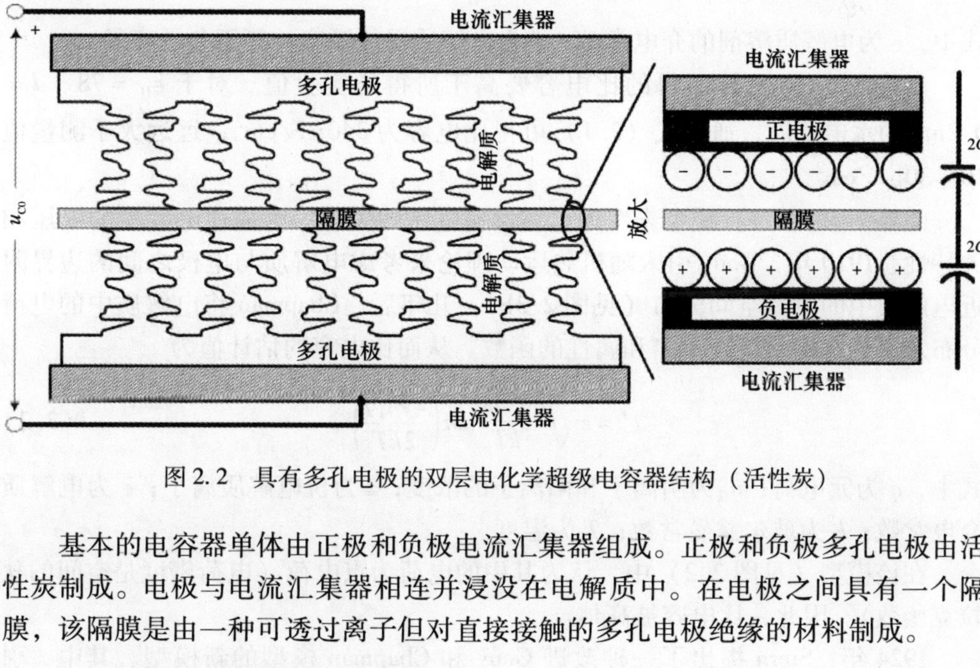

图 2. 2 具有多孔电极的双层电化学超级电容器结构（活性炭）

基本的电容器单体由正极和负极电流汇集器组成。正极和负极多孔电极由活性炭制成。电极与电流汇集器相连并浸没在电解质中。在电极之间具有一个隔膜，该隔膜是由一种可透过离子但对直接接触的多孔电极绝缘的材料制成。

2. 2. 3 超级电容器的物理模型

自从 EDLC 问世，出现了多种基本结构的模型及其改进模型。有关双层电容器的最初研究工作是由亥姆霍兹于 1853 年完成的。并提出其中的电解质层是附着于固体电极上的单层电解质分子，如图 2. 3a 所示。

这种结构的比电容是

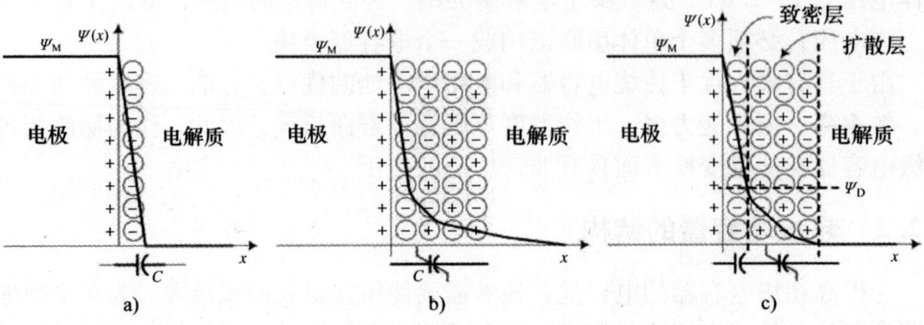

图 2.3　模型

a）EDLC 的 Helmholtz 模型（1857）　b）Gouy 和 Chapman 模型（1910 和 1913）　c）Stern 模型（1924）

$$c' = \frac{\epsilon}{d} \tag{2.1}$$

式中，ϵ 为电解质溶剂的介电常数；d 为电解质层的厚度，等于分子直径。

由式（2.1）计算而得的比电容要高于所得的实验值。对于 $\epsilon_R = 78$、$d = 0.2\text{nm}$ 的水电解质，通过式（2.1）可得比电容为 340μF/cm²，远远大于测量值 10～30μF/cm²。

此外，式（2.1）模型未考虑电容器与电压的关联。为描述电容器的电压相关特性，1910 年，Gouy 引入随机热运动理论来考虑电解质与电极之间的边界附近电解质中的电荷空间分布（见图 2.3b）。几年后，Chapman 将电解质中的电荷分布定义为电解质线性距离和属性的函数。从而比电容的估计值为

$$c' = z\sqrt{\frac{2q^2 n_0 \epsilon}{kT}}ch\left(\frac{z\Psi_M q}{2kT}\right) \tag{2.2}$$

式中，q 为元电荷；n_0 为阴离子和阳离子的浓度；z 为价电解质离子；ϵ 为电解质介电常数；k 为玻尔兹曼常数；T 为温度。

在该模型（见图 2.2）中，认为其中的电荷为点电荷（电荷密度是空间的狄拉克函数）。因此，比电容被高估。

1924 年，Stern 提出了一种改进 Gouy 和 Chapman 模型的新模型。其中，引入溶剂分子的实际尺寸，并将空间电荷分为两层：致密层和扩散层（见图 2.3c）。

总的比电容估计为

$$c' = \frac{c'_C c'_D}{c'_C + c'_D} \tag{2.3}$$

式中，c'_C 为致密层电容；c'_D 为扩散层电容，定义如下：

$$c'_{\mathrm{D}} = z\sqrt{\frac{2q^2 n_0 \epsilon}{kT}}ch\left(\frac{z\Psi_{\mathrm{D}} q}{2kT}\right) \tag{2.4}$$

上述分析是假设电极中的孔隙均匀分布。这意味着所有孔隙均大小（直径）相同，因此离子能够均匀地渗透孔隙，然而这仅仅是一种假设。在实际中，孔隙的大小在很大范围内变化，因此离子无法渗透所有的孔隙。离子无法渗透一些小孔隙，因此电极的有效表面积远小于理论计算值。电容的有效表面积越小，则超级电容器的电容值越低。图 2. 4a 展示了一个电极的细节，而图 2. 4 b 说明了电极中的孔并不是均匀分布的。

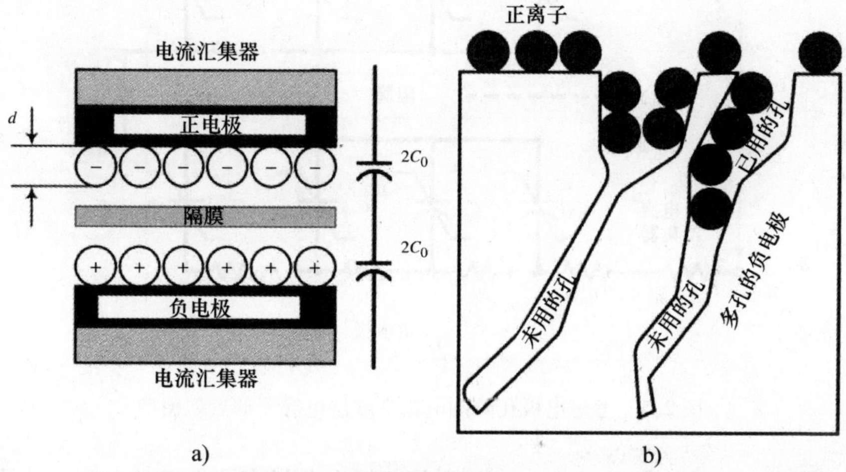

图 2. 4　细节

a）双层超级电容器电池的细节　b）孔隙不均匀分布的电极细节

2. 3　超级电容器的宏观（电路）模型

本节将详细分析和讨论超级电容器的宏观模型。超级电容器的宏观模型可用于能量转换系统的控制分析和设计，以及估计不同操作模式下超级电容器的损耗和温度。

2. 3. 1　完整理论模型

传统模型是由一个理想线性电容器和等效串联电阻（ESR）组成。这种简单模型不能用来作为超级电容器的宏观模型，是因为以下两种现象：①电容与电压有关；②由于活性炭电极的多孔性，导致电荷在时间/空间上的重新分配。多孔电极结构表现为一条非线性传输线[10-15]。由电路理论可知，一条短的输电线可

近似为一个 n 阶 RLCG 梯形网络。在低于 100Hz 的低频下，分布式串联电感 L 可忽略。分布式电导 G 也可忽略，除非需要进行长期稳态分析。因此，具有多孔电极的超级电容器的近似模型是由两个 N 阶 RC 网络、隔膜电阻 R_{SP}、电流汇集器电阻 R_{CP} 和 R_{CN} 串联而成。近似模型的示意图如图 2.5 所示。

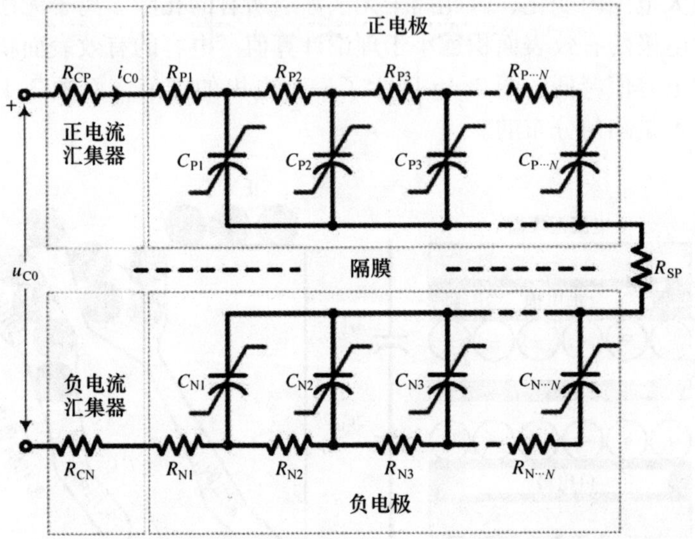

图 2.5　考虑电极孔隙的电化学双层电容器的近似模型

电阻 $R_{P1}\cdots R_{P\ldots N}$ 和 $R_{N1}\cdots R_{N\ldots N}$ 分别是正极和负极多孔电极的电阻。为更精确地对超级电容器建模，必须考虑这些电阻呈非线性且与电容器电压有关。非线性电容 $C_{P1}\cdots C_{P\ldots N}$ 和 $C_{N1}\cdots C_{N\ldots N}$ 分别是正极和负极多孔电极的电容。

电压相关电容 $C_{P1}\cdots C_{P\ldots N}$ 和 $C_{N1}\cdots C_{N\ldots N}$ 可由每个单元电压的一阶函数近似：

$$\begin{bmatrix} C_{P1} \\ C_{P2} \\ \cdots \\ C_{P\cdots N} \end{bmatrix} = \begin{bmatrix} C_{0P1} \\ C_{0P2} \\ \cdots \\ C_{0P\cdots N} \end{bmatrix} + \begin{bmatrix} K_{CP1} & 0 & 0 & 0 \\ 0 & K_{CP2} & 0 & 0 \\ 0 & 0 & \cdots & 0 \\ 0 & 0 & 0 & K_{CP\cdots N} \end{bmatrix} \begin{bmatrix} u_{CP1} \\ u_{CP2} \\ \cdots \\ u_{CP\cdots N} \end{bmatrix} \tag{2.5}$$

$$\begin{bmatrix} C_{N1} \\ C_{N2} \\ \cdots \\ C_{N\cdots N} \end{bmatrix} = \begin{bmatrix} C_{0N1} \\ C_{0N2} \\ \cdots \\ C_{0N\cdots N} \end{bmatrix} + \begin{bmatrix} K_{CN1} & 0 & 0 & 0 \\ 0 & K_{CN2} & 0 & 0 \\ 0 & 0 & \cdots & 0 \\ 0 & 0 & 0 & K_{CN\cdots N} \end{bmatrix} \begin{bmatrix} u_{CN1} \\ u_{CN2} \\ \cdots \\ u_{CN\cdots N} \end{bmatrix} \tag{2.6}$$

系数 $K_{CN1}\cdots K_{CP\ldots N}$ 对由于扩散层导致的电容对电压的相关特性进行建模。电压 $u_{CN1}\cdots u_{CP\ldots N}$ 为每个基本电容单元两端的电压。

考虑到正/负电极对称，图 2.5 中的电路可约简为一个简单的 N 阶 RC 梯形网络，如图 2.6 所示。

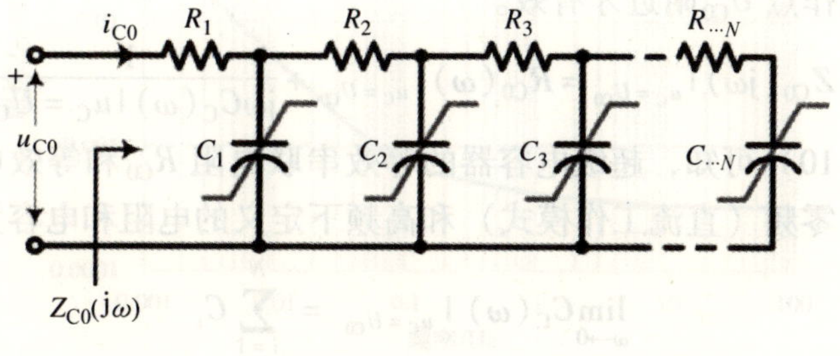

图 2.6　电化学双层电容器的 N 阶等效模型

图 2.6 中等效电路的电阻为

$$\begin{bmatrix} R_1 \\ R_2 \\ \vdots \\ R_N \end{bmatrix} = \begin{bmatrix} R_{CP}+R_{SP}+R_{CN} \\ 0 \\ \vdots \\ 0 \end{bmatrix} + \begin{bmatrix} R_{P1} \\ R_{P2} \\ \vdots \\ R_{P\cdots N} \end{bmatrix} + \begin{bmatrix} R_{N1} \\ R_{N2} \\ \vdots \\ R_{N\cdots N} \end{bmatrix} \tag{2.7}$$

为简单起见，将利用容纳即电容的导数定义等效模型的电容。

$$\begin{bmatrix} \frac{1}{C_1} \\ \frac{1}{C_2} \\ \vdots \\ \frac{1}{C_N} \end{bmatrix} = \begin{bmatrix} \frac{1}{C_{P1}} \\ \frac{1}{C_{P2}} \\ \vdots \\ \frac{1}{C_{P\cdots N}} \end{bmatrix} + \begin{bmatrix} \frac{1}{C_{N1}} \\ \frac{1}{C_{N2}} \\ \vdots \\ \frac{1}{C_{N\cdots N}} \end{bmatrix} \tag{2.8}$$

图 2.6 中的电路是一个非线性电路，这是因为电容与电压相关。为建立频域模型，必须对该非线性电路线性化。将式（2.5）和式（2.6）进行泰勒级数展开，仅取其零阶分量，并代入式（2.8），可得

$$\begin{bmatrix} \frac{1}{C_1} \\ \frac{1}{C_2} \\ \vdots \\ \frac{1}{C_N} \end{bmatrix} \cong \begin{bmatrix} \frac{1}{C_{0P1}+K_{CP1}-U_{C01}} \\ \frac{1}{C_{0P2}+K_{CP2}-U_{C02}} \\ \vdots \\ \frac{1}{C_{0P\cdots N}+K_{CP\cdots N}-U_{C0\cdots N}} \end{bmatrix} + \begin{bmatrix} \frac{1}{C_{0N1}+K_{CN1}-U_{C01}} \\ \frac{1}{C_{0N2}+K_{CN2}-U_{C02}} \\ \vdots \\ \frac{1}{C_{0N\cdots N}+K_{CN\cdots N}-U_{C0\cdots N}} \end{bmatrix} = \begin{bmatrix} \frac{1}{C_{01}+K_{C1}-U_{C01}} \\ \frac{1}{C_{02}+K_{C2}-U_{C02}} \\ \vdots \\ \frac{1}{C_{0\cdots N}+K_{C\cdots N}-U_{C0\cdots N}} \end{bmatrix} \tag{2.9}$$

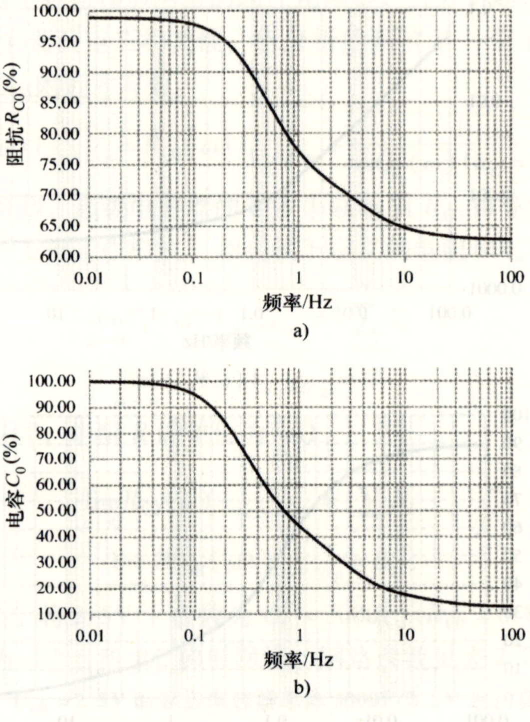

图 2.8　3000F/2.5V 超级电容器单体的等效串联电阻、电容与频率的关系

所造成的[1]。另一个限制超级电容器储能能力的因素是电极和隔膜电阻的电压降以及接近输入电阻的多孔电极电阻。图 2.9b 显示了两种不同的情况，深色图显示了在相对较高的充电电流下的充电过程，而浅色图显示了充电电流为前者10%时的充电过程。通过控制充/放电过程，可解决该问题，此时实际电容器电压可由电容模型以及测量的输入电压和电流进行估计。

充电原则是电容器两端的电压不应超过 U_{C0max}。稳态电压 U_{C01}、U_{C02}之差表明在不同充电速度下超级电容器中存储的能量之差。

考虑一个电容与频率相关的线性电容器，可估计储能差值 ΔE 为

$$\Delta E=\frac{1}{2}C_0\Delta U_{C0}^2\left(1+\frac{2U_{C01}}{\Delta U_{C0}}\right) \tag{2.13}$$

式中，ΔU_{C0} 很大程度上取决于充电电流的时间曲线。

2.3.1.3　压敏电容和等效串联电阻的关系

超级电容器的总电容是由电压控制的电容。图 2.10 给出了 3000F/2.5V 超级电容器单体的电压与电容的特性曲线。其中，实线表示近似值，而圆点表示测量结果。

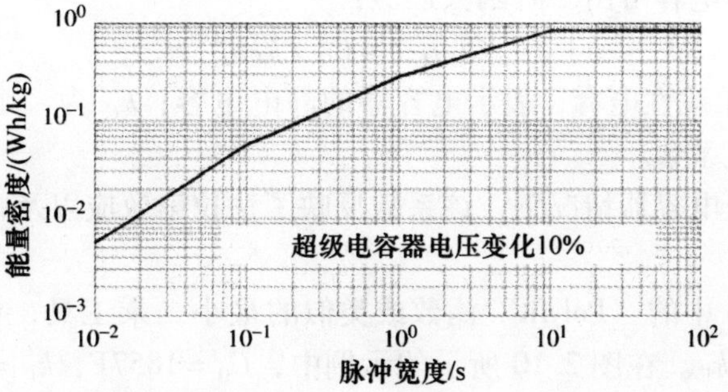

a)

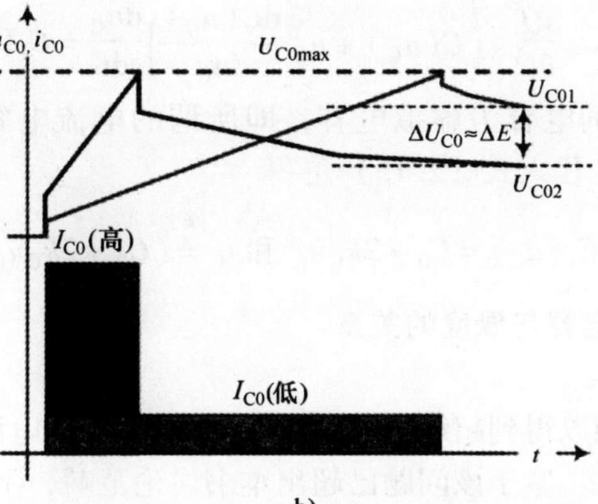

b)

图 2.9　超级电容器中与频率相关的电容对储能能力的影响

a）有效能量密度和充/放电脉冲宽度的关系　b）短脉冲和长脉冲两种不同情况下的时序图

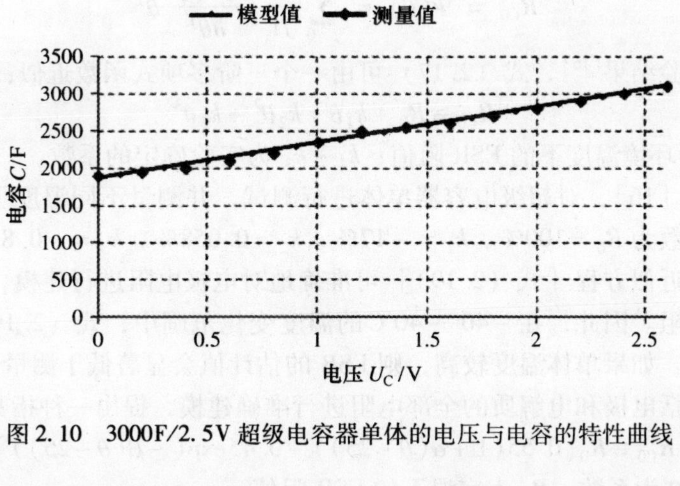

图 2.10　3000F/2.5V 超级电容器单体的电压与电容的特性曲线

电压控制的电容可由一阶函数近似：

$$C(u_C) = C_0 + k_C u_C \tag{2.14}$$

式中，C_0 为初始线性电容，表示电容器的静电电容；k_C 为一个表示超级电容器扩散层影响的正系数。

在混合超级电容器情况下，该系数反映了法拉第效应以及在电容器一侧的电化学过程[1]。

利用 Matlab 中的“Polyfit”函数或类似的最小二乘工具，可得到式（2.14）中的系数 C_0 和 k_C。在图 2.10 所示的示例中，$C_0 = 1857\mathrm{F}$，$k_C = 473\mathrm{F/V}$。

电容器电流定义为

$$i_C = \frac{\partial Q}{\partial t} = \left(C(u_C) + u_C \frac{\mathrm{d}C(u_C)}{\mathrm{d}u_C}\right)\frac{\mathrm{d}u_C}{\mathrm{d}t} = C_I(u_C)\frac{\mathrm{d}u_C}{\mathrm{d}t} \tag{2.15}$$

记为 $C_I(u_C)$ 的电容为虚拟电容，即所谓的电流电容或小信号（动态）电容。将式（2.14）代入式（2.15）可得

$$C_I(u_C) = C_0 + 2k_C u_C \text{ 和 } i_C = (C_0 + 2k_C u_C)\frac{\mathrm{d}u_C}{\mathrm{d}t} \tag{2.16}$$

2.3.1.4　ESR、电容与温度的关系

ESR 和温度的关系

一般而言，难以得到超级电容器 ESR（等效串联电阻）和电容对单体温度的解析函数表达式。鉴于该问题已超出本书讨论范畴，不再深入讨论。在此将采用一种经验方法来解决该问题。

超级电容器的 ESR 是单体温度的非线性函数 ψ。而函数 ψ 为实数参数 θ 的正则连续函数。因此，可用泰勒级数展开为

$$R_{C0} = \Psi(\theta) = \sum_{j=0}^{\infty} \frac{1}{j!} \frac{\partial \Psi^j(\theta)}{\partial \theta^j} \theta^j \tag{2.17}$$

根据实验结果[16]，式（2.17）可由一个三阶多项式函数近似：

$$R_{C0} \cong R_0 + k_1\theta + k_2\theta^2 + k_3\theta^3 \tag{2.18}$$

式中，R_0 为环境温度下的 ESR 阻值；$k_1 \sim k_3$ 为实验确定的系数。

如文献［16］，对超级电容器单体进行测试，并测量不同温度下的 ESR。由此，辨识参数为 $R_0 = 100\%$，$k_1 = -17\%$，$k_2 = 0.058\%$，$k_3 = -0.833\mathrm{e}-3\%$。

多项式近似方程［式（2.19）］可准确地对电极电阻进行建模，而不是电解质的离子电阻。因此，在 −40 ～40℃的温度变化范围中，式（2.19）与实验结果非常一致。如果单体温度较高，则 ESR 的估计值会显著低于测量值。

为对包括电极和电解质的全部电阻进行准确建模，提出一种指数近似法：

$$R_{C0} \cong R_0[0.55(1+\alpha(\theta-25)) + 0.45\exp(-\beta(\theta-25))] \tag{2.19}$$

式中，α 和 β 为系数；R_0 为室温下的 ESR 阻值。

图 2.11 给出了 R_{C0} 与电池温度 θ 之间的关系。函数 $R_{C0}(\theta)$ 可由式（2.19）计算而得。对于 3000F/2.5V 超级电容器，可得参数 $\alpha=0.007$（1/K）和 $\beta=0.0225(1/K)$[17]。

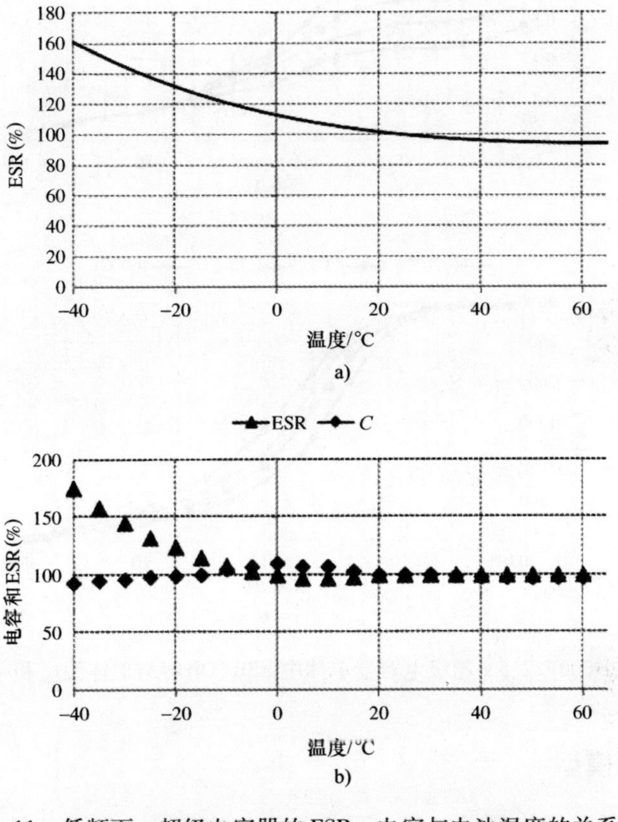

图 2.11 低频下，超级电容器的 ESR、电容与电池温度的关系。3000F/2.5V 超级电容器单体的实验结果

电容和温度的关系

电容同样与温度有关，但不像 ESR 那么明显。在低于截止频率的频率范围内，温度对电容变化的影响很小。然而在高于截止频率的频率范围内，温度对电容变化的影响非常明显。

正如文献［18］中所述，ESR 在低频范围内随温度变化显著，但若频率高于几 Hz，则 ESR 受温度的影响变化很小。图 2.12 给出了 3000F/2.5V 超级电容器单体的实验结果。

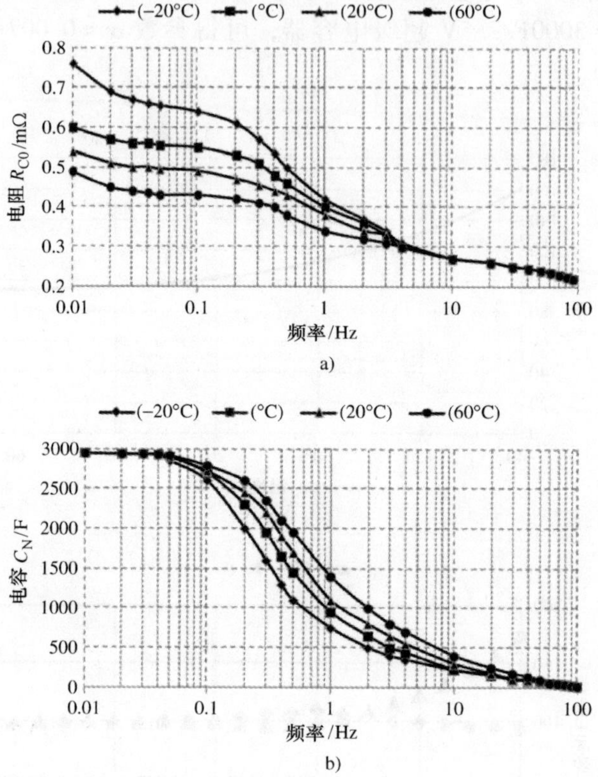

图 2.12　3000F/2.5V 超级电容器单体中 ESR、电容与单体温度和频率的关系

2.3.2　简化模型

为在后续的分析中简单起见，采用超级电容器的一阶非线性模型。该模型考虑了线性（电压无关）内阻 R_{C0} 和作为电容器电压函数的总电容。忽略传输线效应，将内部等效电阻 R_{C0} 看作一个恒定且与频率无关的电阻。图 2.13 给出了分析中所用的超级电容器简化模型。等效电容由一个线性电容 C_0 和并联的电压相关电容 $C(u_C)$ 组成。漏电流可用并联电阻 R_P（见图 2.13a）或电流源 i_P（见图 2.13b）建模。

2.3.2.1　漏电流

超级电容器漏电流定义为需要保持电压恒定为特定值的充电电流。数据表中的漏电流是在室温下超级电容器保持额定电压 72h 后所需的充电电流。漏电流应在 72h 后立即测量。之后，漏电流不再随时间变化而保持恒定。另外，还会受温度、工作电压、历史负荷和老化条件等影响。

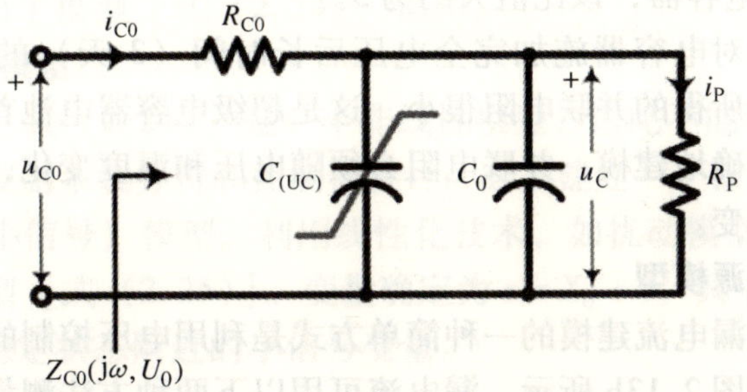

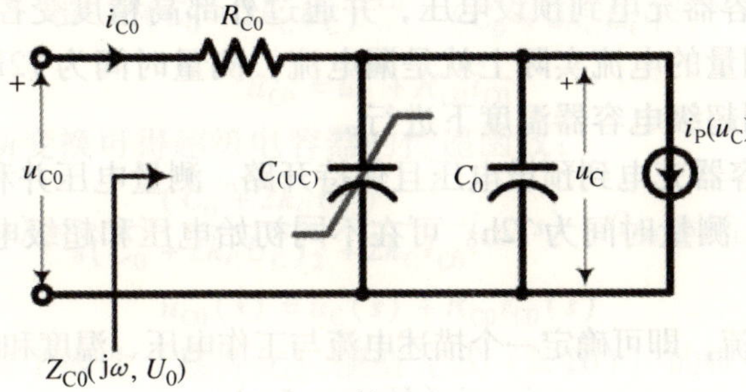

图 2.13　包括漏电流模型的超级电容器简单模型

a）并联电阻 R_P　b）与电压相关的并联电流 i_P

为实现建模目的，可采用两种方法：第一种方法利用一个恒定的并联电阻 R_P；而第二种方法是与电压相关的电流源 i_P。接下来，对这两种方法进行简单讨论。

恒定的并联电阻模型

超级电容器漏电流的建模通常结合一个并联电阻 R_P。现有两种方法来计算给定电容参数下的电阻。

1）第一种方法是确定 72h 后超级电容器电压衰减到 U_{C0max} 4% 时的电阻 R_P。通过 R_PC_0 电路，可得

$$R_{P1} = -\frac{T}{C_0 \ln(0.96)} \cong 24.5\frac{T}{C_0} = \frac{6.35\times10^6}{C_0} \tag{2.20}$$

2）另一种方法是利用 2μA/F 的电极度量标准来定义电阻 R_P。该电阻为

$$R_{P2} = \frac{U_{C0max}}{C_0 2\times10^{-6}} \tag{2.21}$$

值得注意的是，上述两种方法所得结果不同。两种电阻之比为

$$\frac{R_{P1}}{R_{P2}} = \frac{12.7}{U_{C0max}} \tag{2.22}$$

解：

由图 2.10 中给定的电压 - 电容特性曲线，可得系数 $C_0=1857\text{F}$，$k_C=473\text{F/V}$。根据动态电容的定义、2.3.1.3 节、式（2.16）和工作电压 $U_{C0}=2\text{V}$，可计算出 $C_d=3714\text{F}$。值得注意的是，该动态电容比由式（2.14）计算的静态电容要高 35%。

2.4 超级电容器的能量和功率

2.4.1 超级电容器的能量和能量密度

存储在超级电容器中达到了充电电压 u_C 的能量为

$$E_C(u_C)=\frac{1}{2}\left(C_0+\frac{4}{3}k_C u_C\right)u_C^2=\frac{1}{2}C_E(u_C)u_C^2 \tag{2.27}$$

式中，记为 $C_E(u_C)$ 的电容即所谓“能量”电容。

从初始电压 U_{Cmax} 放电到终止电压 U_{Cmin} 的由超级电容器提供的能量为

$$\Delta E_C=\frac{C_0}{2}(U_{Cmax}^2-U_{Cmin}^2)+\frac{2}{3}k_C(U_{Cmax}^3-U_{Cmin}^3) \tag{2.28}$$

式（2.28）定义了从 U_{Cmax} 放电到 C_{Cmin} 时从超级电容器获得的能量，然而提供给负载的能量更少。两者能量之差是消耗在超级电容器中内阻 R_{C0} 上的能量。能量损耗取决于内阻和负载特性。

提供给负载的能量为

$$E_{C0}=\Delta E_C-E_{LOSSES}$$

$$=\frac{C_0}{2}(U_{Cmax}^2-U_{Cmin}^2)+\frac{2}{3}k_C(U_{Cmax}^3-U_{Cmin}^3)-\int_0^{T_{DCH}}R_{C0}(t)i_{C0}^2(t)\,\mathrm{d}t \tag{2.29}$$

式中，$R_{C0}(t)$ 为超级电容器中与时间相关的 ESR；$i_{C0}(t)$ 为负载电流。

与时间相关的电阻 $R_{C0}(t)$ 可利用傅里叶逆变换由频率相关的 ESR $R_{C0}(\omega)$ 计算得到

$$R_{C0}(t)=\frac{1}{2\pi}\int_{-\infty}^{+\infty}R_{C0}(\mathrm{j}\omega)\mathrm{e}^{\mathrm{j}\omega t}\mathrm{d}\omega \tag{2.30}$$

在 2.6 节将给出计算超级电容器能量损耗的详细过程。而在第 4 章中将详细介绍超级电容器的设计流程。

超级电容器的能量密度是指超级电容器单位质量所存储的能量：

$$SE_C(u_C)=\frac{\left(C_0+\frac{4}{3}k_C u_C\right)u_C^2}{2M} \tag{2.31}$$

式中，M 为超级电容器的质量。

能量密度的单位为 kJ/kg 或 Wh/kg。

2.4.2　超级电容器的储能效率

只要超级电容器充电或放电，就会在内阻 R_{C0} 上消耗一定能量。因此，转换效率直接受到内阻能量损耗和充放电曲线的影响。本节将分别定义充电、放电和循环效率。

设考虑图 2.15 所展示的部分能量再生转换过程。该过程输入记为 E_{IN} 的能量。其中部分能量，记为 E_{CH}，是存储在储能装置中的充电能量。而从储能装置得到的放电能量记为 E_{DCH}。一部分放电能量（记为 E_{OUT}）从功率处理器中输出，而另一部分储量是作为待机损耗 E_0。

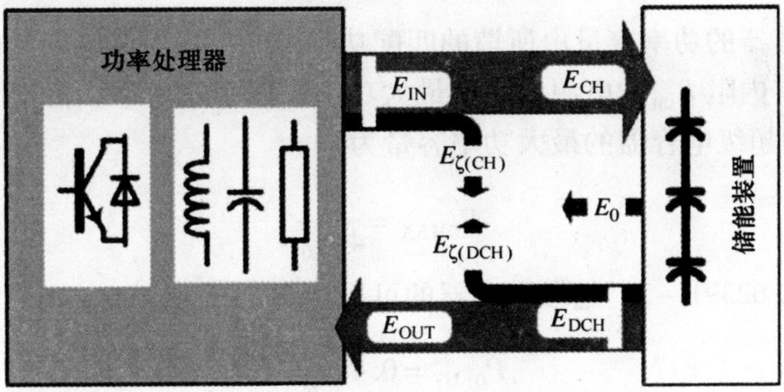

图 2.15　能量转换系统的循环效率示意图

充电和放电效率分别定义为

$$\eta_{CH} = \frac{E_{IN} - E_{\zeta(CH)}}{E_{IN}} = \frac{E_{CH}}{E_{CH} + E_{\zeta(CH)}}$$

$$\eta_{DCH} = \frac{E_{OUT}}{E_{OUT} + E_{\zeta(DCH)}} = \frac{E_{DCH} - E_{\zeta(DCH)}}{E_{DCH}} \tag{2.32}$$

式中，$E_{\zeta(CH)}$ 和 $E_{\zeta(DCH)}$ 分别是充电和放电的能量损耗。

循环效率由输出能量与输入能量之比定义：

$$\eta_{RTP} = \frac{E_{OUT}}{E_{IN}} = \frac{E_{DCH} - E_{\zeta(DCH)}}{E_{CH} + E_{\zeta(CH)}} = \frac{E_{CH} - E_0 - E_{\zeta(DCH)}}{E_{CH} + E_{\zeta(CH)}} \tag{2.33}$$

充电能量和放电能量之间的关系为

$$E_{DCH} = E_{CH} - E_0 \tag{2.34}$$

式中，E_0 表示储能装置的待机损耗。

在大多数快速动态转换系统中，待机损耗可忽略。另外，还可假设充/放电损耗相等：

$$E_{\zeta(\mathrm{DCH})} = E_{\zeta(\mathrm{CH})} = E_{\zeta} \tag{2.35}$$

因此，循环效率为

$$\eta_{\mathrm{RTP}} \cong \frac{E_{\mathrm{DCH}} - E_{\zeta}}{E_{\mathrm{CH}} + E_{\zeta}} \tag{2.36}$$

注意：循环效率可直接由式（2.32）计算得到

$$\eta_{\mathrm{RTP}} = \eta_{\mathrm{CH}}\eta_{\mathrm{DCH}} = \frac{E_{\mathrm{CH}}}{E_{\mathrm{CH}} + E_{\zeta(\mathrm{CH})}} \frac{E_{\mathrm{DCH}} - E_{\zeta(\mathrm{DCH})}}{E_{\mathrm{DCH}}} \tag{2.37}$$

只有在待机损耗 E_0 可忽略情况下才成立，否则只能根据定义［式（2.33）］计算。

2.4.3 超级电容器的功率密度

超级电容器的功率容量由所谓的匹配功率定义。当负载电阻与电源电阻相等时，可从具有内阻 R_{int} 的电源中获取最大功率，即匹配功率。根据上述定义，具有内阻 R_{int} 的超级电容器的最大功率容量为

$$P_{0\mathrm{MAX}} = \frac{u_{\mathrm{C}}^2}{4R_{\mathrm{C0}}} \tag{2.38}$$

根据 IEC 62391－2，超级电容器的可用功率定义为[20]

$$P_{0(\mathrm{D})} = 0.12\frac{u_{\mathrm{C}}^2}{R_{\mathrm{C0}}} \tag{2.39}$$

超级电容器单位质量的最大功率密度和可用功率为

$$SP_{0\max} = \frac{u_{\mathrm{C}}^2}{4R_{\mathrm{C0}}M} \quad SP_{0(\mathrm{D})} = 0.12\frac{u_{\mathrm{C}}^2}{R_{\mathrm{C0}}M} \tag{2.40}$$

式中，M 为超级电容器的质量，单位为 kg。

功率密度的单位是 kW/kg 或 W/kg。

2.4.4 电极碳负荷限制

理论上，超级电容器电流受限于 ESR 和电压。然而，超级电容器电池和模块的制造商通常定义 1s 内的最大峰值电流为

$$I_{\max} = \frac{1}{2}\frac{u_{\mathrm{C}}C_0}{(C_0R_{\mathrm{C0}} + 1)} \tag{2.41}$$

另一种超级电容器的电流限制为所谓的碳负载。根据该定义，最大电流可计算为

$$I_{\max(\mathrm{CL})} = C_0k_{\mathrm{CL}} \tag{2.42}$$

式中，k_{CL}(mA/F)为碳负载因数。

在超级电容器的功率转换应用中，典型的碳负荷系数为 $k_{\mathrm{CL}} = 70\mathrm{mA/F}$。然

而，还可能更大，通常为 100 ~ 200mA/F。如果碳负载因数达到 500mA/F 或更高，则称超级电容器达到极限负荷。

2.4.5　习题

习题 2.3

一个具有短期储能能力的能量转换系统。储能需要具有以下参数的超级电容器：总电容 $C_{TOTAL}=3000F$，完全充电电压为 2.5V，充/放电频率为 1Hz。根据图 2.8 和表 2.2 中的数据选择超级电容器单体。试计算所选超级电容器模块的等效电阻。

解：

这是一个充/放电频率相对较高的应用示例。在选择超级电容器电池时，必须考虑频率相关的电容和电阻，如图 2.8 所示。

由图 2.8b 中的电容频率特性曲线，可得 $f_{C0}=1Hz$ 且 $U_{C0}=2.5V$ 时的 $C=1350F$。根据这些数据和所需电容可知，3 个电容器电池必须并联才能满足 $f_{C0}=1Hz$ 且 $U_{C0}=2.5V$ 时，$C_0>3000F$。

由图 2.8a 中的电容频率特性曲线，可得频率为 1Hz 时，$R_{C0}=0.667m\Omega$。三个并联电池的等效电阻在频率 1Hz 时为 $R_{C0}=0.222m\Omega$。

习题 2.4

一个具有以下参数：$C_0=2400F$ 和 $k_C=320F/V$ 的超级电容器单体以恒定电流 $I_{C0}=50A$ 放电。若最小放电电压 $U_{C0min}=1.25V$ 且初始电压 $U_{C0}=2.5V$，试计算放电时间。

解：

由式（2.16）可得方程：

$$I_{C0}T_{DCH}=C_0(U_{C0}-U_{C0min})+k_C(U_{C0}^2-U_{C0min}^2) \tag{2.43}$$

将题中电容器参数代入式（2.43），可得放电时间 $T_{DCH}=90s$。

习题 2.5

根据上题条件，假设超级电容器为 $C_0=3200F$ 且 $k_C=0F/V$ 的线性电容，试计算放电时间。

解：

将电容器参数代入式（2.43）可得放电时间 $T_{DCH}=80s$。需要注意的是，线性电容的放电时间比非线性电容略短。但在最大电压下，两者的电容相等（2.5V 时为 3200F）。

习题 2.6

计算上例的能量和能量密度。超级电容器电池的质量为 $M=500g$。

解：

由式（2.27）可计算 2.5V 完全电压时所存储的能量。非线性电容的储能和

能量密度分别为 $E_{C0}=10.38\text{kJ}$，$SE_{C0}=21.66\text{kJ/kg}$。线性电容的储能和能量密度分别为 $E_{C0}=10\text{kJ}$，$SE_{C0}=20\text{kJ/kg}$。

需要注意的是两个电容的储能容量几乎相同，相差只有8%。

习题2.7

一个超级电容器单体具有以下参数：$C_0=3000\text{F}$，$R_{C0}=0.3\text{m}\Omega$，$U_{C0}=2.5\text{V}$，$M=550\text{g}$。

1）计算超级电容器单体的最大功率密度和可用功率。

2）计算"1s"最大电流。

3）在"1s"电流情况下，计算碳负荷系数。

解：

1）将超级电容器电池数据代入式（2.40），可得 $SP_{0\max}=10.41\text{kW/kg}$，$SP_{0(\text{D})}=5\text{kW/kg}$。

2）将超级电容器参数数据代入式（2.41），可得"1s"最大电流$I_{\max}=1973.7\text{A}$。

3）根据以上结果和式（2.42），可得碳负荷系数 $k_{\text{CL}}=657.9\ \text{mA/F}$。根据规定的标准，这是超级电容器的极限负载。

2.5 超级电容器的充/放电方法

图2.16给出了超级电容器和记为功率处理器的能量转换系统之间的交互过程。超级电容器和功率处理器通过一个通用接口相连。功率处理器通过该接口对超级电容器进行充/放电。

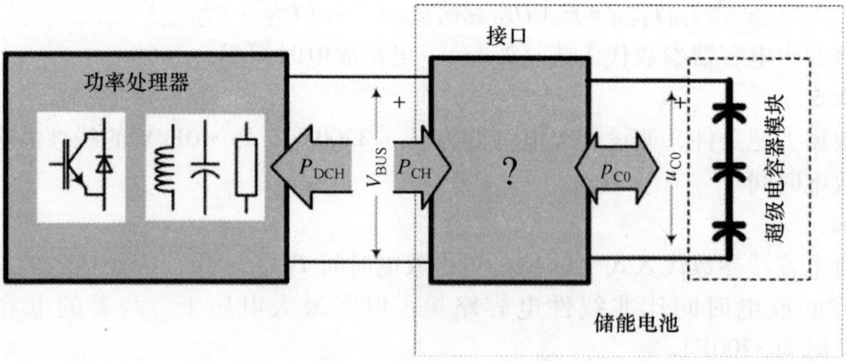

图2.16 通过充/放电接口超级电容器与能量转换系统（"功率处理器"）相连

充/放电的性能决定于该通用接口和功率处理器的性能。理论上，可分为4种不同的充/放电方法：①电压模式；②电阻模式；③电流模式；④功率模式。

由于超级电容器是一种具有内阻的电压源，因此第一种模式无法实际应用。其他 3 种转换方法的主要特性将在接下来的内容中简要介绍。

2.5.1　恒电阻负载

恒电阻负载是一种最简单的充/放电方式。电容器通过充电电阻 R_0 从电压源 V_{BUS} 充电，并在负载电阻 R_0 上放电（见图 2.17）。然而由于转换效率较低，在功率应用中很少采用这种方法，因此在此不予讨论。

2.5.2　恒流充电和负载

超级电容器可通过恒流负载/电源进行充/放电。在稳压电源转换器中经常具有恒流负载/电源，如稳压充电器和恒转矩驱动电动机（见图 2.18）。

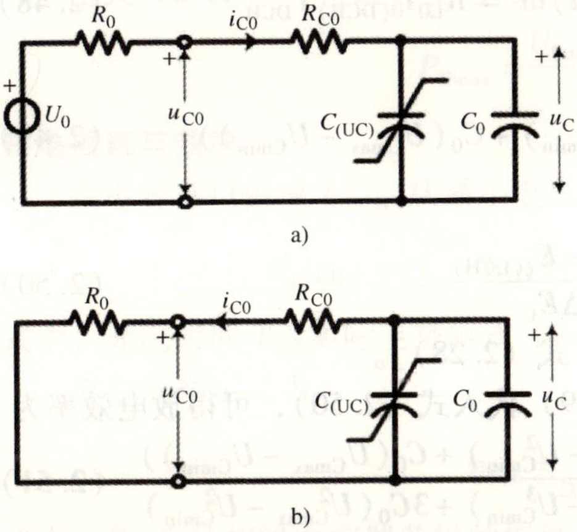

图 2.17　超级电容器电阻功率转换

a）充电　b）放电

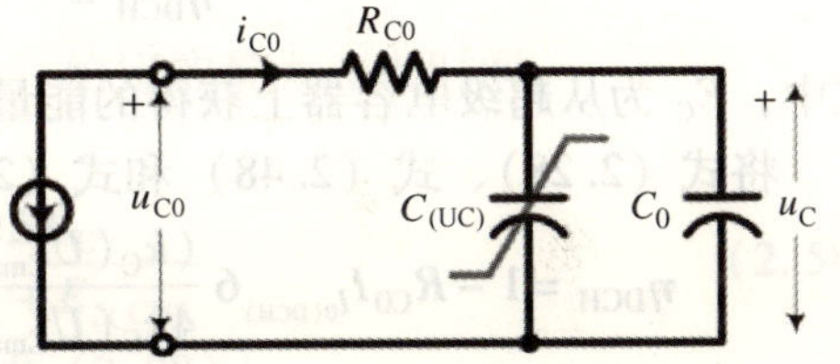

图 2.18　具有恒流源的超级电容器充/放电

2.5.2.1　放电

设超级电容器内部电压为 U_C，并以恒流 $I_{0(DCH)}$ 放电。超级电容器内部电压 U_C 衰减情况为

$$u_C(t)=\sqrt{\frac{C_0^2}{4k_0^2}+\frac{1}{k_C}(U_C C_0+U_C^2 k_C-I_{0(DCH)}t)}-\frac{C_0}{2k_C}\cdots 0<t<T_{DCH(max)} \tag{2.44}$$

式中，最大放电时间为

$$T_{DCH(max)}=\frac{1}{I_{0(DCH)}}(C_0 U_C+k_C U_C^2) \tag{2.45}$$

最大放电功率

传输给负载的最大功率受电容器内阻 R_{C0} 的限制，并定义为

关系可由式（2.54）计算得到：

$$U_{\mathrm{Cmin}}=\sqrt{\frac{C_0^2}{4k_{\mathrm{C}}^2}+\frac{1}{k_{\mathrm{C}}}\left(\left(U_{\mathrm{C0max}}-R_{\mathrm{C0}}I_{0(\mathrm{CH})}\right)C_0+\left(U_{\mathrm{C0max}}-R_{\mathrm{C0}}I_{0(\mathrm{CH})}\right)^2k_{\mathrm{C}}-I_{0(\mathrm{CH})}T_{\mathrm{CH}}\right)}-\frac{C_0}{2k_{\mathrm{C}}} \tag{2.61}$$

2）超级电容器的最大/最小电压均确定且恒定。在这种情况下，最小/最大电压恒定，而充电电流和充电时间变化。

2.5.2.3　循环效率

循环效率定义为

$$\eta_{\mathrm{RTP}}=\eta_{\mathrm{DCH}}\eta_{\mathrm{CH}} \tag{2.62}$$

将式（2.51）和式（2.59）代入式（2.62）中，可得

$$\eta_{\mathrm{RTP}}=\frac{1-R_{\mathrm{C0}}I_{0(\mathrm{DCH})}6\dfrac{\left(k_{\mathrm{C}}\left(U_{\mathrm{Cmax}}^2-U_{\mathrm{Cmin}}^2\right)+C_0\left(U_{\mathrm{Cmax}}-U_{\mathrm{Cmin}}\right)\right)}{4k_{\mathrm{C}}\left(U_{\mathrm{Cmax}}^3-U_{\mathrm{Cmin}}^3\right)+3C_0\left(U_{\mathrm{Cmax}}^2-U_{\mathrm{Cmin}}^2\right)}}{1+R_{\mathrm{C0}}I_{0(\mathrm{CH})}6\dfrac{k_{\mathrm{C}}\left(\left(U_{\mathrm{C0max}}-R_{\mathrm{C0}}I_{0(\mathrm{CH})}\right)^2-U_{\mathrm{Cmin}}^2\right)+C_0\left(\left(U_{\mathrm{C0max}}-R_{\mathrm{C0}}I_{0(\mathrm{CH})}\right)-U_{\mathrm{Cmin}}\right)}{4k_{\mathrm{C}}\left(\left(U_{\mathrm{C0max}}-R_{\mathrm{C0}}I_{0(\mathrm{CH})}\right)^3-U_{\mathrm{Cmin}}^3\right)+3C_0\left(\left(U_{\mathrm{C0max}}-R_{\mathrm{C0}}I_{0(\mathrm{CH})}\right)^2-U_{\mathrm{Cmin}}^2\right)}} \tag{2.63}$$

关于负载曲线和最小/最大电压为效率方程［式（2.51）和式（2.59）］中变量的讨论同样也适用于循环效率［式（2.63）］。

2.5.3　恒功率充电和负载

在大多数功率转换应用中，负载和电源通常为恒功率。典型的恒功率负载是输出调制电压的功率变换器，如脉冲宽度调制（PWM）变速驱动器和 DC - DC 变换器。根据图 2.19 中的惯例，负载功率定义为

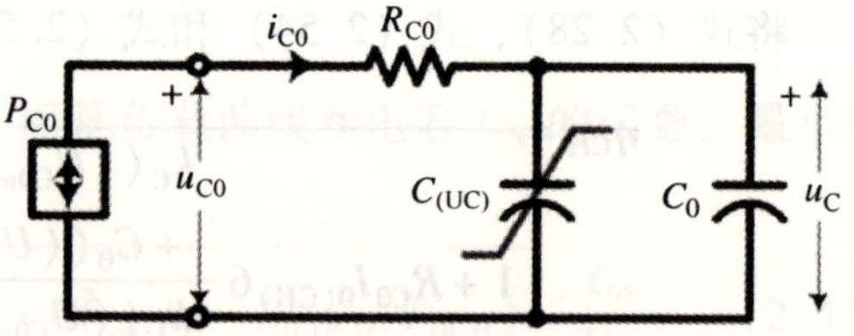

图 2.19　具有恒功率源/负载的超级电容器的充/放电

$$P_{\mathrm{C0}}=-u_{\mathrm{C0}}i_{\mathrm{C0}} \tag{2.64}$$

式中，功率在放电模式下为正，而在充电模式下为负。

图 2.19 中的电路可由下列微分方程描述：

$$\frac{\mathrm{d}i_{\mathrm{C0}}}{\mathrm{d}t}\left(2k_{\mathrm{C}}R_0^2i_{\mathrm{C0}}^4+C_0R_{\mathrm{C0}}i_{\mathrm{C0}}^3+C_0P_{\mathrm{C0}}i_{\mathrm{C0}}-2k_{\mathrm{C}}P_{\mathrm{C0}}^2\right)-i_{\mathrm{C0}}^4=0 \tag{2.65}$$

不失一般性，假设超级电容器为一个线性电容器且功率 P_{C0} 远小于最大匹配功率，$P_{C0} << P_{max} = u_C^2/4R_{C0}$。因此，在分析中可忽略超级电容器内阻 R_{C0} 和系数 k_C。根据上述两个近似条件，可得简化微分方程：

$$\frac{di_{C0}}{dt}C_0P_{C0} - i_{C0}^3 = 0 \tag{2.66}$$

通常，功率源/负荷随时间变化。式（2.66）的解为

$$i_{C0} \cong -\frac{P_{C0(t=0)}}{U_{C(t=0)}}\sqrt{\frac{C_0(U_{C(t=0)})^2}{C_0(U_{C(t=0)})^2 - 2(P_{C0(t=0)})^2\int_0^t \frac{1}{P_{C0(\tau)}}d\tau}} \tag{2.67}$$

式中，$U_{C(t=0)}$ 为初始电压；$P_{C0(t=0)}$ 为 $t=0$ 时的功率 $P_{C0(\tau)}$ 为功率－时间曲线。

在大多数应用中，充/放电功率恒定或在某一个时间段内恒定。

2.5.3.1　放电

超级电容器放电电流为

$$i_{C0} \cong -\frac{P_{C0(DCH)}}{U_C}\sqrt{\frac{U_0U_C^2}{U_0U_C^2 - 2P_{C0(DCH)}t}},\ P_{C0(DCH)} > 0 \tag{2.68}$$

式中，电压 U_C 为超级电容器的初始电压。

最大放电时间 $T_{DCH(max)}$ 由式（2.68）确定：

$$T_{DCH(max)} \leqslant \frac{C_0U_C^2}{2P_{C0(DCH)}} \tag{2.69}$$

然而放电时间［式（2.69）］只是理论值，不可能实现。在达到最大放电时间［式（2.69）］之前，系统就已变得不稳定。原因在于在式（2.68）和式（2.69）中没有考虑超级电容器的内阻 R_{C0}。如果考虑内阻 R_{C0}，就需由微分方程［式（2.65）］计算最大放电时间。

超级电容器的内部电压限定为其最小值：

$$u_{Cmin} \geqslant \sqrt{P_{C0(DCH)}4R_{C0}} \tag{2.70}$$

最小放电电压［式（2.70）］由系统稳定性极限确定。

图2.20给出了3000F/2.5V超级电容器单体模拟放电的一些仿真模拟结果。仿真参数为放电功率 $P_{C0(DCH)} = 1000W$，初始电压 $U_{C0} = 2.5V$。图2.20a给出了内部电压 u_C 和端电压 U_{C0}，而图2.20b给出了端电流 i_{C0}。

最大放电功率

正如电流或电阻放电情况，电容器最大功率受到内部串联电阻 R_{C0} 的限制。由内部电压为 u_C 的超级电容器提供给恒功率特性负载的最大功率为

$$P_{C0(DCH)max} = \frac{u_C^2}{4R_{C0}} \tag{2.71}$$

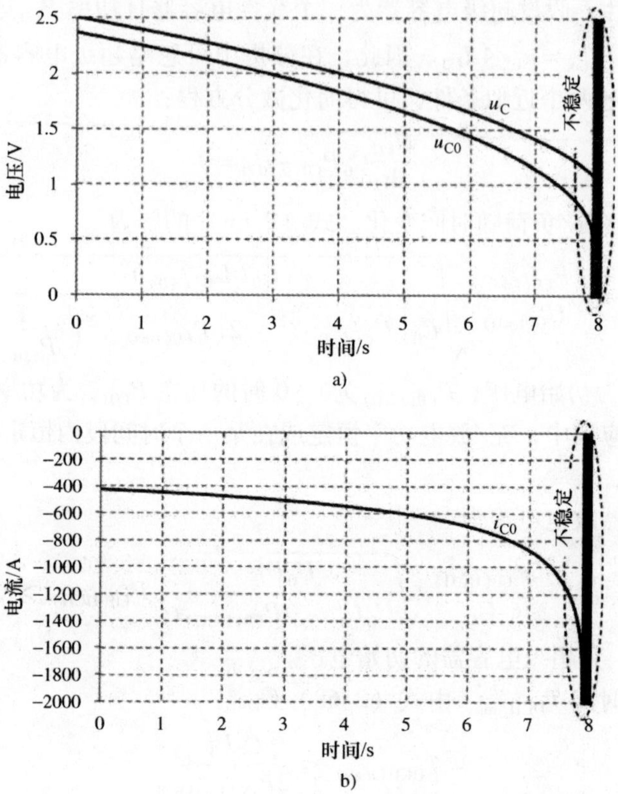

图 2.20　$P_{C0}=1000\text{W}$、$U_{C0}=2.5$ 的 3000F/2.5V 超级电容器单体放电的仿真结果

a）U_{C0}：端电压，u_C：内部电压　b）i_{C0}：端电流

需要注意的是最大功率由电容器电压和内阻 R_{C0} 确定，正如之前的两种情况（恒电阻和恒流负载），但这有本质区别。如果负载大于给定超级电容器电压时的最大功率，则系统将变得不稳定，且电压突降。

放电损耗与效率

设超级电容器从最大电压 U_{Cmax} 以恒功率 P_{C0} 放电到最小电压 U_{Cmin}。放电损耗为

$$E_{\zeta(DCH)} = \int_0^{T_{DCH}} R_{C0}(t)\, i_{C0}^2(t)\, dt \tag{2.72}$$

式中，放电时间 T_{DCH} 需由式（2.65）计算得到，但是由于式（2.65）是一个一阶四次微分方程，难以直接利用式（2.65）计算放电时间，可通过简化模型多次迭代计算。

第一次迭代

假设超级电容器是一个无内阻的理想电容器。在这种假设条件下，可计算放

电时间 T_{DCH} 为

$$T_{DCH(1)} = \frac{C_0(U_{Cmax}^2 - U_{Cmin}^2)}{2P_{C0(DCH)}} \tag{2.73}$$

通过将式（2.68）和式（2.73）代入式（2.72）可计算第一次迭代后的放电能量损耗：

$$\begin{aligned} E_{\zeta(DCH)(1)} &\cong R_{C0}P_{C0(DCH)}^2 \int_0^{T_{DCH(1)}} \frac{C_0}{C_0 U_{C0max}^2 - 2P_{C0(DCH)}t} dt \\ &= \frac{R_{C0}P_{C0(DCH)}C_0}{2} \ln\left(\frac{C_0 U_{C0max}^2}{C_0 U_{C0max}^2 - 2P_{C0(DCH)}T_{DCH(1)}}\right) \end{aligned} \tag{2.74}$$

第二次迭代

现在，已对放电能量损耗有一个粗略估计，接下来计算准确的放电时间：

$$T_{DCH(2)} = \frac{1}{P_{C0(DCH)}}\left[\frac{C_0(U_{Cmax}^2 - U_{Cmin}^2)}{2} - E_{\zeta(DCH)(1)}\right] \tag{2.75}$$

将式（2.75）代入式（2.72）得到第二次迭代后的放电能量损耗。通常，第二次迭代即可得到足够准确的结果，此时放电能量损耗［式（2.76）］就是最终结果：

$$E_{\zeta(DCH)} \cong \frac{R_{C0}P_{C0(DCH)}C_0}{2} \ln\left(\frac{C_0 U_{C0max}^2}{C_0 U_{C0max}^2 - 2P_{C0(DCH)}T_{DCH(2)}}\right) \tag{2.76}$$

放电效率定义为

$$\eta_{DCH} = \frac{\Delta E_C - E_{\zeta(DCH)}}{\Delta E_C} = 1 - \frac{E_{\zeta(DCH)}}{\Delta E_C} \tag{2.77}$$

式中，E_C 为从超级电容器上得到的能量［式（2.28）］。

将式（2.28）和式（2.76）代入式（2.77），可得放电效率：

$$\eta_{DCH} = 1 - \frac{3R_{C0}P_{C0(DCH)}C_0 \ln\left(\frac{C_0 U_{C0max}^2}{C_0 U_{C0max}^2 - 2P_{C0(DCH)}T_{DCH(2)}}\right)}{3C_0(U_{Cmax}^2 - U_{Cmin}^2) + 4k_C(U_{Cmax}^3 - U_{Cmin}^3)} \tag{2.78}$$

2.5.3.2 充电

在超级电容器的充电模式下，根据图 2.19 中的符号可知，电源功率 P_{C0} 为负。利用之前的相同方法，只是采用负功率，可得超级电容器的充电电流：

$$i_{C0} \cong -\frac{P_{C0(CH)}}{U_{Cmin}} \sqrt{\frac{C_0 U_{Cmin}^2}{C_0 U_{Cmin}^2 - 2P_{C0(CH)}t}},\ P_{C0(CH)} < 0 \tag{2.79}$$

式中，超级电容器初始电压为 U_{Cmin}。

最大充电时间 T_{CH} 由超级电容器的最大电压 U_{Cmax} 确定：

$$T_{CH} \leqslant \frac{C_0 U_{Cmin}^2}{2P_{C0(CH)}}\left(1 - \left(\frac{U_{Cmax}}{U_{Cmin}}\right)^2\right) \tag{2.80}$$

最大充电功率

在充电模式下，功率 P_{C0} 为负。因此在这种情况下，最大功率稳定准则并不适用。换句话说，无论功率 P_{C0} 如何，图 2.19 描述的系统在充电模式下总是稳定。然而在实际应用中，存在另外一种限制传输到超级电容器组最大功率的条件。这是不得超过超级电容器和电源最大电压 $U_{0\max}$ 的限制条件。

$$P_{C0(CH)\max} = \frac{U_{0\max}(U_{0\max} - u_C)}{R_{C0}} \tag{2.81}$$

充电损耗与效率

设超级电容器从最小电压 $U_{C\min}$ 以恒功率 $P_{C0(CH)}$ 充电到最大电压 $U_{C\max}$，充电损耗为

$$E_{\zeta(CH)} = \int_0^{T_{CH}} R_{C0}(t)\, i_{C0}^2(t)\,dt, \tag{2.82}$$

式中，充电时间 T_{CH} 可由式（2.80）确定。

将式（2.79）代入式（2.82），可得充电损耗：

$$\begin{aligned} E_{\zeta1(CH)} &\cong R_{C0}P_{C0(CH)}^2 \int_0^{T_{CH}} \frac{C_0}{C_0U_{C\min}^2 + 2P_{C0(CH)}t}dt \\ &= \frac{R_{C0}P_{C0(CH)}C_0}{2}\ln\left(\frac{C_0U_{C\min}^2 + 2P_{C0(CH)}T_{CH}}{C_0U_{C\min}^2}\right) \end{aligned} \tag{2.83}$$

采用 2.5.3.1 节中的迭代法计算充电时间 T_{CH}：

$$T_{CH} = \frac{1}{P_{C0(CH)}}\left[\frac{C_0(U_{C\max}^2 - U_{C\min}^2)}{2} + E_{\zeta(CH)(1)}\right] \tag{2.84}$$

式中，$E_{\zeta(CH)(1)}$ 为第一次迭代后的充电能量损耗，定义为

$$E_{\zeta(CH)(1)} \cong \frac{R_{C0}P_{C0(CH)}C_0}{2}\ln\left(\frac{C_0U_{C0\max}^2}{C_0U_{C0\max}^2 - 2P_{C0(CH)}T_{CH(1)}}\right) \tag{2.85}$$

式中，第一次迭代后的充电时间 $T_{(CH)(1)}$ 为

$$T_{CH(1)} = \frac{C_0(U_{C\max}^2 - U_{C\min}^2)}{2P_{C0(CH)}} \tag{2.86}$$

充电效率定义为

$$\eta_{CH} = \frac{\Delta E_C}{\Delta E_C + E_{\zeta(CH)}} = \frac{1}{1 + \dfrac{E_{\zeta(CH)}}{\Delta E_C}} \tag{2.87}$$

式中，E_C 为从超级电容器上得到的能量［式（2.28）］。

将式（2.28）代入式（2.86），可得充电效率：

$$\eta_{CH}=\frac{1}{1-\dfrac{3R_{C0}P_{C0(CH)}C_0\left(\dfrac{C_0U_{Cmin}^2+2P_{C0(CH)}T_{CH}}{C_0U_{Cmin}^2}\right)}{3C_0(U_{Cmax}^2-U_{Cmin}^2)+4k_C(U_{Cmax}^3-U_{Cmin}^3)}} \tag{2.88}$$

2.5.4　习题

习题 2.8

超级电容器电池具有以下参数：$C_0=3000\text{F}$，$R_{C0}=0.3\text{m}\Omega$，$U_{C0max}=2.7\text{V}$，并以恒流 I_{C0} 对其进行充/放电。

1）计算考虑最大电池电压下充电周期结束时的最大充电电流和功率。充电终止电压为 $U_{C0}=2.5\text{V}$。

2）计算最大放电电流及其相应功率。如果超级电容器的实际放电电流大于最大值，将会发生什么?

3）计算最大放电功率及其相应电流。

解：

1）最大充电电流和功率受最大电压的限制。由式（2.55）和式（2.56）可计算出最大电流 $I_{C0max}=667\text{A}$，最大功率 $P_{C0max}=1800\text{W}$。

2）最大放电电流和功率受电容器内阻的限制，由式（2.74）可得最大放电电流 $I_{C0max}=8333\text{A}$，相应的最大放电功率 $P_{C0}=0$。如果放电电流大于最大值，则放电功率将变成负值，意味着端电压也变为负。

3）由式（2.64）计算得最大放电功率 $P_{C0max}=5.2\text{kW}$。由图 2.18 可得到一个二次型方程：

$$R_{C0}I_{C0}^2-U_{C0}I_{C0}+P_{C0max}=0 \tag{2.89}$$

解为

$$I_{C0}=\frac{U_{C0}}{2R_{C0}}\pm\underbrace{\sqrt{\left(\frac{U_{C0}}{2R_{C0}}\right)^2-\frac{P_{C0max}}{R_{C0}}}}_{=0} \tag{2.90}$$

求得放电电流 $I_{C0}=4166\text{A}$。

习题 2.9

对上题中的超级电容器单体以恒功率进行充/放电。

1）当超级电容器以恒功率 $P_{C0}=2500\text{W}$ 放电时，计算最小放电电压 U_{C0min}。

2）如果超级电容器的放电电压小于其最小值，将发生什么?

解：

1）由式（2.71）计算得到最小放电电压为

$$U_{C0min}=2\sqrt{P_{C0}R_{C0}} \tag{2.91}$$

根据超级电容器的数据，求得 $U_{C0min}=1.73V$。

2）由图2.19可知，超级电容器以恒功率 P_{C0} 放电的过程可由一个二次型函数描述：

$$R_{C0}I_{C0}^2-U_{C0min}I_{C0}+P_{C0}=0 \tag{2.92}$$

解为

$$I_{C0}=\frac{U_{C0min}}{2R_{C0}}\pm\sqrt{\left(\frac{U_{C0min}}{2R_{C0}}\right)^2-\frac{P_{C0}}{R_{C0}}} \tag{2.93}$$

若满足下式，则式（2.93）的解存在：

$$U_{C0min}\geqslant 2\sqrt{R_{C0}P_{C0}} \tag{2.94}$$

这基本上与式（2.91）的条件相同。从物理意义上来看，如果不满足式（2.94）的条件，且超级电容器的放电电压小于该极限，则系统将会不稳定。

习题2.10

超级电容器电池具有以下参数：$C_0=2400F$，$k_C=320F/V$，$R_{C0}=0.3m\Omega$，并以恒流 $I_{C0}=50A$ 放电。放电时间为 $T_{DCH}=50s$，初始电压为 $U_{C0}=2.5V$。

1）计算转移到负载的能量和内阻消耗的能量。

2）如果放电电流和放电时间分别为 $I_{C0}=500A$，$T_{DCH}=5s$，计算转移到负载的能量和内阻消耗的能量。

解：

1）由式（2.44）可得

$$U_{C0min}=\sqrt{\frac{C_0^2}{4k_C^2}+\frac{1}{k_C}(U_{C0}C_0+U_{C0}^2k_C-I_0T_{DCH})}-\frac{C_0}{2k_C} \tag{2.95}$$

且放电终止电压 $U_{C0min}=1.84V$。由式（2.29）可知：

$$\Delta E_C=\frac{C_0}{2}(U_C^2-U_{Cmin}^2)+\frac{2}{3}k_C(U_C^3-U_{Cmin}^3) \tag{2.96}$$

超级电容器提供的能量为 $\Delta E_C=5440.5J$，内阻消耗的能量为 $\Delta E_\zeta=37.5J$。因此，转移到负载上的能量为 $\Delta E_C=5403J$。

2）如果电容器以较大电流而在较短时间内放电，放电终止电压和之前 $U_{C0min}=1.84V$ 的情况相同。因此，超级电容器提供的能量相同，也为 $\Delta E_C=5440.5J$。但内阻消耗的能量增大10倍以上，$\Delta E_\zeta=375J$。转移到负载上的总能量为 $\Delta E_C=5065.5J$。

2.6 频率相关损耗

正如2.3.1节中所述，超级电容器是一个非线性元件，具有电容随电压和频率变化而变化的特性。本节将讨论频率相关的电阻对转换损耗的影响。

可将电容器电流频谱分为两个频率范围。第一种是与电容工作模式和循环周期相关频段。由于用于充/放电超级电容器的功率变换器的特性，第二种是高频电流。低频电流通常是非周期性的，而高频电流是周期性的，其中，基本周期是多个或部分开关周期 T_S。

等效串联电阻是频率相关的电阻。基于时域－频域转换，可以得出电阻也与时间相关的结论：

$$R_{C0} = R_{C0}(\omega) \Rightarrow R_{C0} = R_{C0}(t) \tag{2.97}$$

由于电阻随频率变化而变化，瞬时电压和瞬时电流不再保持简单的系数 R_{C0} 关系：

$$u_{RC0}(t) \neq R_{C0} i_{C0}(t) \tag{2.98}$$

考虑到励磁电流 i_{C0} 是正弦函数。可认为瞬时电压和瞬时电流之间具有简单的系数 R_{C0}，此时的 R_{C0} 是特定频率下的电阻：

$$u_{RC0}(t) = U_{RC0}\sin(\omega_0 t) = R_{RC0}(\omega)\,|_{\omega=\omega_0} I_{C0}\sin(\omega_0 t) = R_{RC0}(\omega)\,|_{\omega=\omega_0} i_{C0}(t) \tag{2.99}$$

流过电流 i_0 的电阻 R_{C0} 的瞬时功率为

$$p(t) = u_{RC0}(t) i_{C0}(t) = f(i_{C0}(t)) i_{C0}(t) \tag{2.100}$$

式中，$u_{RC0} = f(i_{C0}(t))$ 是作为电流函数的电容器 ESR 的两端电压。

这种非线性是一种隐含非线性，是由于电容器中具有随频率变化而变化的电阻而存在的。

在一个周期 T 内，计算平均功率为

$$P_{C0(\zeta)}(T) = \frac{1}{T}\int_t^{t+T} f(i_{C0}(\tau)) i_{C0}(\tau)\,d\tau \tag{2.101}$$

式中，时间 T 表示周期函数中的基本周期，如果电流为非周期性的，则 T 表示观测周期。

2.6.1 周期性电流

假设电流 i_{C0} 是周期为 T_0 的周期函数，角频率为 ω_0，则该电流可用傅里叶级数展开：

$$i_{C0}(t) = \sum_{k=0}^{+\infty} I_{C0(k)} \sin(k\omega_0 t + \varphi_k) \tag{2.102}$$

等效串联电阻 R_{C0} 两端的电压同样也可用傅里叶级数展开：

$$uR_{C0}(t) = \sum_{k=0}^{+\infty} R_{C0}(k\omega_0) I_{C0(k)} \sin(k\omega_0 t + \psi_k) \tag{2.103}$$

式中，$R_{C0}(k\omega_0) = R_{C0}(\omega)$ 为电容中与频率相关的电阻 R_{C0}。

由于电阻是准线性的，因此每个谐波的相位移为零。将式（2.102）和式（2.103）代入式（2.100），可得电阻 R_{C0} 上消耗的瞬时功率：

$$p(t) = \sum_{k=0}^{+\infty} I_{C0(k)} \sin(k\omega_0 t + \varphi_k) \sum_{k=0}^{+\infty} R_{C0}(k\omega_0) I_{C0(k)} \sin(k\omega_0 t + \varphi_k) \tag{2.104}$$

利用拉格朗日恒等式[21]：

$$f_1 f_2 = \sum_{k=0}^{+\infty} F_{1(k)} \sum_{k=0}^{+\infty} F_{2(k)} = \sum_{k=0}^{+\infty} F_{1(k)} F_{2(k)} + \sum_{n=0}^{+\infty} \sum_{m=0}^{+\infty} \underset{n \neq m}{F_{1(n)} F_{1(m)}} \tag{2.105}$$

式中，f_1 和 f_2 是可展开为位势级数的正则函数，得到

$$p(t) = \frac{1}{2} \sum_{k=0}^{+\infty} R_{C0}(k\omega_0) I_{0(k)}^2 (1 - \cos(2k\omega_0 t + 2\phi_k)) + \sum_{n=0}^{+\infty} \sum_{m=0}^{+\infty} I_{0(n)} R_{C0}(m\omega_0) I_{0(m)} \underset{n \neq m}{\sin(n\omega_0 t + \phi_n)} \sin(m\omega_0 t + \phi_m) \tag{2.106}$$

在周期 T 内消耗的平均功率为

$$P_{C0(\zeta)} = \frac{1}{T} \int_t^{t+T} \left(\begin{array}{c} \frac{1}{2} \sum_{k=0}^{+\infty} R_{C0}(k\omega_0) I_{C0(k)}^2 (1 - \cos(2k\omega_0 \tau + 2\varphi_k)) + \\ \sum_{n=0}^{+\infty} \sum_{m=0}^{+\infty} I_{C0(n)} R_{C0}(m\omega_0) I_{C0(m)} \underset{n \neq m}{\sin(n\omega_0 \tau + \varphi_n)} \sin(m\omega_0 \tau + \varphi_m) \end{array} \right) d\tau \tag{2.107}$$

根据 sin 和 cos 函数的正交性：

$$\int_t^{t+T} \cos(n\omega_0 \tau) \cos(m\omega_0 \tau) d\tau \mid_{n \neq m} = 0, \quad \int_t^{t+T} \sin(n\omega_0 \tau) \sin(m\omega_0 \tau) d\tau \mid_{n \neq m} = 0$$

$$\int_t^{t+T} \cos(n\omega_0 \tau) \cos(m\omega_0 \tau) d\tau \mid_{n \neq m} = 0 \tag{2.108}$$

可求得平均功率：

$$P_{C0(\zeta)} = \frac{1}{2} \sum_{k=0}^{+\infty} R_{C0}(k\omega_0) I_{0(k)}^2 = I_{RMS}^2 \sum_{k=0}^{+\infty} \left[R_{C0}(k\omega_0) \frac{I_{0(k)}^2}{I_{RMS}^2} \right] = I_{RMS}^2 R_{C0(EQ)} \tag{2.109}$$

式中，记为 $R_{C0(EQ)}$ 的电阻是超级电容器的等效电阻。

需要注意的是，根据式（2.109），总的平均功率很大程度上取决于电容器电流的频谱。因此在估计总损耗时，必须考虑电容器电流的实时分布。

2.6.1.1　低频电流

一般而言，低频电流是准周期性或周期性的，这取决于具体应用。主导时间常数和基频取决于充/放电循环和功率/电流水平。这可由下式表示：

$$i_{C0\_LF}(t) = i_{C0\_LF}(P_0, U_{C0}, R_{C0}, C) \tag{2.110}$$

图 2.21 和图 2.22 中给出了两个应用示例。第一个是具有间歇性负荷的工装机应用。超级电容器作为储能装置对主电源的峰值功率滤波。图 2.21a 给出了超级电容器电流和电压的实验波形。电流幅值频谱如图 2.21b 所示。注意到主频率

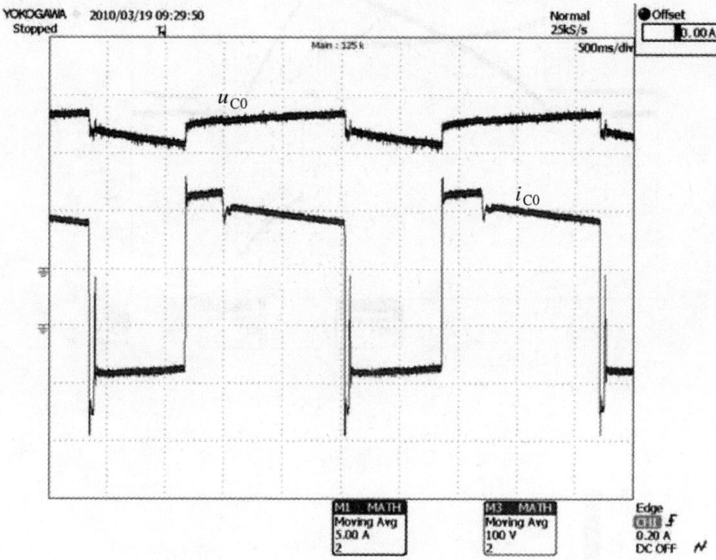

a)

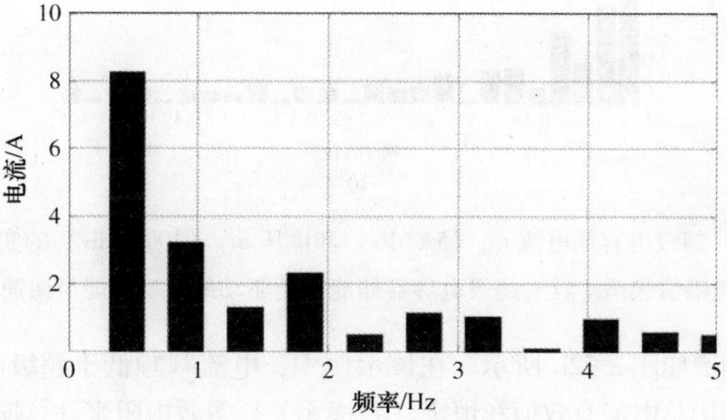

b)

图 2.21　a）超级电容器电流 i_{C0}（5A/div）和电压 u_{C0}（100V/div）的实验波形和 b）电流幅值频谱。具有作为储能装置的超级电容器的变速传动用来削波驱动输入峰值功率

（基波）是 0.48Hz 且中频区谐波分量较高（见图 2.7 的示例）。因此，计算损耗时应考虑电流和与频率相关的电压的所有频谱分量，如式（2.109）中所给定的。

另一种典型应用是有制动要求的电梯或升降机。一个完整周期的波形如图 2.22a

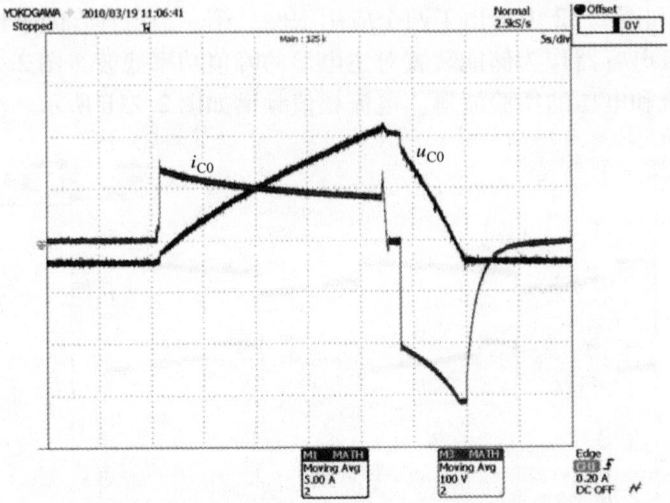

a)

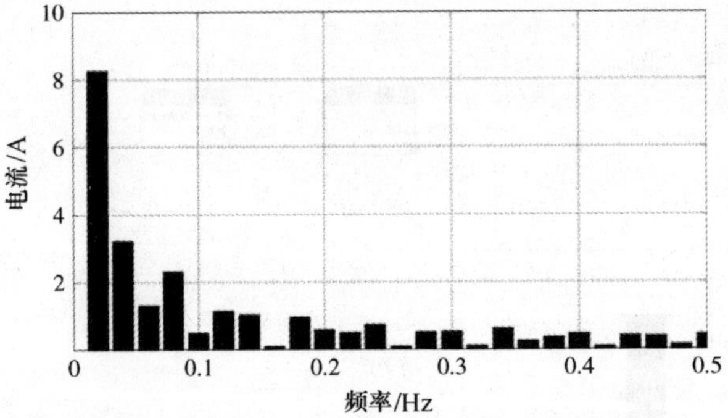

b)

图 2.22　a）超级电容器电流 i_{C0}（5A/div）和电压 u_{C0}（100V/div）的实验波形和 b）电流幅值频谱。具有超级电容器储能变速驱动的制动和能量回馈循环

所示，而幅值频谱如图 2.22b 所示。在该示例中，电流基频低于超级电容器的中频区。因此，可利用总电流有效值和恒定（频率无关）等效电阻来计算损耗。

2.6.1.2　高频电流

超级电容器的高频电流是由用于超级电容器充/放电的功率变换器所引起的一种纹波电流。纹波电流取决于功率变换器的拓扑。这将在第 5 章中详细讨论。目前，假设设计功率变换器以使得电流脉动明显小于平均电流（选择合适的拓扑或在变换器和超级电容器之间增加低通滤波器）。另外，假设纹波电流的基频远大于电容器的截止频率（假设电容和电阻恒定）。

2.6.2　非周期性电流

考虑电容器电流为非周期性函数。一个典型示例是具有额外穿越能力的变速驱动装置。超级电容器作为储能装置为短时停电情况下的驱动系统供电。示例如图 2.23 所示。超级电容器的电流和电压波形如图 2.23a 所示，而图 2.23b 给出了在窗口 $T=50\mathrm{s}$ 下计算的电流幅值频谱。

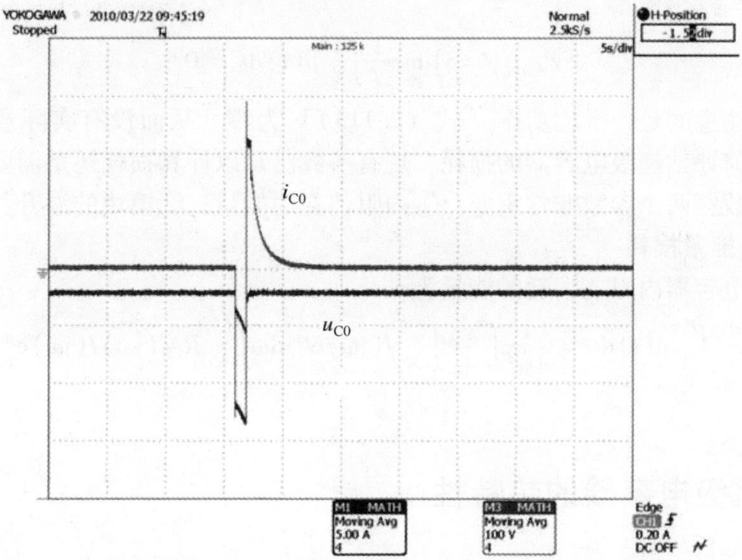

a)

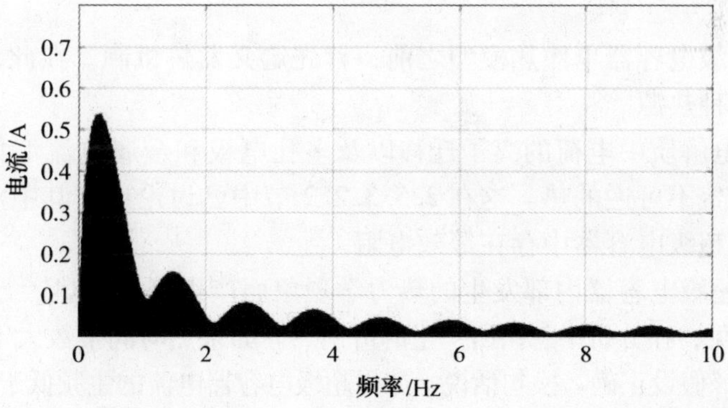

b)

图 2.23　a）超级电容器电流 i_{C0}（5A/div）和电压 u_{C0}（100V/div）的实验波形和 b）电流幅值频谱。基于超级电容器作为储能装置进行紧急供电的变速驱动

超级电容器在等效电阻 R_{C0} 上的电流和电压降可通过傅里叶积分表示：

$$i_0(t)=\frac{1}{2\pi}\int_{-\infty}^{+\infty}I(\mathrm{j}\omega)\mathrm{e}^{\mathrm{j}\omega t}\mathrm{d}\omega,\ u_{\mathrm{RC0}}(t)=\frac{1}{2\pi}\int_{-\infty}^{+\infty}R_{\mathrm{C0}}(\mathrm{j}\omega)I(\mathrm{j}\omega)\mathrm{e}^{\mathrm{j}\omega t}\mathrm{d}\omega \tag{2.111}$$

则 R_{C0} 上消耗的瞬时功率为

$$p(t)=\frac{1}{4\pi^2}\int_{-\infty}^{+\infty}I(\mathrm{j}\omega)\mathrm{e}^{\mathrm{j}\omega t}\mathrm{d}\omega\int_{-\infty}^{+\infty}R_{\mathrm{C0}}(\mathrm{j}\omega)I(\mathrm{j}\omega)\mathrm{e}^{\mathrm{j}\omega t}\mathrm{d}\omega \tag{2.112}$$

由 $\int_{-\infty}^{+\infty}i_0(t)\mathrm{d}t<\infty$ 和 $\int_{-\infty}^{+\infty}u_{\mathrm{RC0}}(t)\mathrm{d}t<\infty$ 的条件可知，平均功率为零：

$$P_{\mathrm{C0}(\zeta)}=\lim_{T\to\infty}\frac{1}{T}\int_{-\frac{T}{2}}^{+\frac{T}{2}}p(t)\mathrm{d}t=0 \tag{2.113}$$

需要注意的是，平均功率［式（2.113）］为零，从而没有实际意义。然而问题是如何评估超级电容器的损耗？现有参数已足以计算损耗还是需要一些其他的重要参数？两个参数非常重要：①内阻消耗的能量；②模块的温升。

2.6.2.1 能量损耗

超级电容器内阻上消耗的能量为

$$E_{\mathrm{C0}(\zeta)}=\int_{-\infty}^{\infty}p(t)\mathrm{d}t=\frac{1}{4\pi^2}\int_{-\infty}^{\infty}\left(\int_{-\infty}^{+\infty}I(\mathrm{j}\omega)\mathrm{e}^{\mathrm{j}\omega t}\mathrm{d}\omega\int_{-\infty}^{+\infty}R_{\mathrm{C0}}(\mathrm{j}\omega)I(\mathrm{j}\omega)\mathrm{e}^{\mathrm{j}\omega t}\mathrm{d}\omega\right)\mathrm{d}t \tag{2.114}$$

2.7 超级电容器的热特性

2.7.1 发热

在建立超级电容器单体热模型之前，首先定义发热机制。在此，需区分超级电容器中的两种热源[28]。

1）由于电解质中电荷的离子迁移以及多孔电极和金属电流汇集器中电荷的电子迁移而产生不可逆的热。这在 2.5.3.2.2 节中已讨论过，其中定义超级电容器损耗是由于超级电容器中存在等效电阻。

2）由于超级电容器内部发生的热力学现象而产生可逆的热[22]。

为简单起见，在分析中忽略所产生的可逆热。如果热时间常数大于充/放电时间周期，则认为该假设正确。换句话说，如果超级电容器电流的主频低于热模型的截止频率，则可忽略所产生的可逆热。因此，总功率损耗基本上只是内阻上的损耗。

功率损耗可通过频域卷积从式（2.112）的频域中计算得到：

$$P(\mathrm{j}\omega)=\frac{1}{2\pi}\int_{-\infty}^{+\infty}\left(R_{\mathrm{C0}}(\mathrm{j}v)I(\mathrm{j}v)I(\mathrm{j}(\omega-v))\right)\mathrm{d}v \tag{2.115}$$

式中，R_{C0} 为作为频率函数的超级电容器电阻［式（2.10）］；I 为超级电容器电流频谱，ω 为角频率。

2.7.2　热模型

超级电容器单体的热模型可通过热电类比来建立。图 2.24a 给出了一个考虑超级电容器电池内部损耗和温度分布的模型。整个电池分为 j 个域。每个域的损耗记为 $P_{C1(\zeta)}$ ~$P_{Cj(\zeta)}$，而每个域的温度是 θ_1 ~θ_j。每个域由热电容 C_{TH1} ~C_{THj} 以及单体端热电阻 R_{TH1} ~R_{THj} 表示。

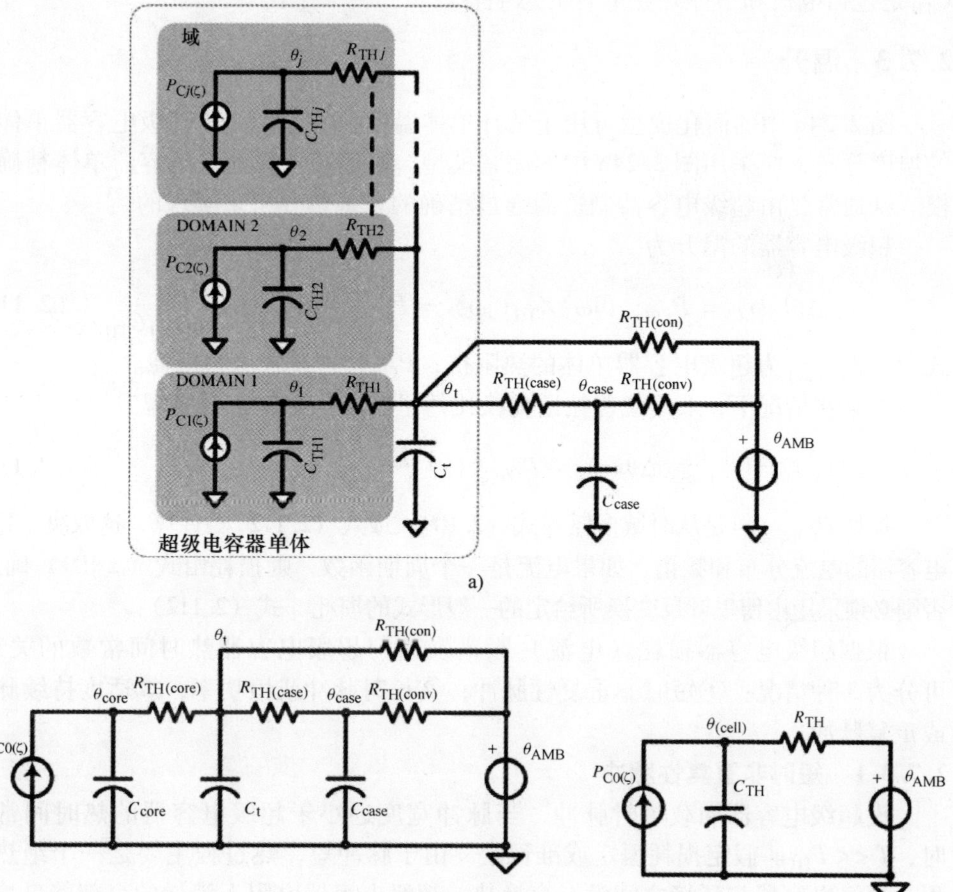

图 2.24　a）具有分布式损耗域的超级电容器单体模型
b）集总简化热模型　c）一阶 RC 等效模型

超级电容器单体中所生成的热通过两种方式转移到环境中。第一种是从外壳表面到环境的对流。这种对流是由连接电池外壳和周围环境的热电阻 $R_{TH(conv)}$ 建模。第二种是从单体终端到外壳 $R_{TH(case)}$ 以及从终端到模块 $R_{TH(con)}$ 的传导。在大功率应用中，包含许多超级电容器单体及端子。由于超级电容器电流较大，采用大量基础部件将单体连接而成一个模块。基础部件通常由铜或铝制成，因此导热系数相当大。由于单体温度和辐射系数很小而忽略通过辐射而传递的热。

为简单起见，超级电容器单体可建模为一个具有集总热电容 C_{core} 和电阻 $R_{TH(core)}$ 的大型热源，如图 2.24b 所示。通过一阶 RC 模型近似，热模型可进一步简化（见图 2.24c）。热电阻 R_{TH} 是从电池中心到周围环境的总电阻。热电容 C_{TH} 是包括电极和单体外壳电容的总电容。

2.7.3 温升

图 2.24c 中的简化模型可用于估计单体温度。为详细分析超级电容器单体中的温度分布，应采用图 2.24a 中的完整模型。然而需要对超级电容器单体精确建模。这通常是由超级电容器制造商通过精确的三维热分析来实现的[23]。

超级电容器的温升为

$$\Delta\theta(\mathrm{j}\omega) = P_{C0(\zeta)}(\mathrm{j}\omega)Z_{TH}(\mathrm{j}\omega) = P_{C0(\zeta)}(\mathrm{j}\omega)\frac{R_{TH}}{1+\mathrm{j}\omega R_{TH}C_{TH}} \tag{2.116}$$

式中，$Z_{TH(\mathrm{j}\omega)}$ 为超级电容器单体的热阻抗；$P_{C0(\zeta)}$ 为频域功率损耗。

在某些情况下，采用拉普拉斯变换比傅里叶变换更易于计算温升：

$$\Delta\theta(s) = P_{C0(\zeta)}(s)\frac{R_{TH}}{1+sR_{TH}C_{TH}} \tag{2.117}$$

损耗 $P_{C0(\zeta)}(s)$ 是从时域损耗［式（2.109）或式（2.112)］计算，这取决于超级电容器的电流分布和频谱。如果电流是一个周期函数，则损耗由式（2.109）确定，否则必须采用由傅里叶反变换所给定的一般形式的损耗［式（2.112)］。

根据超级电容器损耗（电流）频谱及其与超级电容器热时间常数的关系，可分为 3 种情况：①短时非重复性脉冲；②长时脉冲或恒功率；③适度持续脉冲或重复脉冲。

2.7.3.1 短时非重复性脉冲

设超级电容器加载短时脉冲，当脉冲宽度远小于超级电容器的热时间常数时，$T \ll T_{TH}$。假定损耗恒定或准恒定。由于脉冲短，热过程主要是一个绝热过程。超级电容器与环境之间没有交换热。超级电容器电阻上消耗的全部能量均被超级电容器的热电容 C_{TH} 吸收。此时的温升为

$$\Delta\theta(t) = \frac{1}{C_{TH}}\int_0^t p_{C0(\zeta)}(t)\,\mathrm{d}t = \frac{E_{C0(\zeta)}}{C_{TH}} \tag{2.118}$$

式中，损耗 $p_{C0(\zeta)}$（t）由式（2.112）给定；消耗的能量 $E_{C0(\zeta)}$ 由式（2.114）计算而得。

2.7.3.2 高频长时脉冲或重复脉冲

若超级电容器负荷分布使得损耗恒定或长时间内变化很小，则可忽略热电

容。此时的温升为

$$\Delta\theta(s) = P_{C0(\zeta)}(s)R_{TH} \quad 和 \ \Delta\theta(t) = p_{C0(\zeta)}(t)R_{TH} \tag{2.119}$$

设超级电容器的负荷分布是一个具有重复周期 T_{RP}的重复性序列，其中周期 T_{RP}远小于超级电容器的时间常数，$T_{RP} << T_{TH}$。在这种情况下，超级电容器的热电容具有低通滤波器的作用。因此，平均温度是由热电阻和平均损耗决定的。超级电容器电池的温升可近似为

$$\Delta\theta(t) \cong \left[\frac{1}{T_{RP}}\int_0^{T_{RP}} p_{C0(\zeta)}(t)\,dt\right]R_{TH} \tag{2.120}$$

式中，损耗 $p_{C0(\zeta)}(t)$由式（2.112）给定。

2.7.3.3　适当持续长度的脉冲或处于“临界”频率的重复脉冲

若超级电容器的负荷曲线使得其频率位于与热模型截止频率相同的范围内，则温度可由式（2.116）或式（2.117）计算得到。

2.7.4　习题

习题 2.11

储能单体由具有以下参数：$C_0 = 3000F$，$R_{C0} = 0.3m\Omega$，$R_{TH} = 3.2K/W$，$C_{TH} = 588J/K$ 的超级电容器单体构成。超级电容器储能系统用于短期的 UPS（不间断电源）系统。

若周围环境温度 $\theta_{AMB} = 40℃$ 且在 $T_{DCH} = 10s$ 期间，超级电容器以 $I_{C0} = 500A$ 的电流放电，试计算超级电容器单体的温度。

解：

超级电容器的时间常数 $\tau_{TH} = 1880s$。由于负载脉冲远小于时间常数，因此适用于第一种情况（短时脉冲）。由式（2.118）可得

$$\Delta\theta = \frac{1}{C_{TH}}\int_0^t p_{C0(\zeta)}(t)\,dt = \frac{R_{C0}I_{C0}^2T_{DCH}}{C_{TH}} \tag{2.121}$$

根据上述参数得到温升 $\Delta\theta = 1.28℃$，则电容器的绝对温度 $\theta = 41.28℃$。

习题 2.12

一个具有如表 2.2 和图 2.8 所示参数的超级电容器用于功率变换器中。超级电容器单体的热参数为 $R_{TH} = 3.2K/W$，$C_{TH} = 588J/K$。超级电容器的电流为$I_0 = 100A$，频率$f_0 = 1Hz$，占空比 $d = 0.5$ 的方波。周围环境温度 $\theta_{AMB} = 40℃$。

1）若在 $T_{LOAD} = 15min$ 期间超级电容器接入负载，且负载重复周期 $T_P = 4h$，求电池温度。

2）若单体的最高允许温度 $\theta_{max} = 65℃$，试计算超级电容器单体的最大负载电流。

解：

1）超级电容器电流的频率范围是 ESR 很大程度上所取决的频率。因此，计算损耗需考虑与频率相关的 ESR。电流可利用傅里叶级数展开：

$$i_{C0}(t) = \sum_{k=0}^{+\infty} I_{C0(k)}\sin(k\omega_0 t + \varphi_k) = I_0\frac{4}{\pi}\sum_{k=0}^{+\infty}\frac{1}{k}\sin(k\omega_0 t) \tag{2.122}$$

图 2.25a 给出了最大为 19 次的电流谐波。由表 2.2 和图 2.8 所给定的超级电容器数据，可计算基频及其谐波下的 ESR，如图 2.25b 所示。

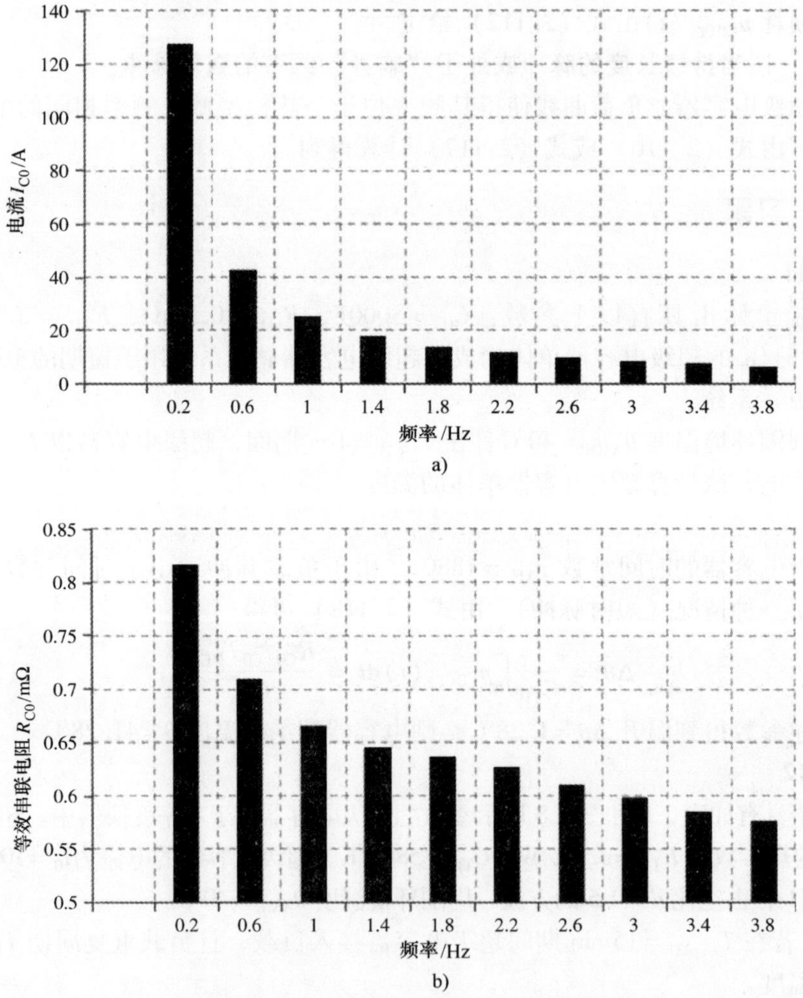

图 2.25　a）超级电容器电流频谱　b）基频和谐波下的 ESR

根据损耗计算方程［式（2.109）］以及 ESR 与频率的关系（见图 2.25b），可计算出损耗频谱和总损耗。损耗频谱如图 2.26 所示，总损耗为 $P_{C0(\zeta)}=7.78\text{W}$。

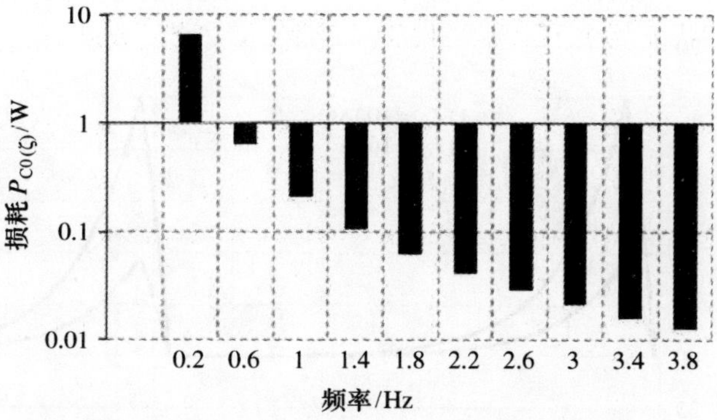

图 2.26　基频和谐波下的超级电容器损耗

现在，由式（2.117）和超级电容器损耗，可求得电池温度与时间的关系。首先，需要计算取决于损耗以及损耗分布的内部温度。由于负载占空比 $T_{LOAD}/T_P=0.0625$ 很小，可用单个适度持续时间的脉冲来近似负载分布。电池温度 θ 与时间的关系为

$$\theta(t)=\theta_{AMB}+\Delta\theta(t)=\theta_{AMB}+P_{C0(\zeta)}R_{TH}\left(1-\exp\left(\frac{t}{R_{TH}C_{TH}}\right)\right)\tag{2.123}$$

将超级电容器的热和负荷时间 T_{LOAD} 代入式（2.123），可得单体温度 $\theta=49.5℃$。

2）由式（2.117），可得给定单体最高温度为 $\theta_{max}=65℃$ 的条件下的损耗：

$$P_{C01(\zeta)}=\frac{\theta_{max}-\theta_{AMD}}{R_{TH}\left(1-\exp\left(-\frac{T_{LOAD}}{R_{TH}C_{TH}}\right)\right)}\tag{2.124}$$

根据式（2.124）和上例中所给出的数据，可计算得到超级电容器损耗 $P_{C01(\zeta)}=20.54\text{W}$。

一个流过有效值为 I_0 的任意电流的超级电容器的损耗可表示为

$$P_{C0(\zeta)}=I_0^2R_{C0(EQ)}\tag{2.125}$$

式中，$R_{C0(EQ)}$ 为归一化为电流基频的等效 ESR，如式（2.109）所示。

根据损耗比率，可确定电流 I_{01} 为

$$I_{01}=I_0\sqrt{\frac{P_{C0(\zeta)}}{P_{C0(\zeta)1}}}\tag{2.126}$$

根据损耗 $P_{C01(\zeta)}=20.54\text{W}$，$P_{C0(\zeta)}=7.78\text{W}$，$I_0=100\text{A}$，可求得在给定单体最高温度 $\theta_{max}=65℃$ 且加载周期 $T_{LOAD}=900\text{s}$（15min）处的超级电容器电流 $I_{01}=162.5\text{A}$。

对上述分析进行仿真。超级电容器的单体温度与时间的关系如图 2.27 所示。

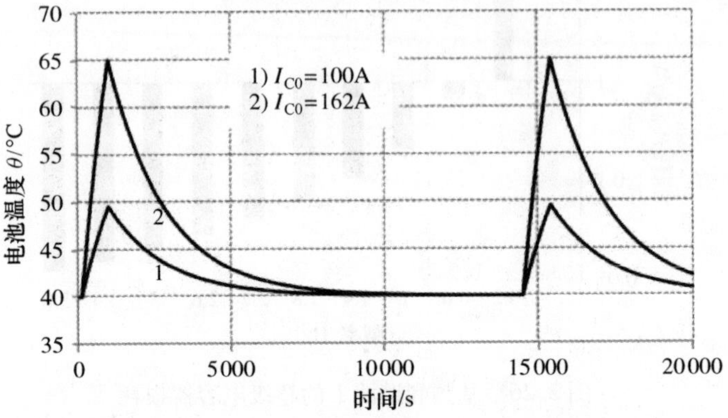

图 2.27　超级电容器的单体温度

2.8　超级电容器大功率模块

与静电电容器和电解电容器不同，超级电容器的特点是端电压较低。额定电压很低，通常在 1～2.8V。工作电压受限于电极的分解电压，且在超级电容器单体的功率性能无显著退化情况下，不会轻易增大。

另一方面，大多数功率变换应用需要一个额定电压为几十伏到高达 1000V 的短期储能装置。为实现这样一个“高”工作电压，超级电容器单体需串联以达到所需的额定电压。此外，为实现电容更高，还需将单体并联。

图 2.28 给出了一个串联/并联的大功率超级电容器模块。共有 N 个单体串联，M 个单体并联。单个单体的电容和电压分别为 $C_{0(\text{cell})}$ 和 $U_{C0(\text{cell})}$。模块的额定电压和电容为

$$U_{C0} = U_{C0(\text{cell})}N \quad 和 \quad C_0 = C_{0(\text{cell})}\frac{M}{N} \tag{2.127}$$

模块的储能容量为

$$E_{C0} = NME_{C0(\text{cell})} \tag{2.128}$$

式中，$E_{C0(\text{cell})}$ 为单个单体的能量。市场上现有的最先进模块的额定电压通常为 16V、48V、56V、125V 和 200V。表 2.3 中总结归纳了一些现有模块。

如果功率变换应用需要提供比现有模块更高的电压和/或电容，那么必须串联和并联多个子模块。

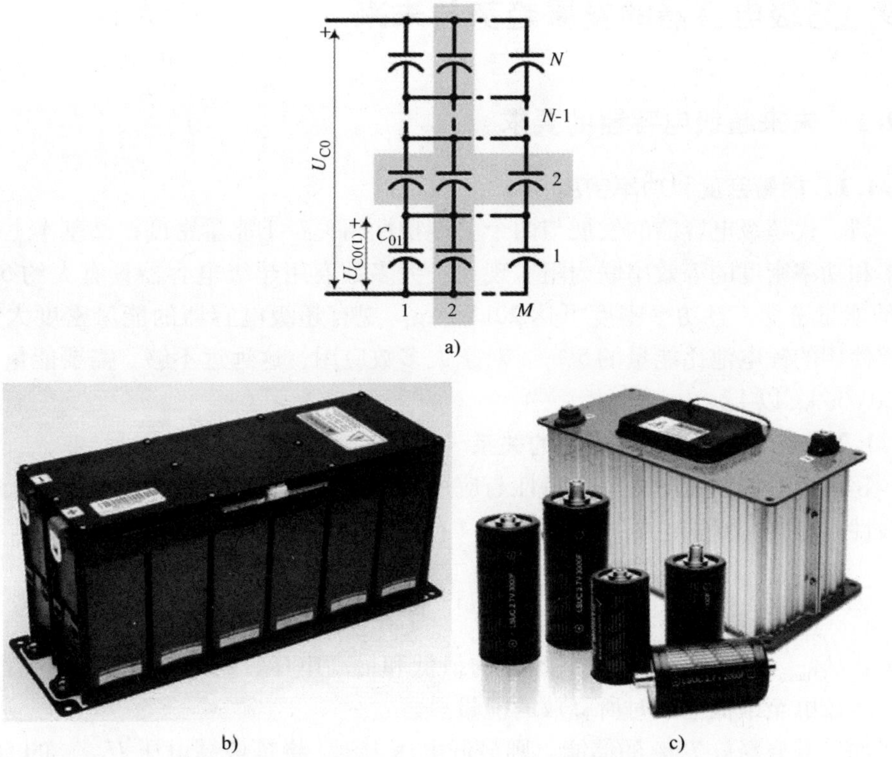

图 2.28　a）超级电容器模块的电路图　b）、c）用于 UPS 应用的 LS Mtron 超级电容器模块[31]。经 LS Mtron 公司许可

表 2.3　市场上现有的大功率模块

模块	电压/V	电容/F	能量密度/(Wh/kg)	质量/kg
麦克斯韦公司技术				
BMOD0500	16	500	3.2	5.51
BMOD0083	48	83	2.6	10.3
BMOD0130	56	130	3.1	18
BMOD0094 P075	75	94	2.9	25
BMOD0063 P125	125	63	2.3	65
LS MTRON 公司超级电容器				
LS 16.2 V/500 F	16.2	500	3.5	5.1
LS 33.6 V/250 F	33.6	250	4	9.8
LS 50.4 V/167 F	50.6	166	3.43	17.2
LS 201.6 V/41 F	201.1	41	2.21	104

2.9 超级电容器的发展趋势与未来

2.9.1 未来超级电容器的要求

2.9.1.1 能量密度和功率密度

新一代超级电容器的发展与两个关键特性相关：①能量密度；②基本上确定功率和功率密度的等效串联内阻。现在，大多数商用超级电容器具有大约5Wh/kg的能量密度，且功率密度可达20kW/kg。现有超级电容器的能量密度大约是广泛使用的锂电池比能量的5%。对于大多数应用，这远远不够。需要能量密度为20Wh/kg以上。

2.9.1.2 电荷特性状态与电压的关系

超级电容器储能的另一个特性与应用要求密切相关。如果超级电容器是一个纯线性电容器，则端电压和能量提取（存储）由下式关联：

$$\frac{U_{\mathrm{C0min}}}{U_{\mathrm{C0max}}}\sqrt{1-\frac{2\Delta E_{\mathrm{C}}}{C_0 U_{\mathrm{C0max}}^2}} \tag{2.129}$$

式中，U_{C0min}和U_{C0max}为超级电容器的最低和最高电压；ΔE_{C}为超级电容器从最高电压放电至最低电压时所释放的能量。

如果需要释放75%的储能，则最低电压U_{C0min}将是最高电压U_{C0max}的50%。这是电容储能的一个很大缺点。为确保超级电容器电压大幅变化时系统的正确运行，需要增加额外措施。由此会增大整个储能系统的复杂性和成本。

减少这种影响的唯一方法是将超级电容器设计为一个与电压强关联的非线性超级电容器。在这种情况下，超级电容器的电压与能量关系不大。设电容与电压的关系由一阶函数［式（2.14）］近似。由式（2.28）可得作为系数k_{C}函数的超级电容器的最低电压，其中该函数对k_{C}有严格正的一阶导数：

$$\left.\frac{\partial U_{\mathrm{C0min}}}{\partial k_{\mathrm{C}}}\right|_{\substack{U_{\mathrm{C0max}}=\text{常数}\\ \Delta E_{\mathrm{C}}=\text{常数}}} > 0 \tag{2.130}$$

系数k_{C}越高，最低放电电压U_{C0min}越高。另一方面，最低电压U_{C0min}越高，超级电容器的应用压力少、应用越好。

2.9.2 技术发展方向

目前，超级电容器的发展主要有4个不同方向：①碳纳米管技术；②纳米栅极技术；③EeStore技术；④兆法超级电容器技术。表2.4总结了所有4种正在发展的超级电容器技术。

表 2.4　现有超级电容器技术和正在发展的技术

	活性炭	纳米管	纳米栅极	EesE	兆法超级电容器
能量密度/(Wh/kg)	约为 5	20 ~ 40	50 ~ 80	约为 280	约为 500
工作电压/V	<2.8	约为 3	约为 3.9	3000	<2.8
内阻/mΩ	0.66 + 1000/C①	与现有相同	与现有相同	低于现有的	与现有相同

① 这是一个 C 为电池电容（F）的近似值。

由 Joel Schindall 教授领导的一个麻省理工学院（MIT）团队已开始开发一种新的基于碳纳米管技术的超级电容器[24,25]。基于这种方法的超级电容器的能量密度是现有电化学电池的能量密度的 25%，甚至 50%。

2007 年 9 月，冈村实验室和电力系统（Okamura Laboratory and Power Systems）宣布对基于极有前途的纳米栅极技术的新一代超级电容器取得首次重大发展成果[26]。预期的能量密度为 50 ~ 80Wh/kg，这与现有电化学电池的能量密度具有相同数量级。

完全不同的第 3 种超级电容器技术是所谓的 EeStore 技术，有望能量密度增大到 280Wh/kg，且工作电压高达 3000V[6]。这些超级电容器是基于高压多层陶瓷技术，因此与现有技术相比，预计串联内阻极低。

最近公布的一项技术是在活性炭电极顶部具有高介电常数材料薄层的双层电容器[27]。预期能量密度比现有技术高 2 个数量级，约为 500Wh/kg。

2.10　小结

本章主要讨论了作为储能装置的超级电容器在功率变换中的应用。与最先进的电化学电池相比，超级电容器的功率密度更高、效率更高、寿命更长且循环能力更强。与最先进的电解电容器相比，超级电容器的能量密度更高。所有这些优势使得超级电容器适用于许多需要短期（0.1 ~15s）储能的功率变换应用。潜在的应用领域包括工业变速驱动器和系统、电力输/配电网络、机车牵引、建筑和 IT 行业。

探讨了超级电容器的宏观模型。根据不同的应用需求，提出了一种简化的一阶或高阶 RC 模型。该模型可用来估计超级电容器的损耗和温度。如果超级电容器的电流频率远低于或高于转折频率，则一阶模型足矣。否则，需要一个二阶甚至三阶模型。对于接口功率变换器中控制器的分析和综合，一阶模型已足够精确。

活性炭双层电容器是目前最先进的技术[2-5]。其中，主要有 4 种正在发展的不同技术：①纳米管电容器[24,25]；②纳米栅极电容器[26]；③EeStore 高压多

第 3 章　功率变换与储能应用

3.1　静态功率变流器基本原理

静态功率变流器是一种可将某一电气量变换为其他电气量形式的电力设备，这里的电气量是指电压或电流。图 3.1 给出了静态功率变流器的电路框图。静态功率变流器由一个静态设备网络组成，此处的静态设备是指无运动部件的设备。静态设备包括电感器、变压器、电容器、电阻器等无源组件，以及二极管、可控开关等功率半导体器件。在图 3.1 中，无源组件连接在表示为输入和输出滤波器的子电路中，功率半导体器件连接在表示为开关矩阵的子电路中。可控功率半导体开关器件是指绝缘栅双极型晶体管（IGBT）、晶闸管及其衍生产品，如门极关断（GTO）晶闸管、集成门极换流晶闸管（IGCT）、金属氧化物半导体场效应晶体管（MOSFET）、双极结型晶体管（BJT）以及结型场效应晶体管（JFET）等[1,2]。

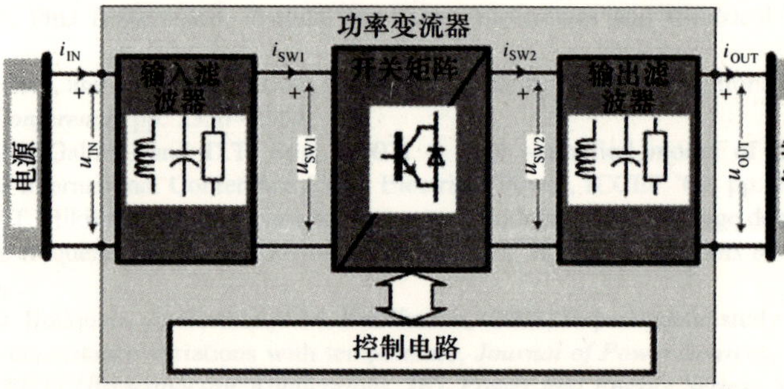

图 3.1　作为两个电气系统接口的静态功率变流器

3.1.1　开关变流器

开关功率变流器是通过周期性地将功率（能量）从输入端传输到输出端实现功率传输。图 3.2a 给出了开关功率变流器的数学表达式。该“变流器”包含一个多路选择器 MUX 和一个无源低通滤波器（LPF）。x_{IN} 为主“电源”输入，而 $s(t)$ 表示控制输出。控制输入即开关函数，具有两个取值：0 和 1，如图 3.2b 中最上面的部分所示。

多路选择器的输出用符号 x_{SW} 表示，其为电源输入 x_{IN} 和控制输入 s 的乘积：

$$x_{SW}(t) = x_{IN}(t)s(t) \qquad (3.1)$$

多路选择器的输出 x_{SW} 通过一个低通滤波器进行滤波，以得到 x_{SW} 的平均值，即 y_{OUT}：

$$y_{OUT}(t) = \frac{1}{T_{SW}}\int_{t}^{t+T_{SW}} x_{SW}(t)\mathrm{d}t \qquad (3.2)$$

输出变量 y_{OUT} 通常（在大多数应用中）为应用于负载的电压。输入变量 x_{IN} 和开关变量 x_{SW} 可以是电压也可以是电流。如果变量 x_{IN} 和 x_{SW} 是电压，那么变流器就是电压源型变流器；如果变量 x_{IN} 和 x_{SW} 是电流，那么变流器就是电流源型变流器。

图 3.2c 所示为电压源型变流器的一个实现。该单元包含 S_1 和 S_2 两个开关、一个直流母线电容 C_{BUS} 以及 LPF LC。直流母线电压就是变流器的输入变量，即 $x_{IN} = v_{BUS}$。开关单元 S_1S_2 的输出就是变量 x_{SW}。滤波器的输出电压就是输出变量 y_{OUT}。在某些情况下，电感电流 i_0 被定义为系统的输出变量。

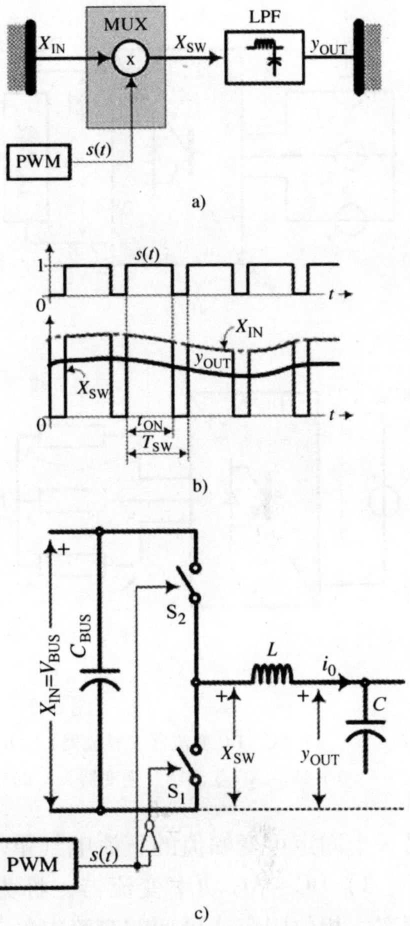

图 3.2　a）开关功率变流器的数学表达式　b）波形　c）电压源型变流器的一个具体实现

开关 S_2 由开关函数 $s(t)$ 控制，而开关 S_1 由开关函数 $s(t)$ 的互补函数控制。当开关函数 $s(t)=1$ 时，开关 S_2 导通，单元输出电压 $x_{SW} = x_{IN}$。当开关函数 $s(t)=0$ 时，开关 S_1 导通，单元输出电压 $x_{SW}=0$。因此，在图 3.2a 中，可明显地看出开关单元 S_1S_2 起到了一个多路选择器的作用。

3.1.2　功率变流器的分类

如图 3.3 所示，可分为 4 种基本静态功率变流器的拓扑：

1）AC－DC 功率变流器，称为整流器，其将交流电气量变换为固定幅值或可变幅值的直流电气量。

2）DC－DC 功率变流器，称为斩波器，其将某一幅值的直流电气量变换为

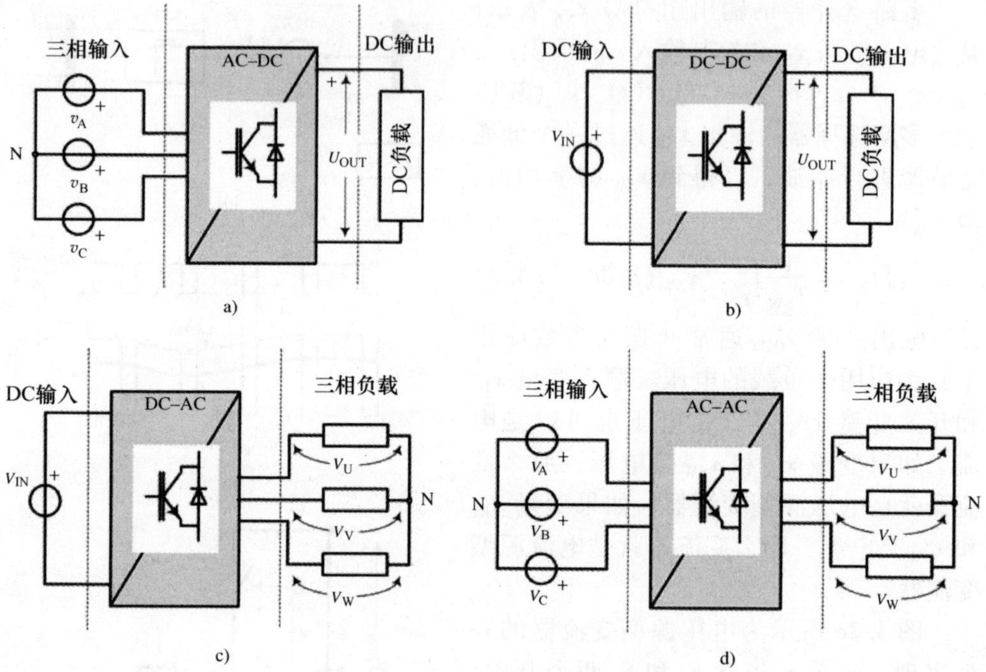

图 3.3　基本功率变流器拓扑

a）AC－DC 变流器（整流器）　b）DC－DC 变流器（降压、升压、升降压、Cuk）

c）DC－AC 变流器（逆变器）　d）直接 AC－AC 变流器（循环变流器，矩阵变换器）

另一个固定可变幅值的直流电气量。

3）DC－AC 功率变流器，称为逆变器。逆变器将直流电气量转换为幅值、频率、相位固定或可变的交流电气量。

4）AC－AC 功率变流器，称为循环变流器。这类功率变流器将幅值和频率固定或可变的交流电气量转换为另一种具有相同或不同幅值、频率和相位的交流电气量。

根据输入/输出电气量，静态变流器可以是当前的电压源和电流源型变流器[3]，或者是最近推出的阻抗（Z）源变流器[4]。本书中，将只介绍电压源型功率变流器。

3.1.3　电压源型变流器示例

电压源型变流器的一个示例如图 3.4 所示，具体包括三相脉冲宽度调制（PWM）的 DC－AC（AC－DC）功率变流器（见图 3.4a）和双向 DC－DC 变流器（见图 3.4b）的电路图。DC－AC 变流器由 6 个开关（IGBT ＋ FWD）组成三相桥。变流器的直流侧包含一个直流母线电容 C_{BUS}。直流母线电压为 V_{BUS}。

变流器的交流侧包含 3 个电感 L_{OUT} 和 3 个电容 C_{OUT}。该变流器是双向的，因此电流可以从直流侧流向交流侧，也可以从交流侧流向直流侧。在第一种情况下，该变流器称为逆变器，而在第二种情况下，则称为整流器。变流器的开关（IGBT）是由开关频率为 f_{SW} 的 PWM 信号驱动的。

图 3.4b 所示为大功率双向 DC－DC 功率变流器的电路图。请注意三相 DC－AC 和 DC－DC 功率变流器之间的相似性。图 3.5 所示为两电平三相 PWM 逆变器中一相输出电压和电流仿真波形。

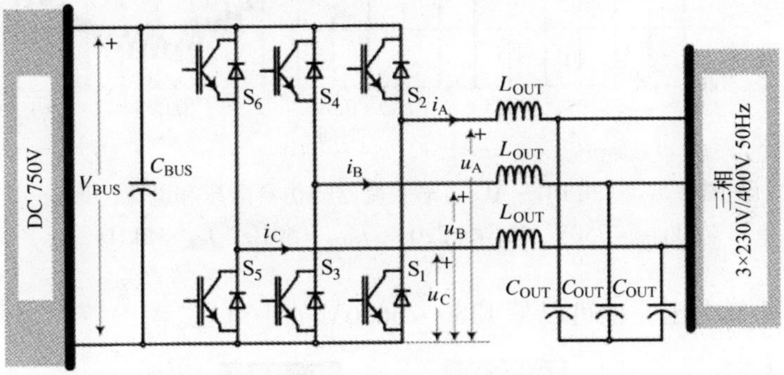

a)

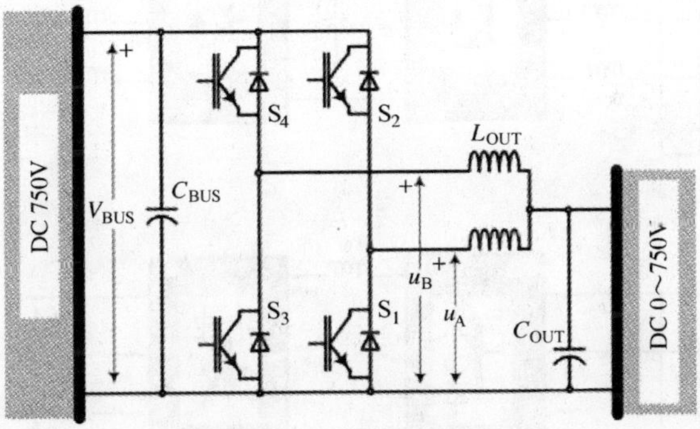

b)

图 3.4　a）电压源型三相 DC－AC（AC－DC）变流器 b）DC－DC 变流器

3.1.4　间接静态 AC－AC 变流器

在某些应用中，通常使用的是间接 AC－AC 功率变流器，例如受控的电力驱动、UPS 等。图 3.6 所示为间接 AC－AC 变流器的简化电路。该变流器由 2 个基本变换器组成，一个 AC－DC（整流器）和一个 DC－AC（逆变器）通过一个公共的直流环节连接。主电源可能是电网，也可能是可再生能源（如风能或太阳能），或一个自备电源［如柴油发动机或燃气轮机（GT）］。主电源电压可以是

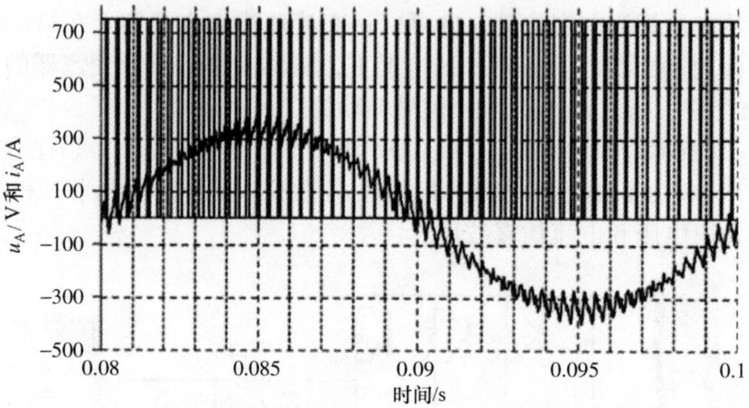

图 3.5　三相 DC－AC 功率变流器的仿真电压和电流波形，
$V_{BUS}=750V$，$U_{OUT}=220V$，$f_{OUT}=50Hz$，$f_{SW}=3kHz$

230～690V 的低电压，也可以是 1380～6600V 的中电压。

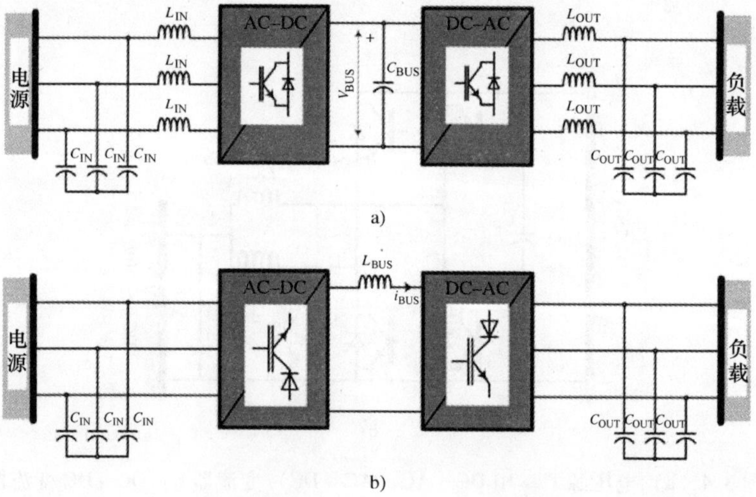

图 3.6　间接 AC－AC 功率变流系统
a）电压源型　b）电流源型

输入整流器可采用多种不同的拓扑。拓扑选择主要取决于应用需求。在大多数工业低电压/功率应用中，整流器是一个有/无直流母线滤波电感的三相二极管整流器。在一些应用中（如电信和数据中心应用），大多采用称为 Vienna 整流器[5]的单向三电平升压整流器，以及近期提出的混合升压整流器[6]。在中压大功率应用中，整流器主要是基于 IGBT 和 IGCT 的 PWM 整流器，或多相二极管/

晶闸管整流器（SCR）。输入滤波电感 L_{IN} 和电容 C_{IN} 也是整流器电路的一部分。最近提出的模块化多电平变流器是中压应用中一个很好的选择[7]。

图 3.6a 中电压源型整流器/逆变器的直流环节由支撑母线电压 V_{BUS} 的电容器 C_{BUS} 构成。直流母线电容器具有两个作用：一种是起到滤波电容器的作用；另一种是实现时间尺度极短（如 100 ms）的储能。一般情况下，该电容器为电解电容器或高质量的聚丙烯薄膜电容器。

DC - AC 变流器是一个单相或三相、三线或四线的电压源型逆变器。其拓扑可根据应用需求和电压/功率等级进行选择。在低电压、中小功率的应用中，逆变器是一个两电平或三电平中点钳位（Neutral Point Clamped，NPC）或飞跨电容（Flying Capacity，FC）的 PWM 逆变器[3]。在中压大功率应用中，逆变器采用多电平拓扑，如 FC、级联 H 桥变流器和模块化多电平变流器（MMC）[7]。根据逆变器开关类型，现已发展了基于 Si 器件的两类主要开关技术。在小功率应用中，广泛采用 IGBT，而在大功率应用中，多采用 IGCT。近期对基于 SiC 的高压开关开展了重点研发，如 JFET 与 MOSFET[8]。

系统负载可以为三相感应电动机，也可以是同步电动机、微电网或公共电网等。对于一些应用如 UPS 或并网逆变器，逆变器通过输出滤波器电感 L_{OUT} 和电容 C_{OUT} 连接到负载（见图 3.6）。

3.2　具有储能功能的变流器

在 3.1 节中，简要讨论了静态功率变流器。静态功率变流器可定义为一个无储能能力的设备，这意味着该变流器的输入和输出瞬时功率相等。然而，是否需要在功率变换过程中集成一个储能设备呢？本节将对其进行讨论。

3.2.1　问题提出

首先考虑一个如图 3.7 所示的电气系统。整个系统包括两个子系统 A 和 B。子系统 A 和 B 可以是本质上完全不同的系统。这些系统可以是电网、变速驱动器、电弧炉（EAF）、可再生能源、自备发电机等。子系统通过被称为功率处理器的设备互连。此处，功率处理器是一个功率变流器，控制两个子系统之间的潮流。这个功率变流器可以采用一种基本拓扑，也可以采用基本拓扑的组合。简单起见，在此假设功率处理器是一个间接 AC - AC 功率变流器，如 3.1 节所述。需要指出的是，直流环节电压 V_{BUS} 由相对较小的直流母线电容器支撑。直流母线电容器通常根据电流或电压纹波原则进行选型。依据上述准则所选择的电容器，可以在不到 1s 内完成充放电。

因此，在系统 B 中，功率 P_B 的任何变化都会瞬间影响系统 A 的功率 P_A，反

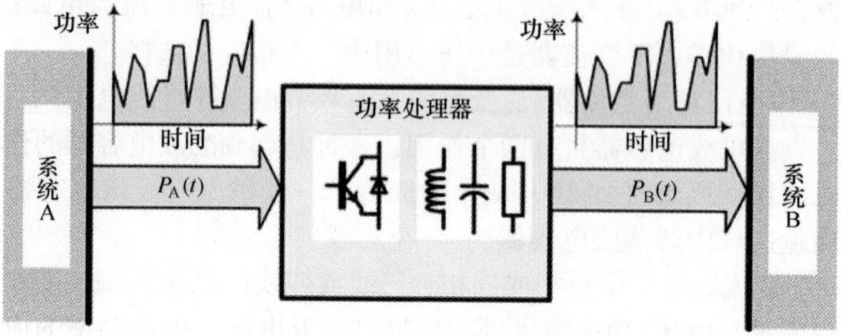

图 3.7　通过无储能功能的功率处理器连接的电力系统 A 和 B

之亦然：

$$P_A(t) \cong P_B(t) \tag{3.3}$$

具有这种特性的应用案例有很多。如电梯、起重机和伺服驱动器等带有间歇性负载的变速驱动都是典型案例[9,13]。另外还包括一些自备电力供应的案例，如轮胎式集装箱门式起重机（RTGC）[14]、重型混合动力牵引机车、挖掘机和土方设备[15]，以及移动式发电机组[16]。这些案例中本地的电力网络由柴油内燃机（ICE）或燃气轮机发电机组供电，负载为具有严重间歇特性的三相电动机。

类似的例子（如高功率电弧炉）具有极强的非线性和波动负载特征[17,19]。在上述所有应用中，输出功率（负载）是强波动的，甚至当电驱动制动输出功率为负时，期望输入功率（电网或微电网）也能尽可能平滑。

另一类案例是具有强波动特性的可再生能源发电，如风力和海洋潮汐涡轮机[20-25]。系统的输入功率由涡轮机产生，具有强波动特性。但不论输入功率怎么变化（例如，风速变化或太阳辐射的突然变化），都希望输出功率尽可能平滑。

电力供应波动的一个极端情况是电压中断和跌落[17]。一些应用中需要系统具备一定的穿越能力，比如重要的工业生产、医院、数据中心、电信基站、军事雷达中心等应用中的变速驱动和 UPS 系统。这些应用首先从电网获得供电，然而电网故障引起的意外中断会造成关键负载的停电，大多数情况下这是不能接受的。因此，必须提供另一种能够为负载持续供电的电源，即 UPS[26-28]。

上述所有应用都具有一个共同特点，即无论功率转换系统一侧的功率如何变化，从电网吸收或注入的功率都应尽可能平滑。这种需求的主要原因如下：

- 波动负载可能引起电网电压波动和闪变；
- 配电网络中的额外损耗；
- 配电设备，如变压器、熔断器、断路器、电缆等是依据峰值功率选型的；
- 峰值功率费用；

- 关键负载必须不间断供电。

3.2.2　解决方案

上面所描述问题的解决方案是什么？概括地说，这些问题的产生是由于连接两个电力系统的功率处理器缺乏能量存储能力，如图 3.7 所示。因此，解决方案就是在功率处理器中集成储能功能，如图 3.8 所示。

将储能功能集成于功率处理器中，系统（A 或 B）的功率波动经储能单元的滤波，不会影响另一个系统（B 或 A)。平均（平滑）功率在系统 A 和 B 之间交换，而瞬时波动功率在储能单元和波动源之间交换，不影响需要平滑功率的一侧系统。

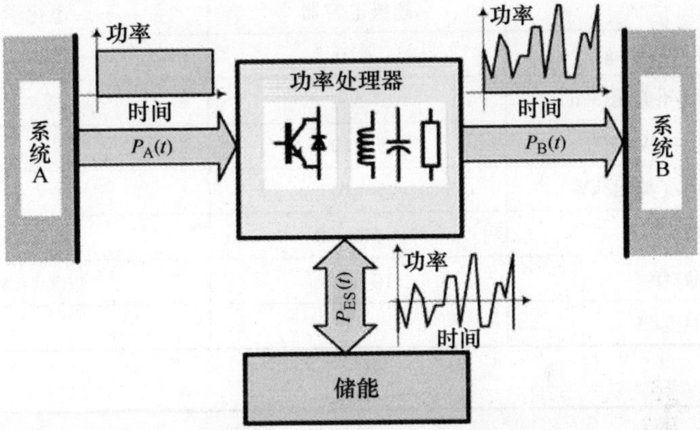

图 3.8　通过具有储能功能的功率处理器连接的系统 A 和系统 B

3.2.3　储能类型的合理选择

在第 1 章中，简要地讨论了功率变换系统中应用的不同储能技术和装置。所有储能技术和装备大致可分为两大类：①大规模储能；②小规模储能。大规模蓄能指抽水蓄能和压缩空气储能，这是用于电力系统中的长期储能。功率等级可达百兆瓦级范围，而充放电时间长达几小时或几天。小规模储能指超导磁储能(SMES)、超级电容器储能（UCES)、飞轮储能（FES)、电化学电池、氢燃料电池。

本书所讨论的功率变流应用中，只考虑小规模（短期）储能。由于复杂性和相对有限的储能能力，SMES 只在特定的应用中使用，在此不做考虑。一般情况下，主要采用以下 3 种类型的储能技术：①飞轮技术；②超级电容器；③电化学电池。

飞轮和超级电容器具有相似的能量密度和功率密度特征。然而由于 FES 的一些制约因素，如机械结构复杂和效率问题，超级电容器是优于飞轮的首选解决方案。因此，在此主要对多超级电容器与电化学电池进行比较，而不讨论飞轮储能。

3.2.4　电化学电池与超级电容器对比

3.2.4.1　基本性能比较

在开始讨论哪一种储能方式是适合于特定应用需求的解决方案之前，首先简单地比较一下电容器、超级电容器和电化学电池的基本属性，见表 3.1 所总结。图 3.9 给出了电容器、超级电容器和电化学电池的能量密度和功率密度。

表 3.1　超级电容器和电化学电池的基本属性比较

	超级电容器	电化学电池
能量密度/(Wh/kg)	<10	50~150
单位能量费用/(美元/Wh)	5	—
功率密度/(kW/kg)	5~10	<0.5
单位功率费用/(美元/kW)	5~10	—
循环能力/次	>500000	<1000
寿命/年	10~15	<5
运行温度/℃	—	—

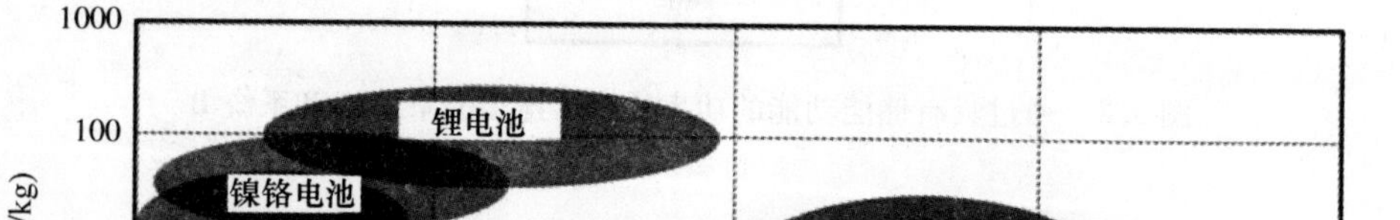

图 3.9　电容器、超级电容器和电化学电池的功率密度与能量密度

3.2.4.2　储能的选择和大小

电化学电池的选型和容量配置取决于两项主要参数：储能容量和峰值功率。如果需求的能量供应时间为几十分钟，可根据储能容量来选择电池。但是如果供

能时间小于临界时间 $T_{CR(BATTERY)}$，比如说几分钟，则电池的选择和容量配置必须基于峰值功率而不是储能容量，如图 3.10 所示。

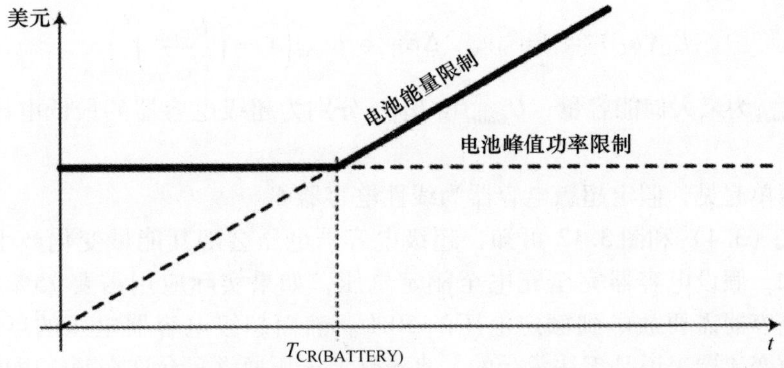

图 3.10 储能成本随储能时间的变化（以电化学电池为例）

超级电容器的选型过程可采用同样的配置原则。如果储能时间大于临界时间 $T_{CR(UC)}$，则基于储能容量选择超级电容器，反之，超级电容器的选型要基于峰值功率的需求。在这两种情况下，峰值功率需求为储能设备可提供/吸收的满足一定效率的功率或最大匹配功率。

图 3.11 阐述了在功率变换系统中的储能选型过程。如果储能时间小于临界时间 T_{CR}，则 UCES 是成本较低的较好解决方案。否则，电池储能是更好的选择。第 5 章给出了详细的选型过程，并对临界时间的计算进行了详细讨论。

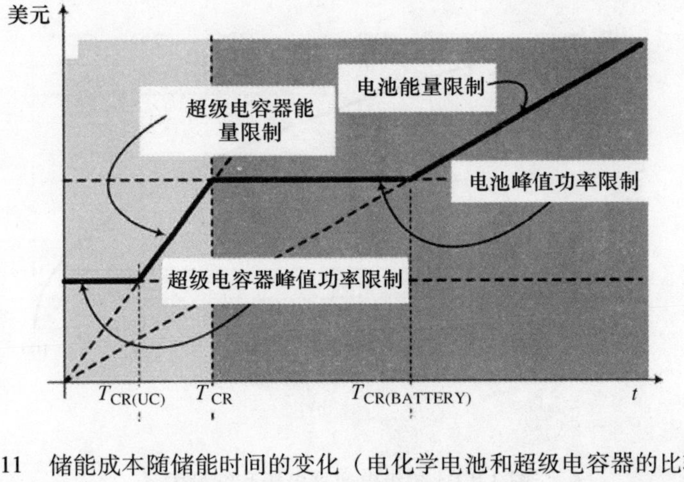

图 3.11 储能成本随储能时间的变化（电化学电池和超级电容器的比较）

3.2.4.3　集成于功率变流系统中的超级电容器

正如第1章和第2章所述，超级电容器是一个电容器，而不是一个电化学电池。因此，其能量主要取决于电容器的电压：

$$E_C(u_C) = \frac{1}{2}C_0 u_C^2,\ \Delta E_C = E_{max}\left(1 - \left(\frac{U_{Cmin}}{U_{Cmax}}\right)^2\right) \tag{3.4}$$

式中，E_{max}为最大储能容量；U_{Cmin}和U_{Cmax}分别为超级电容器的最低电压和最高电压。

为简单起见，假定超级电容器为线性电容器C_0。

由式（3.4）和图3.12可知，超级电容器电压会随其能量变化产生较大变化。例如，假设电容器完全充电至额定电压，如果实际应用需要75%的储能，则超级电容器需要放电到额定电压的50%。然而超级电容器电压的巨大变化，对大多数变流器来说是无法承受的。直流环节电压通常只允许在额定电压附近很窄的范围内变化。为了解决这个问题，理论上可能有3种解决方案。

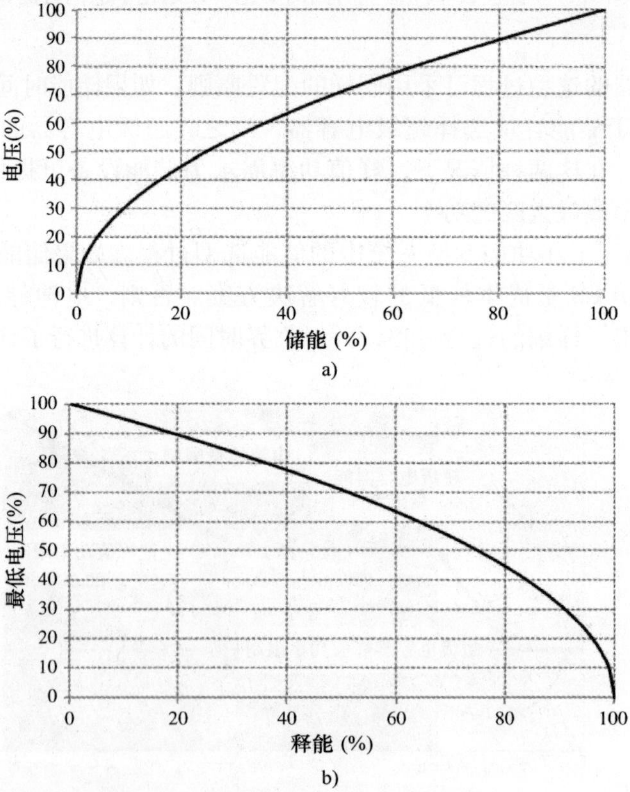

图3.12　超级电容器电压和能量关系

a）电压与储存的能量　b）超级电容器的最低电压与释放的能量

第一种解决方案是选择在储能/释放过程中电压变化能够被直流母线所允许的超级电容器，然而这并不是一个最佳的解决方案。因为超级电容器将会由于过大且过于昂贵而不可行。

第二种选择是设计一种功率变流器，使得直流母线电压可在一个宽范围内运行。这也是不可行的，因为这需要变流器具有更高的额定电压，也就意味着效率较低且成本更高，从而不具有竞争性，也不实用。

第三种解决方案是通过电压匹配装置，将超级电容器和直流母线连接起来。如图 3.13 所示，电压匹配装置可以是一个电压比为 M 的理想直流变压器。但是理想变压器并不存在，只是实际功率变流器的一个表示模型。此处，如图 3.13b 所示，理想的直流变压器是一个双向 DC – DC 功率变流器的模型。控制 DC – DC 变流器，使得无论超级电容器电压如何变化，都能维持直流母线电压。母线电压可以控制为恒定值或跟随参考值变化而变化，这取决于具体应用需求。

在集成 UCES 的功率变流应用中，双向 DC – DC 接口变流器是标准的解决方案。接口变流器的拓扑随应用情况不同而不同。可以是一个非隔离或隔离式变流器、两电平或多电平、一个单元或多个单元等[29,30]。更多有关接口 DC – DC 变流器的细节将会在第 5 章中给出。

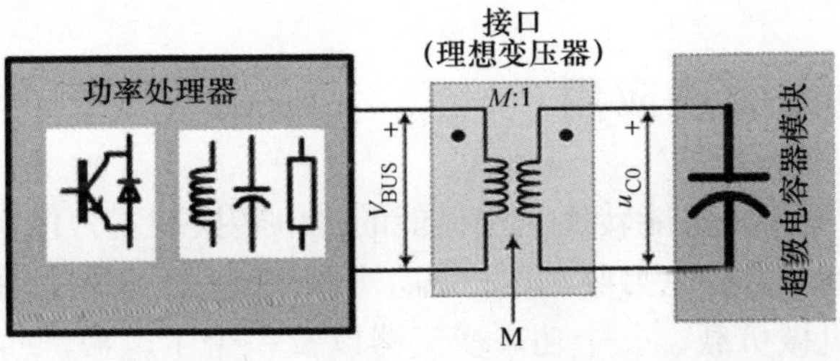

a)

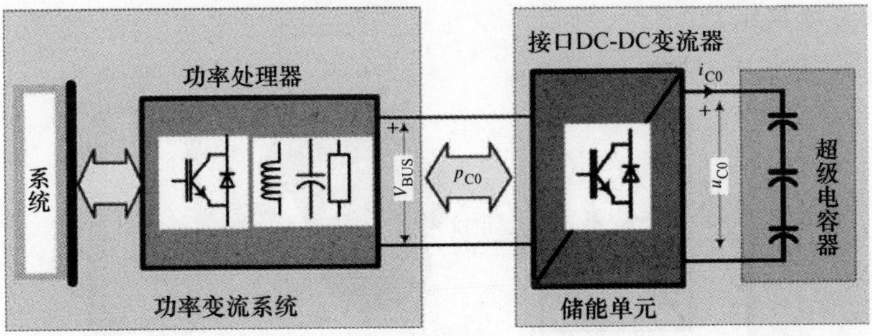

b)

图 3.13　在功率处理器内集成超级电容器

a）理想直流变压器　b）作为理想直流变压器的双向控制 DC – DC 变流器

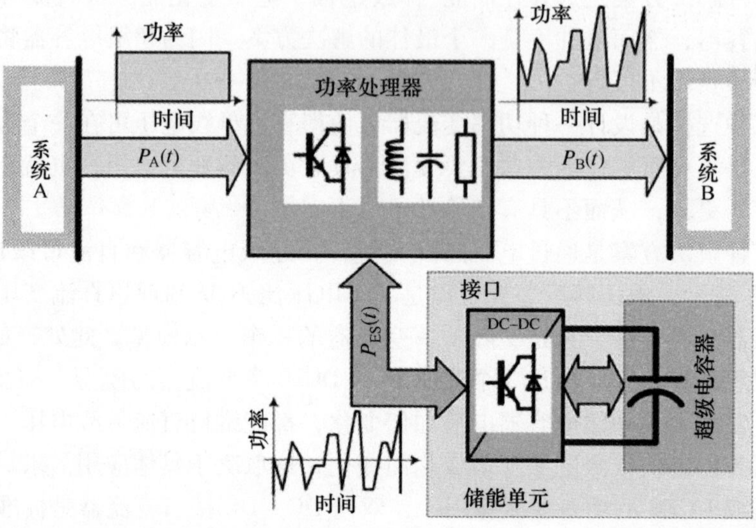

c)

图 3.13　在功率处理器内集成超级电容器（续）
c）整个变流系统

3.3　受控电力驱动应用

电力驱动是一种将电能转换为机械能的机电转换装置，以实现旋转或直线运动。图 3.14 所示为受控电力驱动的框图。该驱动包含一个电动机（作为机电变换装置）、一个机械负载、一个功率变流器以及一个主电源。主电源可以是一个公共的单相或三相电网、直流配电网或电化学电源（如燃料电池和柴油 ICE，或燃气轮机发电机组）。

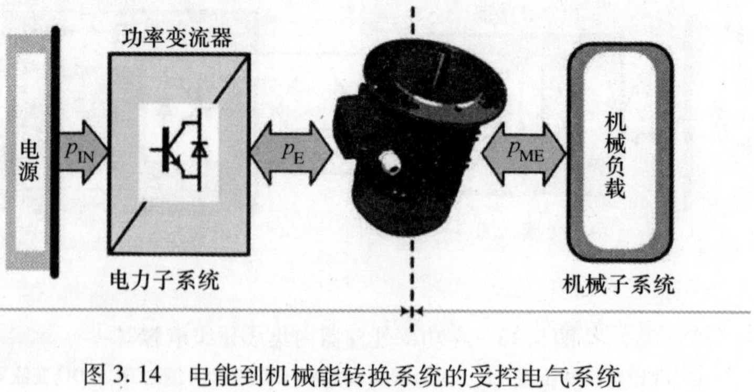

图 3.14　电能到机械能转换系统的受控电气系统

3.3.1 受控电力驱动控制的发展

在过去的几个世纪中，“生产力”是指人力、畜力、水力和风能。在 19 世纪，詹姆斯·瓦特（James Watt）发明蒸汽机之后，生产力主要是指蒸汽机的动力。而随着电的发明，电能又逐渐成为焦点。面世的第一台电动机是直流电动机。在 19 世纪末，尼古拉·特斯拉（Nikola Tesla）发明了三相电压系统和最著名的感应电动机。由于在许多方面优于直流电动机，感应电动机在大多数恒速电动驱动应用中占据主导地位。然而感应电动机的主要缺点是调速困难，而这也是感应电动机在变速应用中受限的主要因素。

20 世纪初，出现了一些变速驱动装置的应用：

1）Ward - Leonard 电动机 - 发电机组。由于在该系统中进行了 3 次功率转换并且在回路中包含了一个直流电机，这个概念并没有在大功率应用中被广泛接受。

2）转子绕线式异步电动机。电动机转速可通过一个电路进行调节。该电路经电刷连接到转子上，而定子连接到固定频率电源上：①转子电阻控制；②“恒功率”Kramer 系统或者“恒转矩”Scherbious 系统。

1910 ~ 1940 年是基于“电力电子”受控电力驱动的第一个发展阶段。早期的“电力电子”驱动器是基于触发电弧式开关，如受控的汞弧整流器、闸流管、点火管。驱动结构包括采用不可控整流桥的 Kramer 系统、采用整流逆变结构的 Scherbius 系统、无换向器电动机驱动的 Brown Boveri 系统、闸流管电动机驱动以及负载换流同步电动机驱动的早期版本。在 20 世纪 30 年代，出现了循环变流器。由于“电力电子”开关的复杂性和可靠性问题，这些拓扑无一在工业应用中取得广泛成功。

在 20 世纪 60 年代初，发明了第一代 SCR。这项发明使得基于电力电子的受控电力驱动发展取得长足进步。Kramer 和 Scherbius 驱动结构、负载换流同步电动机驱动、循环变流器驱动在大功率等级应用场合中占据主导地位。后来，具有可变输出频率的电流源型逆变器成为感应电动机应用中极具竞争力的技术。70 年代 GTO（门极关断）晶闸管的发明，以及 80 年代 IGBT（绝缘栅双极型晶体管）的发明之后，电压源型驱动技术逐渐具有了竞争力。

当前，全世界 70% 的电力生产都消耗于各种受控电力驱动，包括牵引和交通驱动、工业驱动、家用电器驱动等。这充分说明受控电力驱动在日常生活中具有重要意义。

现代受控电力驱动几乎均是基于三相电动机（感应电动机或永磁式同步电动机）。电动机通过变流器从一次电源供电，该变流器称为驱动变流器。驱动变流器控制电动机的转子转速和位置。变流器可采用电压源或电流源拓扑[3]。一般情况下，电压源型变流器主要应用于低电压以及中小功率场合，电流源型变流器主要用于大功率和高电压场合。

3.3.2 受控电力驱动的应用

受控电力驱动具有广阔的应用领域，包括通用的水泵和风扇驱动，吊车、电梯等起重应用，传送装置，伺服驱动等。一类特殊的电力驱动应用为牵引驱动。由于牵引驱动应用在日常生活中非常重要，将在3.8节中专门以独立应用类别进行介绍。

第一类应用为起重类型应用。图3.15a所示照片为典型的轮胎式集装箱门式（RTG）起重机。起重驱动时间－功率曲线如图3.15b所示。当起吊负载时，起

a)

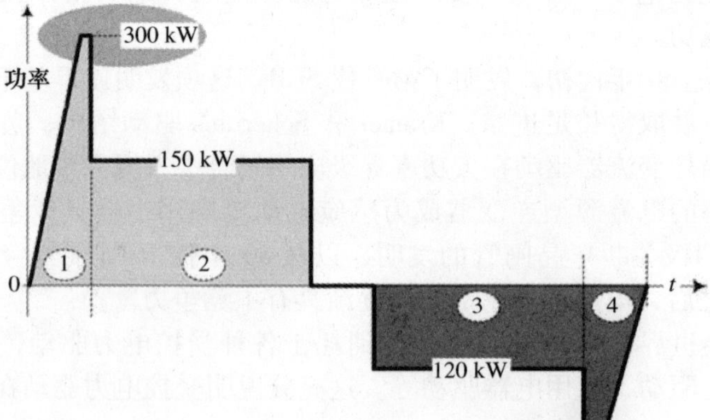

b)

图3.15 a）以RTGC为例的具有高间歇性负荷的受控电驱应用（Liebherr Container Cranes Ltd版权许可） b）功率－时间曲线

重机驱动从电源获取能量，本例中主电源为柴油发电机。当负载降落时，驱动工作在制动模式。由于柴油发电机是不可逆的，制动能量不能被回收到主电源，只能以热量形式耗散于制动电阻器。RTG 的应用将在 3.5 节中进行更详细地讨论。

升降机应用与 RTG 起重应用类似，但有两点不同。主要区别是在升降机应用中主电源是可逆的，提升负载（仓）由配重平衡。因此，驱动运行模式取决于负载方向（向上或向下）以及负载对配重的比例。图 3.16a、b 展示了典型的

a)

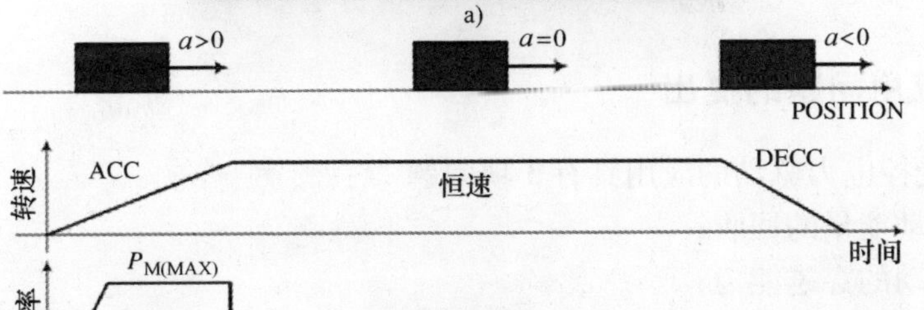

b)

图 3.16　a）以升降机为例的具有高间歇性负荷的受控电驱应用

（Elevador de Santa Justa 图片，版权© 2007 Soulman of XD400）b）功率 - 时间曲线

升降机和功率-时间负荷曲线。

第二类应用为具有间歇性负荷的工业机械。这些应用的特点是平均功率占峰值功率的比例很低。当驱动加速时输入功率为较大正值；当驱动减速时，功率为较大负值。在恒定速度运行时，输入功率很低。典型应用如自动铣削机中的工业机器人和工具运载装置（见图3.17）。

a)

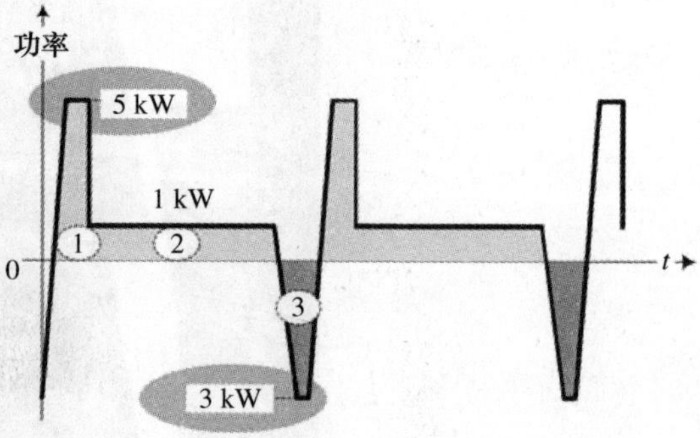

b)

图3.17 a）以工业机器人为例的具有高间歇性负荷的受控电驱应用
b）功率-时间曲线（版权© 2003 KUKA Roboter GmbH）

3.3.3 应用问题的提出

对于受控电力驱动的应用具有3项问题[9]：

1）制动能量的回收；

2）驱动的穿越能力；

3）驱动功率的波动。

3.3.3.1 动态制动

驱动功率通常为正值，这意味着功率是从电源流向电动机。然而某些情况下，电动机可转换为发电机，此时功率则是从发电机（电动机）流向电源。这种情况发生在驱动减速或带负转矩运行在恒定转速模式时。例如升降机应用，或带有大惯性负载的驱动减速时。若变流器为单向的，如大多数低成本小功率应用中，需采用额外的无源电路来消耗负载能量。典型示例为一个带制动电阻的升降机驱动[9]。文献指出所消耗能量中有20%～30%是耗散在制动电阻上。在当前存在能源危机的情况下，提高能源效率已成为亟待解决的问题。

3.3.3.2　穿越能力

驱动的穿越能力定义为在主电源供应出现暂时中断时驱动的耐受（穿越）能力。短暂电源中断可从几个周波（20～40ms）持续到几秒。

现代受控电力驱动对主电源断电十分敏感。最常见的扰动为电压骤降/跌落。电压跌落定义为电压有效值的暂时降低，其中降幅可达标称电压的 10%～90%，跌落时间范围为半个周波到 1min。上述电源中断将导致直流母线电压降到允许值以下，进而造成整个驱动系统跳闸。在一些重要的工业生产过程中，如半导体和玻璃生产，电源中断将导致严重损失，每次中断可能会导致 1 万～100 万美元的损失。

3.3.3.3　输入峰值功率

当驱动加速时，输入功率为较大正值，而减速时为较大负值。图 3.18 所示为一个 30kW 的典型受控电力驱动的功率－时间曲线图。典型应用案例为升降机驱动、带间歇性负载的工业滚轧机以及公共交通的牵引驱动。

在此可分为 3 种运行模式：

1）加速模式。驱动功率为较大正值，能量存储在驱动动能中。

2）恒速模式。驱动功率为较小正值。

3）减速模式。驱动功率为较大负值，动能回收。

峰值与平均功率之比可能大于 10，如此大的输入功率波动将直接对供电电网造成影响。功率波动会导致电网侧的电压波动和额外损耗，因此需要增大配电容量。

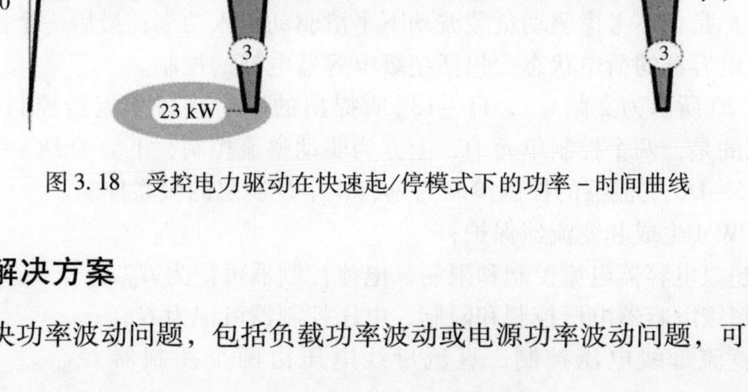

图 3.18　受控电力驱动在快速起/停模式下的功率－时间曲线

3.3.4　解决方案

为解决功率波动问题，包括负载功率波动或电源功率波动问题，可在驱动变流器中集成短时储能装置。储能装置可滤除负载功率波动，并在主电源中断时供电。通常情况下，储能装置为具有接口 DC - DC 变流器的超级电容器，如图 3.13b 所示。超级电容器用于不同功能的能量存储，如回收制动能量、提高穿越能力[9-11]、平滑峰值功率[12,13]。

图 3.19 所示为集成 UCES 的受控电力驱动框图。驱动变流器包括一个三相 PWM 电压源型逆变器、一个直流母线电容器 C_{BUS} 以及一个输入整流器。整流器通过滤波器和并网变压器（可选，取决于驱动功率和额定电压）接入电网。UCES 经双向接口 DC - DC 变流器接入驱动变流器。

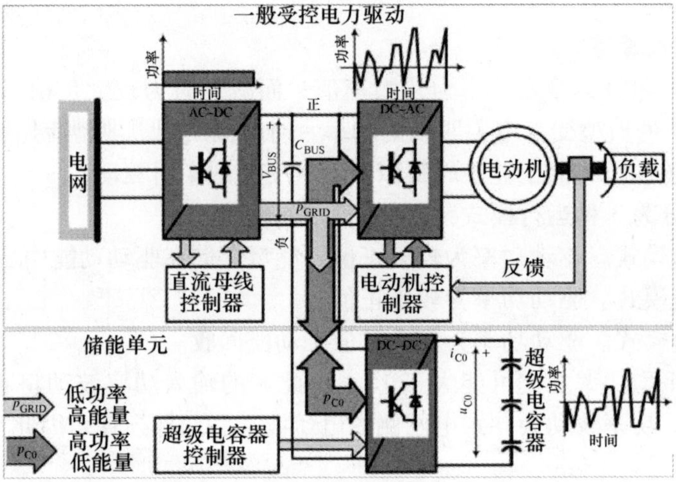

图 3.19　超级电容器作为储能装置的受控电力驱动

3.3.4.1　DC - DC 变流器及其控制

接口 DC - DC 变流器通常为非隔离式双向斩波变流器，除此之外也有其他拓扑，更详细的接口变流器拓扑见第 5 章。DC - DC 变流器的主要控制目标是使得 DC 直流母线电压逐渐趋近于设定参考值，该参考值取决于系统运行模式；第二个控制目标是在不考虑驱动负载波动下平滑驱动输入功率；最后一个控制目标为控制超级电容器的荷电状态，包括超级电容器电流的控制。

图 3.20 所示为文献［9，11 - 13］所提出的一个接口变流器控制结构示例。值得注意的是，两个控制单元中，上方为驱动整流控制，下方为 DC - DC 变流器控制。DC - DC 变流器的控制策略为具有 4 个控制层的级联控制。

1）PWM 生成和变流器保护；

2）超级电容器电流控制和限制，电流控制器可记为 G_{iC0}；

3）超级电容器电压控制和限制，电压控制器可记为 G_{uC0}；

4）直流母线电压控制，直流母线电压由两个控制器 $G_{vBUSmax}$ 和 $G_{vBUSmin}$

控制。

整流器控制和 DC – DC 变流器控制通过公共直流母线电压耦合在一起。直流母线电压由 DC – DC 变流器和整流器并行控制。整流器参考电压为 $V_{BUS(REF)}$，而 DC – DC 变流器的参考电压为 V_{BUSmax} 和 V_{BUSmin}。为保障整个系统的功能，整流器和 DC – DC 变流器直流母线电压参考值应满足：

$$V_{BUSmin} < V_{BUS(REF)} < V_{BUSmax} \tag{3.5}$$

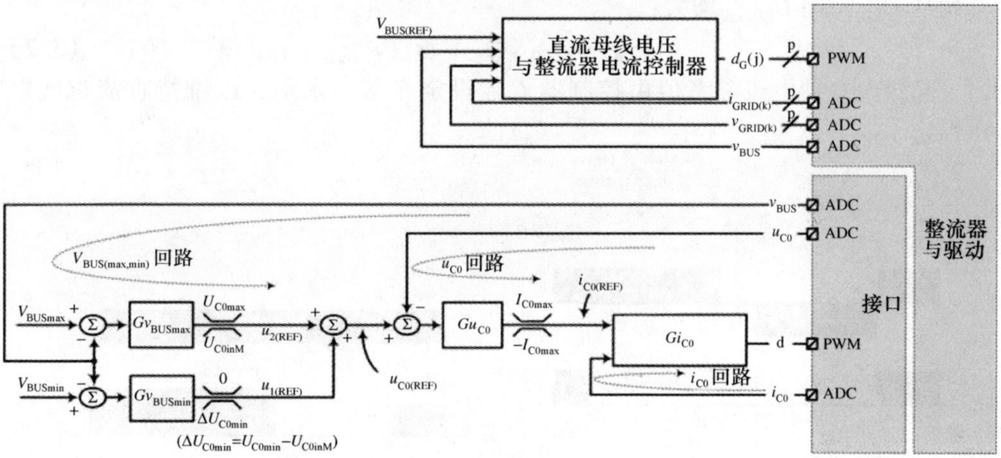

图 3.20　接口 DC – DC 变流器控制策略示例

3.3.4.2　控制模式

控制系统可运行在 3 种不同模式：整流模式、超级电容器能量转移模式和主电源峰值功率滤波模式。

整流模式

驱动由主电源供电。直流母线电压等于参考值 $V_{BUS(REF)}$（由驱动整流器控制），直流母线电压低于参考值 V_{BUSmax} 并高于参考值 V_{BUSmin}。因此，控制器 $G_{vBUSmax}$ 在 U_{C0inM} 处饱和，而控制器 $G_{vBUSmin}$ 在 0 处达到饱和。请注意控制器 $G_{vBUSmax}$ 和 $G_{vBUSmin}$ 设计为，如果 error >0，使输出↓；如果 error <0，使输出↑。其中，输出为控制器的输出，error 为控制器的输入（直流母线电压控制误差）。符号↑和↓分别表示变量增大和降低。因此，超级电容器电压参考值可用式（3.6）给出：

$$u_{C0(REF)} = U_{C0inM} + 0 = U_{C0inM} \tag{3.6}$$

为避免超级电容器和驱动间的能量流动，控制器 G_{uC0} 保持超级电容器电压恒定在中间值 U_{C0inM}。

超级电容器能量转移模式

系统运行在超级电容器能量转移模式时，可进一步分为两种子模式：制动模式和穿越模式。

制动模式

图 3.21a 所示为超级电容器电流和电压曲线。驱动功率为负（制动模式）。假设整流器为单向的，则电流方向不可逆。直流母线电容器充电，直流母线电压 v_{BUS} 升高。一旦直流母线电压达到参考值 V_{BUSmax}，直流母线电压控制器 $G_{vBUSmax}$ 去饱和，而控制器 $G_{vBUSmin}$ 保持在饱和点 0。因此，超级电容器电压参考 U_{C0ref}，开始从 U_{C0inM} 向 U_{C0max} 增大：

$$U_{C0inM} < u_{C0(REF)} \uparrow < U_{C0max} \tag{3.7}$$

超级电容器电流参考值由控制器 G_{uC0} 设定在某一水平，以维持直流母线电压恒定 $V_{BUS} = V_{BUSmax}$。

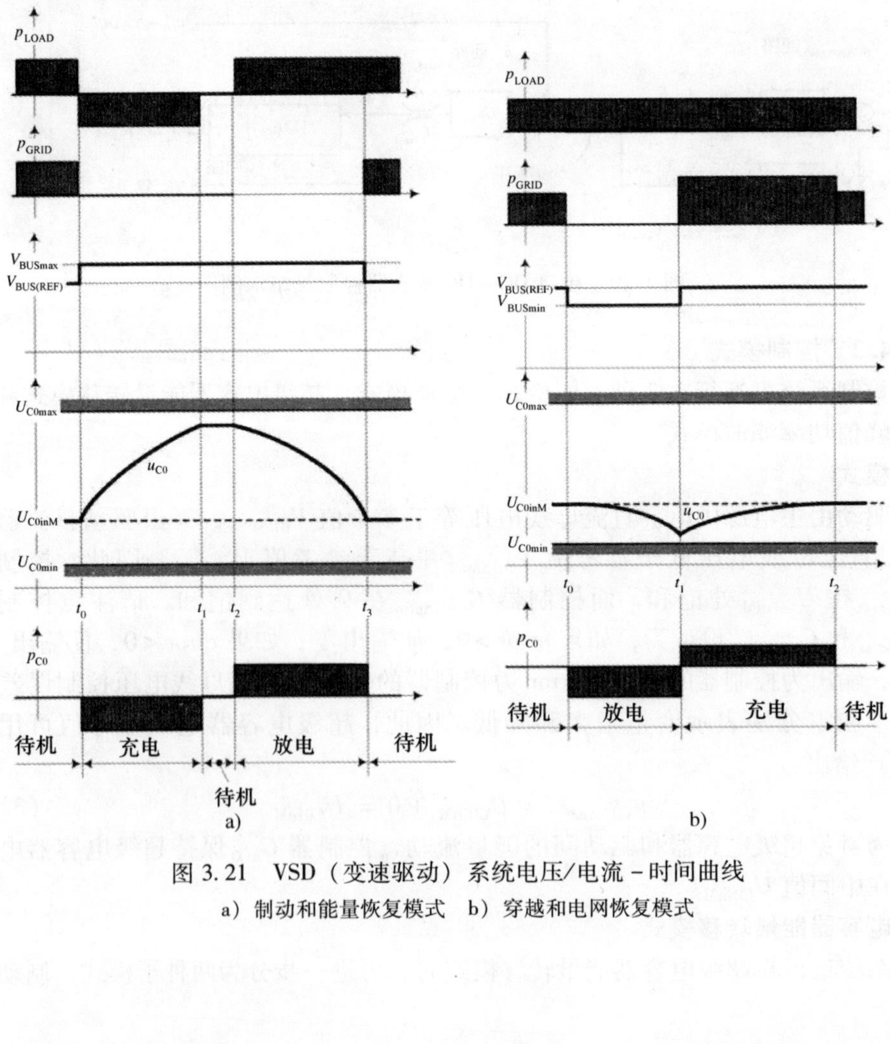

图 3.21 VSD（变速驱动）系统电压/电流－时间曲线

a）制动和能量恢复模式 b）穿越和电网恢复模式

若制动能量大于超级电容器容量，超级电容器在制动阶段完成前就充满至最大电压 U_{C0max}。直流母线电压控制器 $G_{vBUSmax}$ 在 U_{C0max} 饱和，超级电容器电压参考值停止增长。超级电容器电压保持恒定，电流 i_{C0} 降低为 0。超级电容器的充电结束。接着，直流母线电压开始升高直到安全制动电阻动作或驱动过电压（过制动故障）保护动作。

当驱动运行在电动机模式时，超级电容器放电至中间电压值 U_{C0inM} 使系统为下一次制动做好准备。直流母线电压控制器 $G_{vBUSmax}$ 保持直流母线电压在 V_{BUSmax}。控制器 $G_{vBUSmax}$ 的输出增大，因此超级电容器电压参考值向 $U_{C0\,inM}$ 逐渐减少：

$$U_{C0inM} \leqslant u_{C0(REF)} \downarrow \ < U_{C0max} \tag{3.8}$$

超级电容器放电，为驱动负载提供电源。若超级电容器已放电至中间电压 U_{C0inM}，直流母线电压控制器 $G_{vBUSmax}$ 在参考值 U_{C0inM} 达到饱和。因此超级电容器电压参考值为

$$u_{C0(REF)} = U_{C0inM} + 0 = U_{C0inM} \tag{3.9}$$

超级电容器电压恒定，$U_{C0} = U_{C0inM}$。超级电容器电流降低至零，放电阶段结束。直流母线电容器放电，电压降低直至输入整流器开始导通。这时，驱动重新从主电源获得供电。

穿越模式（*RT*）

图 3.21b 所示为驱动运行在穿越模式时系统的电流曲线和电压曲线。主电源中断，直流母线电压开始降低直至最小值 V_{BUSmin}。控制器 $G_{vBUSmin}$ 去饱和，输出向 $\Delta U_{C0min} = U_{C0min} - U_{C0inM}$ 降低到零以下。由于控制器 $G_{vBUSmax}$ 保持饱和在 U_{C0inM}，超级电容器电压参考值开始降低到 U_{C0inM} 以下直至 U_{C0min}：

$$(U_{C0inM} + U_{C0min} - U_{C0inM} = U_{C0min}) \geqslant u_{C0(REF)} \downarrow \ > U_{C0inM} \tag{3.10}$$

超级电容器放电以调节直流母线电压在最小电压 $v_{BUS} = V_{BUSmin}$。一旦主电源恢复，直流母线电压增大至额定电压（取决于主电源电压）。控制器 $G_{vBUSmin}$ 在 0 时达到饱和。因此，超级电容器电压参考值上升至 U_{C0inM}。超级电容器充电至 U_{C0inM} 以备下一次中断。如果电源中断时间过长，大于指定时间，超级电容器将放电至最小值 U_{C0min}。接着，超级电容器电流下降至零，直流母线电压开始降低至欠电源故障（USF）水平。驱动在 USF 终止，整个系统停止运行。

功率滤波模式

当负载大于输入功率时，超级电容器放电。由于驱动整流器带宽很窄，因此输入功率不会快速跟随直流母线电压改变。从而，输入功率被平滑。DC - DC 变流器（通过控制器 $G_{vBUSmin}$）调节直流母线电压在低参考值 V_{BUSmin}。反之，当输入功率大于驱动功率，超级电容器充电。DC - DC 变流器将直流母线电压调节在高参考值 V_{BUSmax}。

当驱动功率恒定（平滑）时，输入功率和驱动功率相等。直流母线电压由驱动整流器调制在参考值 $V_{BUS(REF)}$。超级电容器电流为零，电压调制至 U_{C0inM}。

3.3.4.3　实验示例

图 3.22 和图 3.23 所示为一般用途的具有 UCES 的 5.5kW 受控电力驱动的实验测试波形。该驱动的参数如下：输入为三相 400V 50Hz，直流电压 V_{BUS} = 650V，直流母线电容 C_{BUS} = 820μF，输出额定负载 P_{LOAD} = 5500W。

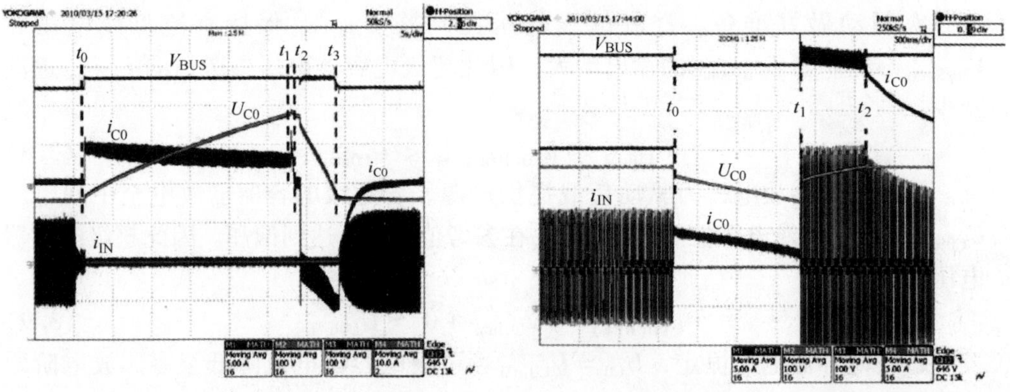

a)　　　　　　b)

图 3.22　超级电容器电流 i_{C0}（5A/div）、电压 u_{C0}（100V/div）以及主电源电流 i_{IN}（10A/div）的实验波形。V_{BUS} = 650V，V_{MAINS} = 400 V，V_{BUS} = 650V，C_{BUS} = 820μF，P_{LOAD} = 5500W

a）制动和能量恢复模式　b）穿越和电网恢复模式

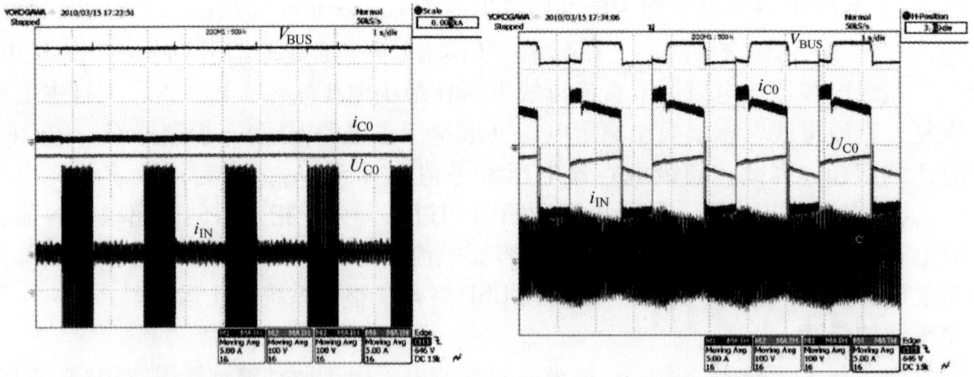

a)　　　　　　b)

图 3.23　负载循环变化时（10% 到 100% 再到 10%），直流母线电压 V_{BUS}（100V/div）、主电源电流 i_{IN}（5A/div）、超级电容器电流 i_{C0}（5A/div）以及电压 u_{C0}（100V/div）的实验波形。V_{BUS} = 650V，V_{MAINS} = 400V，C_{BUS} = 820μF、P_{LOAD} = 5500W

a）峰值功率滤波功能未启动　b）峰值功率滤波功能启动

图 3.22a 所示为动态制动和能量恢复模式时的情况。图 3.22b 所示为主电源中断和主电源恢复时的情况。直流母线负载在 10% ~100% 循环变化，变化周期为 2.2s，占空比为 40%。图 3.23a 表明当峰值功率滤波功能未启动时的情况。从波形可以看出超级电容器电流为零，超级电容器和驱动间无能量交换。主电源电流随负载在 1 ~11A 变化。图 3.23 所示为峰值功率滤波功能开启后的情况。超级电容器电流在 -8（直流母线负载为 100%）~6A（直流母线负载为 10%）。主电源电流幅值连续、无显著波动，近似为 6A。

3.4　可再生能源发电应用

3.4.1　可再生能源

3.4.1.1　风力“发电”

风能已成为可再生能源的主要能源形式之一。风力发电机组包括 3 个部分：风力机（Wind Turbine，WT）、发电机以及塔筒。风力机将风能转化为风轮的机械能，而发电机将风轮机械能转化为电能。风力发电机组的功率可为几千瓦至数兆瓦。图 3.24 所示为在 Wildorado 风电场（2010）的 2.3MW 西门子公司风力发电机组。

图 3.24　2.3MW 西门子公司风力发电机组，Wildorado 风电场（2010）
（版权© 2010 Billy Hathorn）

风力发电机组可为变速或恒速系统。恒速风力发电机组已经普遍存在，目前先进的技术为变速风力发电机组。近年来引起广泛关注的一种方式是采用全功率的变流器。

图 3.25 给出了一种典型的具有全功率变流器的风力发电机组简化电路图。系统包含变速风机、三相永磁同步发电机（PMSG）以及全功率变流器。变流器包括整流器、直流母线以及并网逆变器。逆变器通过接口装置并网，该接口装置基本上由一个线路滤波器、断路器和一台升压变压器组成（见图 3.25）。

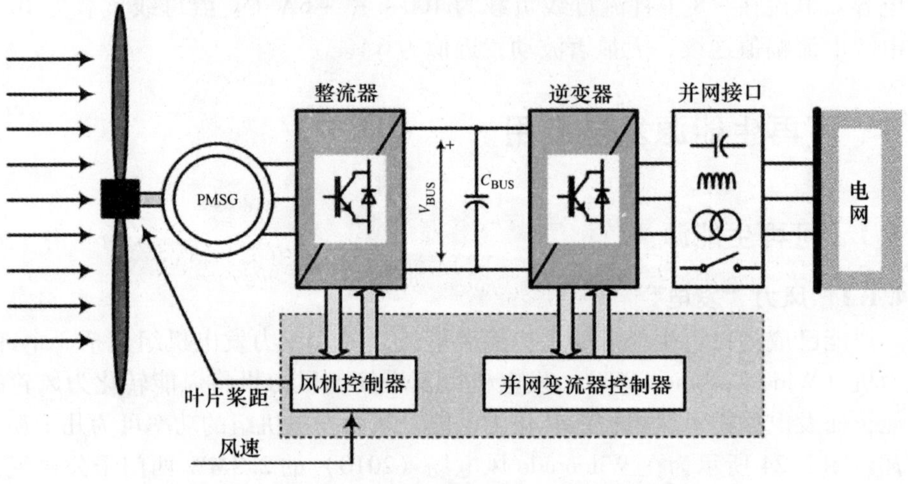

图 3.25　具有全功率变流器的变速机组结构框图

变速风力发电机组的控制方案可采用多种方式。最常见的控制方案包括两个独立的控制器。第一个控制器是通过两个变量来控制机组，即风力机桨距和发电机转矩。桨距控制用于控制风速和发电机功率的比率，转矩控制则用以获得最大功率。第二个控制器是控制直流母线电压以及直流母线流向电网的功率。控制变量为有功和无功电流（功率）。

3.4.1.2　PV“发电”

PV 系统可将太阳能转化为电能。该系统包含光伏面板（PV 面板）以及接口功率变流器。PV 面板将辐照光转换为电能。面板输出为直流电压和电流。接口功率变流器与 PV 面板输出和负载相连，一般可为直流或交流负载。大多情况下负载为交流，如 PV 系统带独立负载或并入电网的情况。此时，接口变流器为 DC - AC 变流器（逆变器）。图 3.26 所示为美国内华达的一个 14MW PV 发电站。

图 3.27 所示为并网 PV 系统的结构图。该系统包含 PV 阵列、PV 接口、二级变流逆变器以及电网接口。PV 接口连接 PV 阵列和逆变器，其主要由熔断器、电缆和 EMI 滤波器组成。并网逆变器可为一级变流或二级变流逆变器。二级变流逆变器如图 3.27 所示。对于一级变流逆变器，PV 输出直接与并网逆变器相连。

图 3.26 2007 年在美国内华达州安装的 14MW Neuis 太阳能发电厂
（版权© 2007 U. S. Air Force photo/Airman 1st Class Nadine Y. Barclay）

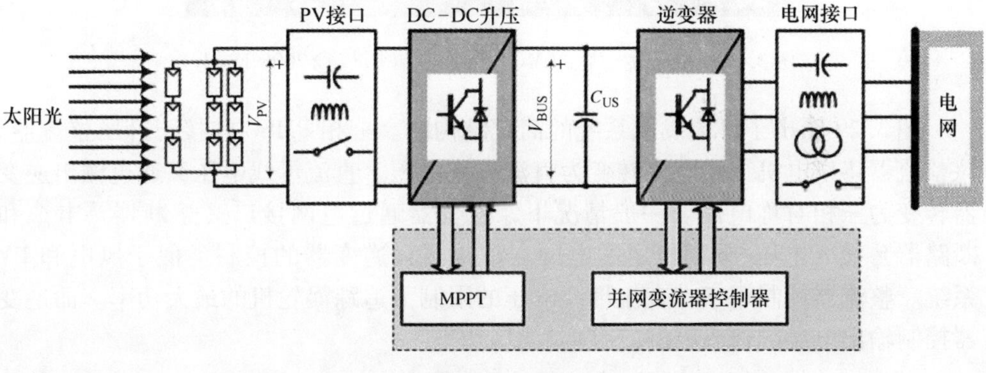

图 3.27 通过二级变流逆变器并网的 PV 系统结构图

3.4.1.3 洋流“发电”

另一种具有重要意义的能源为海洋能。海洋能可分为以下 5 类：①海洋潮汐能；②波浪能；③热能；④海洋生物质能；⑤盐度渗透能[21]。考虑到技术现状和经济性，潮汐能是最适合发电的能源。主要原因在于其易于实现且具有确定性特点。确定性对于发电能力的准确估计非常重要。

洋流发电系统类似于风电系统。该系统主要包括洋流涡轮机（Marine Current Turbine，MCT）和发电机。涡轮机将流动海水的能量转换为涡轮机转子的机械能，机械能又通过发电机转换为电能。图 3.28 所示为转子提升后的 MCT SeaFlow。

图 3.28　提升转子后的 MCT SeaFlow（版权© 2003 Fundy）

图 3.29 给出了洋流发电系统的简化结构图。三相 PMSG 连接于升压整流器。该整流器将发电机三相电压转变为直流母线电压。直流母线电压又通过输出逆变器转变为三相对称电压。一般情况下，逆变器通过电网接口（熔断器、电缆和断路器）接入电压/频率稳定的电网。整流器和逆变器的控制类似于风电和 PV 系统。整流器控制用于在直流母线电压的限制下追踪涡轮机的最大功率。而逆变器控制输出电压或馈入电网的有功/无功功率。

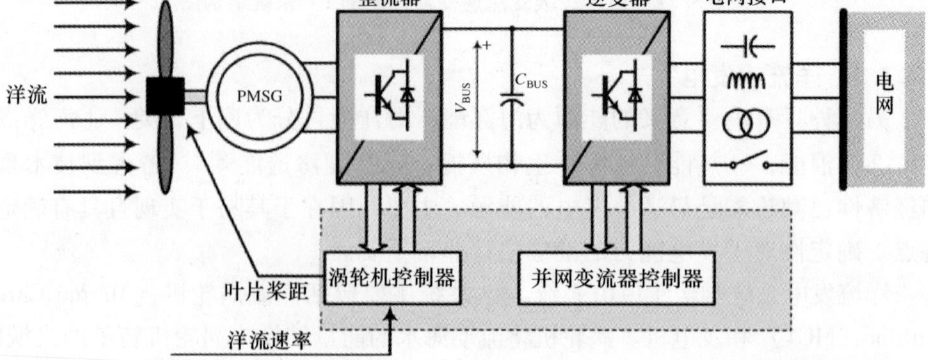

图 3.29　具有变速涡轮机和全功率网侧变流器的洋流发电系统结构框图

3.4.2　问题提出

可再生能源的运行主要包含两个主要问题：第一个是系统所产生的功率波动问题；第二个问题为在电网故障和扰动下系统的响应和性能。

3.4.2.1　功率波动及其对电网的影响

风力机（WT）

虽然风能被认为是最有前景的能源之一，但其发电容量的短期波动仍是最主要的缺点之一。风力机输出功率主要取决于风速：

$$P_{\mathrm{OUT}} = cv_{\mathrm{W}}^3 \tag{3.11}$$

式中，v_{W} 为风速；c 为系数[20]。

风速的小幅度变化将引起输出功率的显著波动。可利用桨距控制改变系数 C_{P}，降低输出功率波动，但是输出功率波动由于下列两个因素而无法完全消除。一个原因是桨距控制的动态响应。典型的桨距控制响应为 5°/s，这意味着 10～100mHz 频率范围内的波动基本上可以从输出功率中得到控制和解耦。但是风速在 100mHz 以上的更高频率范围内波动，此时波动就无法得到有效抑制，风速波动直接影响到风力机的输出。另一个原因是风力机桨距控制中桨距角饱和的限制。

功率波动的另一个产生因素是塔影效应。每当叶片扫过塔筒，产生一个振动转矩。转矩振动引起风机功率的振动，进一步传导至发电机和变流器，最终到电网。功率波动可达额定功率的 20%，而频率可达几赫。

洋流涡轮机（MCT）

MCT 的情况与风机类似。MCT 输出功率与水下海洋流速有很大关系：

$$P_{\mathrm{OUT}} = c_{\mathrm{M}}v_{\mathrm{TIDE}}^3 \tag{3.12}$$

式中，v_{TIDE} 为潮汐流速；c_{M} 为系数[21]。

两项因素造成 MCT 转速和功率的波动：其一为水流速度在 6～12h 周期的长期波动，这属于天文现象并可以准确预测；其二为影响水下洋流速度的长波长涌动所引起的 MCT 功率波动，这是一种周期为几秒的短期扰动[21]。

对电网的影响

注入电网的波动功率可能对电网造成严重影响。首先影响的是公共点（PCC）的电压。图 3.30 所示为电网的单线简化电路图。风力机 WT_1 到 WT_n 连接到 PCC。PCC 通过阻抗 Z_{PCC} 接入理想电网。注入 PCC 的波动功率造成 PCC 阻抗 Z_{PCC} 上的电压波动，具体体现为 PCC 的电压波动。电压波动（如电压闪变）是应严格避免的[17]，否则会将导致电网中照明和敏感设备出现问题。

功率波动还将影响系统的稳定性。若可再生能源功率所占系统容量的比例较大时，其功率波动可能导致系统的不稳定。在最坏情况下，系统可能崩溃。

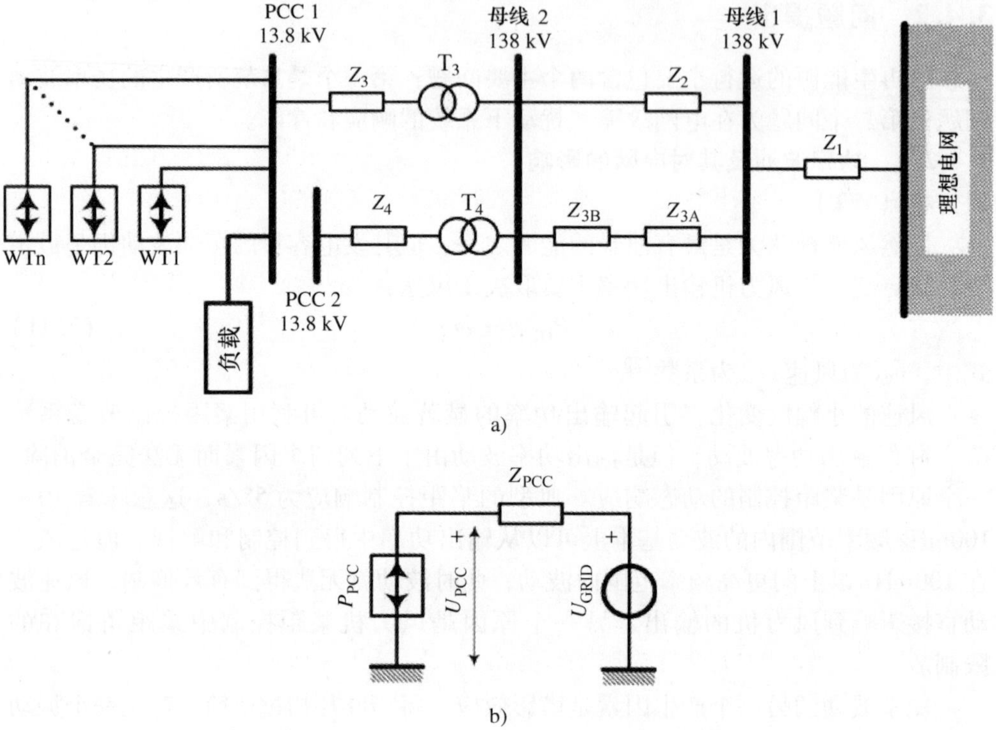

图 3.30 a）连接可再生能源（风能）的电力系统电网的简化单线电路 b）等效电路

3.4.2.2 低电压和零电压穿越

可再生能源应用中的另一个常见问题为电网扰动情况下（如电压跌落和扰动）系统的响应特性，这称为可再生能源“发电机”的低电压穿越（LVRT）或零电压穿越（ZVRT）能力[24]。

假设 WTR 在某一速度下运行，并向电网注入功率。某一时刻，电网发生故障，风力发电机组终端电压降至零。由于终端电压为零，注入电网的功率也为零。由于风力机功率和输出功率的不平衡，直流母线电压将快速越过标称值。整流器控制器将减少发电机转矩至零以防止直流母线以及整个变流系统的损坏。由于风力机的功率并未降低，风力机开始加速。为防止风力机的损坏，叶片桨距系统开始尝试“关闭”叶片。但是桨距系统的响应不够快速，无法阻止直流母线的过充和轮机加速。传统的解决方法是安装一个动态制动电阻。当风力机功率无法注入到电网时，如 LVRT 或 ZVRT 事件，该电阻充当母线负载。按照各电网的规定，风力发电机组必须保持并网以向电网提供无功支撑[24]。

3.4.2.3 叶片桨距的应急电源

目前的先进风力发电机组为变速机组，通常具有 3 个叶片。叶片的角度是可根据风力机的运行点和风速进行调节的。通常，作为风力机最大功率点跟踪（MPPT）系统的一部分，通过机械控制系统进行桨距角控制。

当风力机或功率变流器发生故障时，叶片必须快速驱动到90°位置以阻止风力机的过速和机械损害。而问题在于叶片变桨系统可能会失去机组供电。为避免该情况，保证叶片能被“关闭”，每个叶片变桨系统必须安装独立的储能。

一般情况下，采用电化学电池来实现叶片变桨系统的应急储能。其放电时间很短，在15~30s，而放电功率可达几千瓦。因此，电池大小必须依据峰值功率而非能量进行选择。另一个问题是当前的电池运行受到温度和寿命的限制。由于风力机可能运行在低温中，需要额外的加热系统来保证电池温度维持在最小值以上。基于上述因素，选用电化学电池作为风力机变桨系统的应急电源很困难而且不实用。

3.4.3　虚拟惯量和可再生能源“发电机”

3.4.3.1　传统同步发电机

传统电力系统基于集中式发电，发电机为水、蒸汽或燃气轮机驱动的大型三相同步发电机。上述电力系统的特征是具有大惯性，主要为发电机和涡轮的惯性。除发电机和涡轮惯性之外，还有电网中大型三相电动机的惯性。

电力系统中功率的产生和消耗必须相互平衡。若生产和消耗之间出现不平衡，基于总的不平衡功率，发电机和涡轮将加速或减速。发电机转速的变化直接反映为系统频率，系统频率将围绕额定频率产生波动。为抑制系统频率的大幅波动，涡轮机必须对系统频率波动做出响应。由瞬时功率不平衡引起的频率初始变化取决于系统的惯性。大惯性系统的频率呈现额定点附近非常小的波动。相反，小惯性系统的频率呈现大的波动。某些情况下，系统不稳定直至崩溃。因此，系统惯性十分重要，对于维持系统稳定是必需的。

3.4.3.2　可再生能源的“电力电子发电机”

当今，可再生能源“发电机”对电力系统总的发电贡献正在快速增长。不久的将来，将有30%~40%的电力来源于可再生能源“发电机”。但这将会引发问题，为什么呢？

先进的可再生能源“发电机”通过全功率变流器接入电力系统。该变流器的能量来源（风机、PV、MCT）从电力系统中解耦出来。变流器通过快速锁相环（PLL）与电网电压同步。因此变流器输出频率可在几个毫秒的偏差内跟踪电网频率。与传统的大惯性同步发电机相比，可再生能源“发电机”显然属于无惯性发电机，其输出频率可以10Hz/s或更高的速率变化。

系统功率不平衡或故障时，变流器仍继续跟踪系统“频率”。由于变流器总在跟踪系统频率，“发电机”对系统的稳定没有贡献，反而会使系统变得不稳

图3.33所示为带有UCES的风力发电机组功率－时间曲线。风力发电机组功率围绕某一均值波动，但所期望的并网功率是平滑的。风力发电机组功率和并网功率的瞬时差值由超级电容器吸收。当风力发电机组功率高于并网功率时，超级电容器充电，当风力发电机组功率低于并网功率时，超级电容器放电。

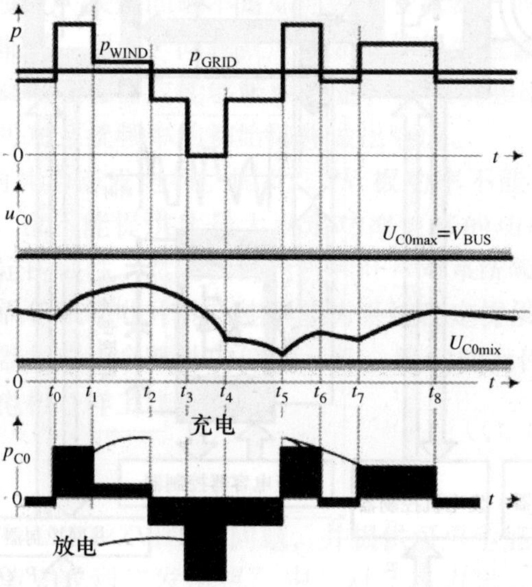

图3.33　集成于风力发电机组的超级电容器功率－时间曲线及电压曲线

3.5　自备发电机及其应用

3.5.1　应用

自备发电系统指利用燃料产生电能的能源系统，如汽油、液化天然气（LNG）或煤等燃料。这些应用大致可分为3类：①自备电源起重应用；②混合动力土方机械；③自备移动式发电机组。

3.5.1.1　自备电源起重应用

典型的自备电源起重应用如RTGC，RTGC为大型码头的卡车或轮船装卸货物，如图3.34[14]所示。其采用的ICE通常为柴油发动机，发动机驱动发电机为RTGC提供本地电力。图3.36所示为简化的电路图。本地直流网络为提升和牵引电动机供电。

a)

b)

图3.34 a）和b）为自备发电系统RTGC示例
（Liebherr Container Cranes Ltd 版权许可）

3.5.1.2 混合动力土方机械

第二类应用为柴油发电机在混合动力土方机械中的应用。图 3. 35a 所示为混

a)

b)

图 3. 35 a）油 – 电混合动力矿用卡车 Komatsu 930E（版权© 2009 Cvmontuy）
b）油 – 电混合动力挖掘机 Komatsu PC200LC（版权 Komatsu）

合动力减震卡车，图 3. 35b 所示为混合动力挖掘机[15]。传统上，这些机械为纯柴油发动机驱动系统。近些年来，采用了油－电混合概念。柴油发动机驱动发电机为机械内部的电力网络供电。所有的执行部件均由电力驱动，一些直接通过电动机驱动，一些通过液压泵或液压马达间接驱动。图 3. 36 所示为简化结构图。

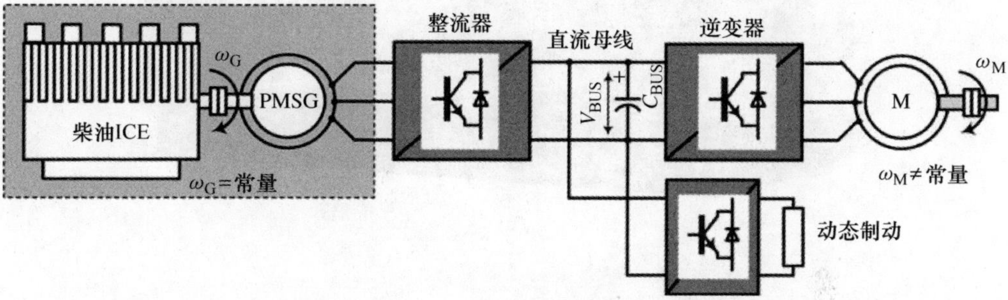

图 3. 36　油－电发电机驱动系统的简化结构图

3. 5. 1. 3　自备移动式发电机组

第三类应用为自备移动式发电机组[16]。由柴油发动机驱动的恒速同步发电机在过去几十年中得到多种应用，小到家用遥控发电机组，大到医院、军事基地、关键工业生产等用作长期 UPS 的大型固定式发电机组。图 3. 37 所示为典型的柴油内燃机和燃气轮机发电机组。发电机组包括一台原动机，如柴油内燃机或燃气轮机。该原动机驱动三相发电机，通常为同步永磁发电机（PMG）。图 3. 38 所示为其简化结构图。发电机的转速由原动机的燃料调节器控制。转速应保持恒定以使发电机频率恒定。

3. 5. 2　问题提出

上述所有应用的主要问题是内燃机（以柴油发动机为例）直接驱动负载，没有明显的能量缓冲。负载的任何波动将直接反映到发动机上。典型地，这些系统负载具有高度的间歇性，同时具有很高的峰－平均功率比率。这将对系统费用和燃料消耗产生 3 个方面的主要影响：

- 柴油发动机需根据峰值功率需求确定，这使得发动机和发电机配置过大。
- 大多数时间发动机运行在非最佳工作点，导致效率不高和高油耗。
- 第 3 个问题，实际上是前述功率波动问题的极端场景，即系统电力驱动的动态制动问题，譬如 RTGC 舱体降低或者采矿减震器减速时。由于柴油发动机是单向的，功率无法从系统流入。通常的解决办法是采用制动斩波器和制动电阻。这是非常简单的解决方法，但效率低下。制动能量耗散在制动电阻上，在一些应用中其所占能量消耗的比例较大。

a)

b)

图 3.37 用于小型本地供电网络的 a）柴油内燃机发电机组
b）燃气轮机发电机组（经 Caterpillar 公司许可翻印）

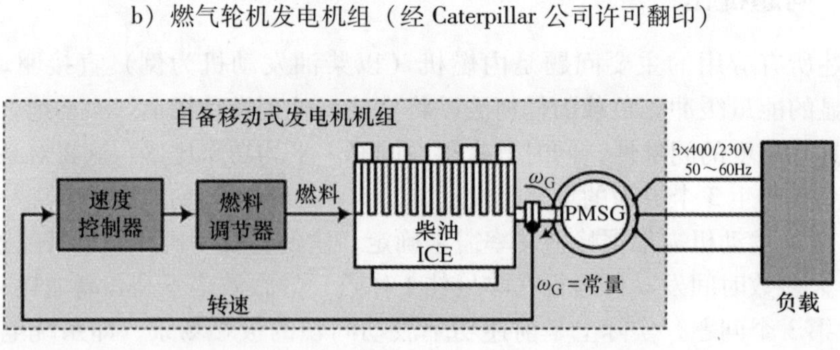

图 3.38 柴油 - 电力移动式发电机组的简化电路

柴油发电机组的燃料消耗取决于几个因素，如柴油发动机的容量和运行点、发动机所带负载和转速。40t RTGC 的典型柴油消耗为 15 ~25L/h[14]。

3.5.3 解决方案

可利用储能平滑功率以解决负载功率波动的问题，也包括极端情况，如电驱制动时的负功率。当负载比平均功率更大时，储能放电。当负载低于平均功率，包括制动时的负功率，储能充电。

负载波动十分频繁，波动周期在几秒内，因此超级电容器是最佳的选择。带有 UCES 的自备发电系统的简化框图如图 3.39 所示。系统包含一个驱动三相 PMG 的发动机，该发动机可能为柴油内燃机、微型燃气轮机或微型蒸汽轮机。发电机为提供直流母线电压 V_{BUS} 的三相整流器供电。该直流母线分配给分布式的三相逆变器组，以驱动交流电动机或其他类型的负载。超级电容器通过双向接口 DC－DC 变流器接入直流母线。无论直流负载如何变化，控制主整流器和 DC－DC变流器使发电机提供平稳功率。其控制架构与变速风力发电机组的控制几乎一致。控制目标为保持直流母线电压恒定，同时发电机功率平稳无强烈波动。图 3.40 所示为控制策略的示例。

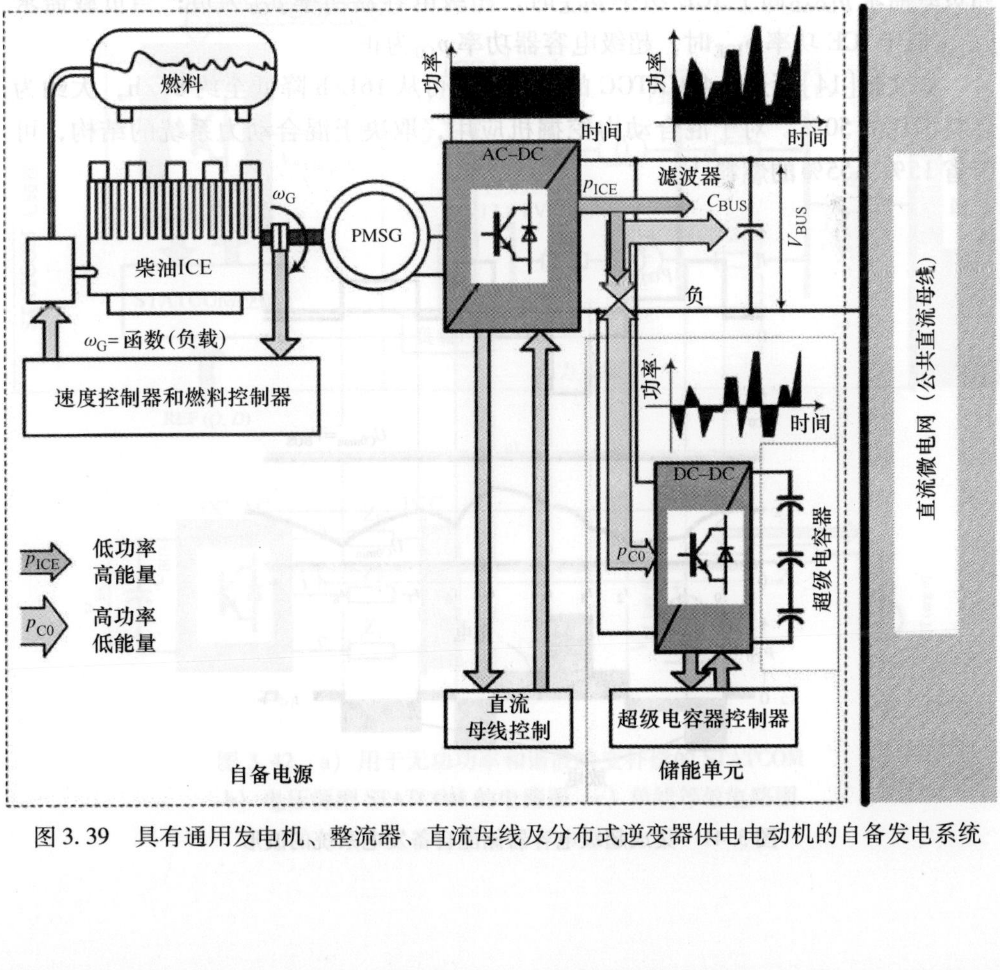

图 3.39 具有通用发电机、整流器、直流母线及分布式逆变器供电电动机的自备发电系统

3.6.2 问题提出

传统 STATCOM 应用包括两类主要问题：第一类问题由连接在公共点的负载引出，负载有功功率波动可引起电压变动；第二类问题由输电或配电网的故障引起。由于传统 STATCOM 只释放和吸收无功功率，而没有释放或吸收有功功率的能力，传统 STATCOM 无法解决上述问题，需要可释放/吸收有功的 STATCOM。

3.6.2.1 电压扰动和闪变

电能质量描述了电网电压的扰动问题，如电压跌落、间断、谐波和闪变。电压闪变为照明系统的扰动，由电网电压波动引起[17]。大型非线性负载，如电弧炉（EAF）、电焊机、泵以及轧机等是引起电压波动和闪变的主要来源[19]。

EAF 为高度非线性负载，电弧表现为变化的电阻。图 3.43 所示为大型电弧炉的外部和内部细节。EAF 消耗的功率为恒定有功 P_0和无功 Q 叠加一个波动的有功和无功功率 ΔP 和 ΔQ。有功功率波动在 ±0.2pu，而无功功率可达 ±1pu。波动频率在一个很宽的范围，可为 1～20Hz[18]。将该非线性负载并入电网后将在 PCC 产生电压波动。简化单线电路图和等效模型如图 3.44 所示。PCC 处的电压波动取决于电网阻抗（$Z_{\mathrm{PCC}}=R+\mathrm{j}X$）以及电弧炉有功和无功功率的波动量（$\Delta P$ 和 ΔQ）。PCC 处的电压为

图 3.43 大型电弧炉的内部和外部效果图（版权© 2011 Uddeholms AB）

$$U_{\mathrm{PCC}}=\frac{\sqrt{(U_{\mathrm{N}}^{2}-(R\Delta P+X\Delta Q))^{2}+(X\Delta P-R\Delta Q)^{2}}}{U_{\mathrm{N}}} \tag{3.13}$$

式中，U_{N}为 PCC 标称电压。

图 3.45 所示为典型 EAF 的标幺电流和 PCC 电压。电流在标称值的 35%～100%波动，使得 PCC 电压在标称电压 U_{N}的 98%～102%波动。

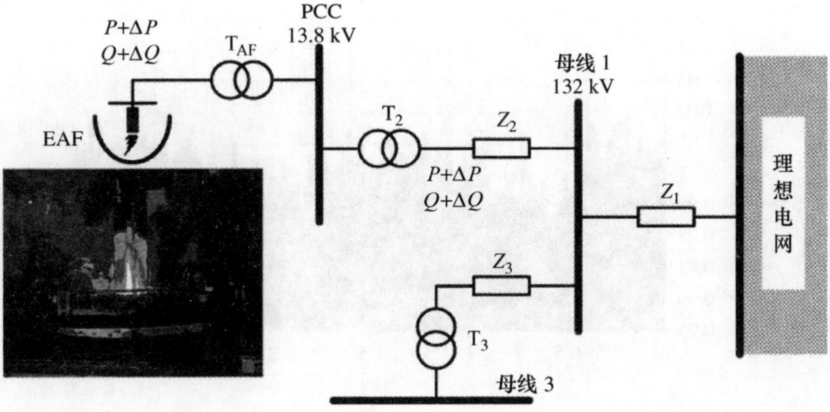

a)

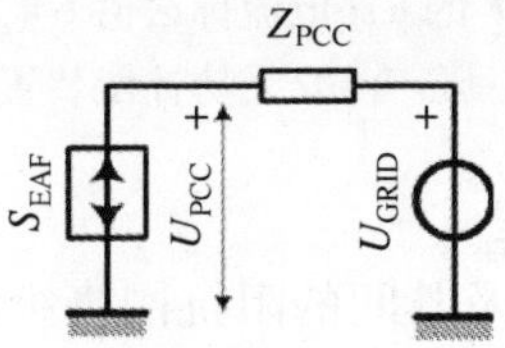

b)

图 3. 44　a）与 13. 8kV PCC 连接的电弧炉　b）等效电路

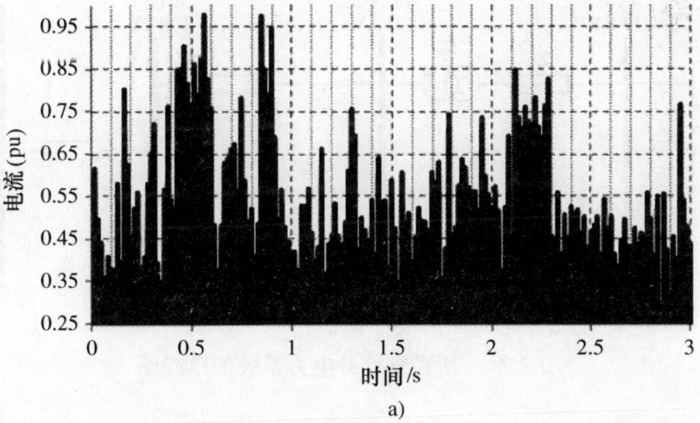

a)

图 3. 45　典型 EAF 的 a）电流标幺值 b）PCC 电压标幺值。
EAF 不具备有功/无功补偿装置

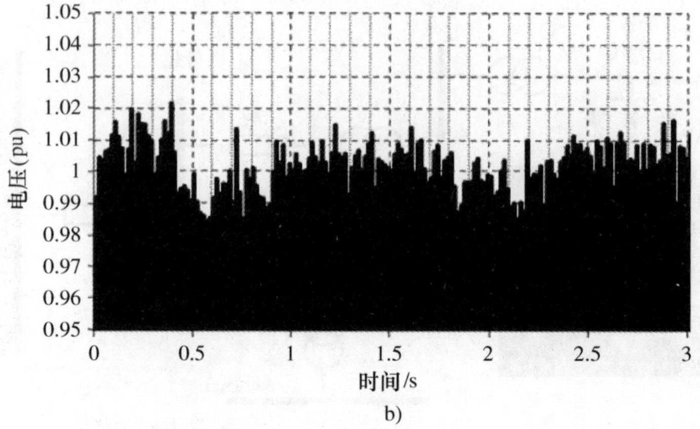

图 3.45　典型 EAF 的 a）电流标幺值 b）PCC 电压标幺值。
EAF 不具备有功/无功补偿装置（续）

3.6.2.2　电网稳定和故障处理

电力系统是由电源、负荷及其间的阻抗网络组成的复杂高阶动态系统。简便起见，电力系统通常用零阻抗恒电压的理想电源代替。如图 3.46 所示的电网单线图，所考察的部分系统并入理想电网。简化电路图可用于研究特殊案例，如 PCC 电压随负荷波动和故障事件的变化。

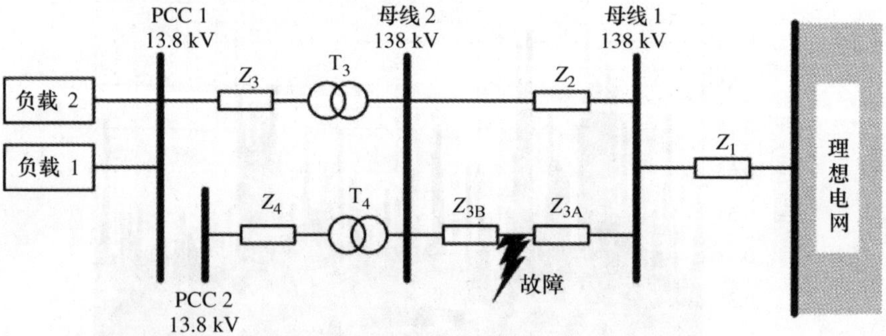

图 3.46　所考察部分电力系统的单线图

故障是电力系统中随时可能发生在任何节点的不可预期的无规律事件，可能为并联故障或串联故障。并联故障为短路故障，如三相短路、三相接地短路、单相接地短路、两相接地短路。串联故障为两节点间的开路故障。

短路故障对电力系统产生两项影响：第一是发电机向故障点注入大故障电流；第二项影响是导致电压偏离。故障期间，电压降至一个极低的值。电压有效值的降低称为电压跌落或电压骤降。电压跌落可导致变速驱动和工业生产控制系统的误跳闸，进而导致功率不平衡和系统稳定问题。

3.6.3　解决方案

作为传统方案，STATCOM 及类似设备用于控制电网电压并在严重故障中对系统进行支撑。有时系统也需要有功支撑，然而常规 STATCOM 只能对系统进行无功支撑。

由于 STATCOM 直流母线侧缺少有功功率源，STATCOM 无法对有功功率进行控制。为实现一定的有功功率控制，STATCOM 直流母线电压必须通过外部电源控制在某一恒定值。简单说，储能设备必须连接在直流母线上，建立并控制母线电压。集成储能设备的 STATCOM 简化单线电路如图 3.47 所示。传统 STATCOM 和储能通过附加的接口 DC－DC 变流器连接。传统 STATCOM 通过并网逆变器提供/吸收无功功率。超级电容器通过 DC－DC 变流器和并网逆变器提供/吸收有功功率。

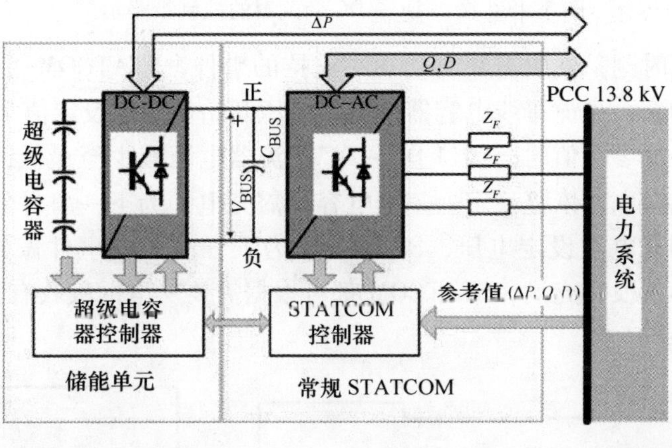

图 3.47　集成储能具有短期有功容量的 STATCOM 简化电路图

控制并网逆变器提供需要的有功/无功功率。参考有功/无功功率指令由电力系统上层控制器发出。同时，逆变器将控制直流母线电压，若逆变器不能维持直流母线在参考值，接口 DC－DC 变流器将控制直流母线电压。此时，逆变器从电网吸收有功功率或发出有功功率。为保持直流母线电压恒定，超级电容器充电或放电。

图 3.48 所示为接口变流器控制策略示例。该控制策略几乎与电力驱动应用中DC－DC变流器的控制相同，见 3.3.4.1 节。唯一的区别是 DC－DC 变流器的控制与 STATCOM 并网逆变器的控制平行。

图 3.49 所示为 STATCOM 工作在有功模式时的功率－时间曲线和超级电容

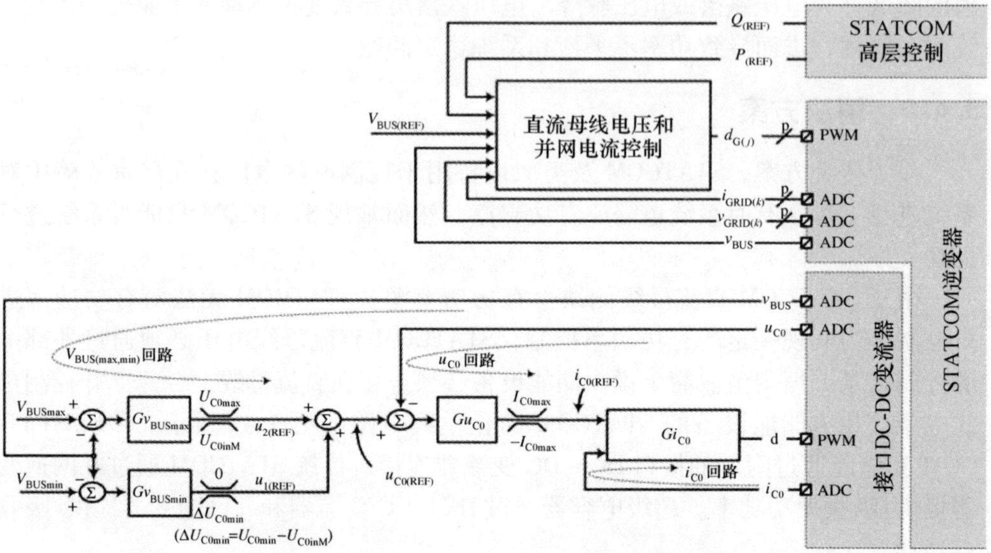

图 3.48　接口 DC - DC 变流器的控制策略示例

器电压。在 t_0时刻，发生需要有功功率支持的事件。STATCOM 变流器开始向电网提供有功功率。直流母线电容器放电，电压开始从稳态设定值下降。当直流母线电压达到最低参考值时，接口 DC - DC 变流器电压减少至最低值 U_{C0min}。在 t_1时刻，事件结束电网恢复稳定。超级电容器需充电，为下一事件做好准备。t_2时刻超级电容器充电至设定电压，STATCOM 为下一次放电事件做好了充足准备。只要超级电容器没有充满，STATCOM 都可根据需要从电网吸收有功功率。

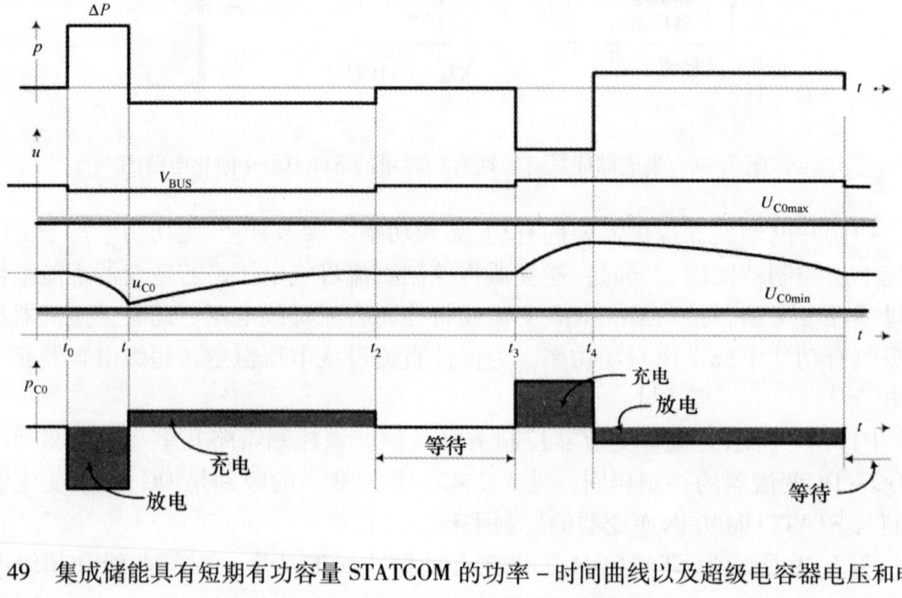

图 3.49　集成储能具有短期有功容量 STATCOM 的功率 - 时间曲线以及超级电容器电压和电流

3.7 UPS 应用

3.7.1 UPS 系统应用

UPS（不间断电源）系统是为关键负载提供不间断、可靠和高质量功率的电气设备。UPS 系统保护敏感负载免受功率扰动以及过电压和欠电压影响[26-28]。UPS 系统应用包括医药制造、数据存储和计算机系统、应急设备、电话、关键工业生产以及在线管理系统。

UPS 系统可分为 3 个主要类别：静态、旋转和混合（静态 - 旋转）UPS。静态 UPS 系统仅由静态变流器和储能组成。旋转 UPS 系统由旋转设备如 ICE、电动机和发电机组成。混合 UPS 系统由具有储能的静态变流器和旋转 UPS 组成。

3.7.1.1 静态 UPS

静态 UPS 是最常用的，尤其在短期应用（达数十分钟）和中期应用（达数小时）中。混合 UPS 应用在需要快速响应和长期独立运行的系统中，从几小时到数天。纯旋转型 UPS 在当今并不常用。

静态 UPS 系统可为在线式、离线式或在线互动式。

- 在线式 UPS 系统。通过输入整流器和输出逆变器从电网向重要负载供电。储能处于满充状态。从电网切换至储能供电的时间为 0。输入整流器依据全额功率设计。

- 离线式 UPS 系统。通过常闭断路器由电网向负载供电。储能处于满充状态并处于备用模式。一旦主电源中断，输出逆变器开始运行。负载切换至逆变器输出。与在线式 UPS 不同，输入整流器只是用于充电，因此其按照部分额定功率设计。

- 在线交互式 UPS。负载和 UPS 逆变器都连接至电网。

图 3.50 所示为静态 UPS 的简化单线图。UPS 由输入整流器、直流母线、储能设备、输出逆变器和旁路开关组成。输入整流器和输出逆变器为电压源型 PWM 变流器，通常采用两电平或三电平拓扑。

3.7.1.2 短期 UPS 与长期 UPS

根据桥接时间，可以将 UPS 系统分为 3 类：第一类为短期 UPS 系统，其桥接时间非常短，仅为数十秒；第二类为中期 UPS 系统，该类 UPS 的桥接时间可从数十秒至数十分钟，最长可达数小时；第三类为长期 UPS 系统，该类 UPS 的桥接时间可长达数天。对于短期和中期 UPS 系统，传统上采用电化学电池和飞轮进行储能。长期 UPS 系统采用更高能量密度的储能，如 ICE 和三相发电机，氢燃料电池也有应用。

长期 UPS 的主要问题是响应时间，也称为热身时间，可为几秒至数十秒。在如此长的起动时间内，需要桥接短期储能对负载进行供电，使长期储能做好准备。当长期储能准备好，并开始运行在指定工作点时，则短期储能停止为负载供电。主电源一旦恢复，短期储能便可从主电源充电。长期 UPS 的另一个缺点是对脉冲功率的响应能力。为降低脉冲功率对长期储能的影响，短期高功率密度储能可与低功率长期储能混合使用。该类 UPS 即长期混合 UPS 系统。

3.7.2 具有超级电容器储能的 UPS

3.7.2.1 短期 UPS

短期 UPS 的简化单线电路如图 3.51 所示。该电路与图 3.50 中的电路相似。图 3.50 所示的储能设备为超级电容器，其通过接口 DC－DC 变流器连接在直流母线上。该接口变流器的控制策略如图 3.52 所示。该控制策略与 3.3.4.1 节中电驱动应用的 DC－DC 变流器控制几乎相同。区别在于直流母线电压仅由控制器 $G_{vBUSmin}$ 控制，其将直流母线电压调制至参考值 V_{BUSmin}。这基本上与电力驱动在穿越模式下的控制方式一样，在 3.3.4.2 节中已详细讨论。

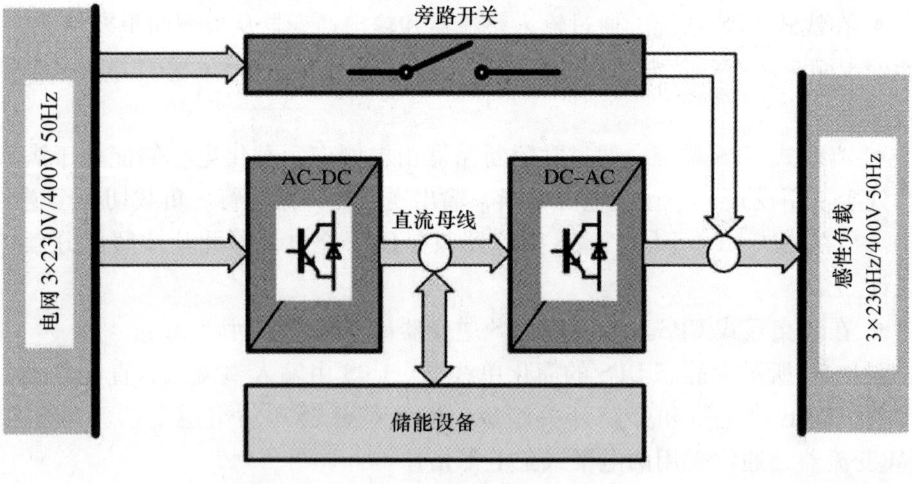

图 3.50 静态 UPS 系统

假设电网经 UPS 整流－逆变向负载供电，t_0 时刻电网中断。图 3.53 所示为系统的功率－时间曲线与超级电容器电压曲线。

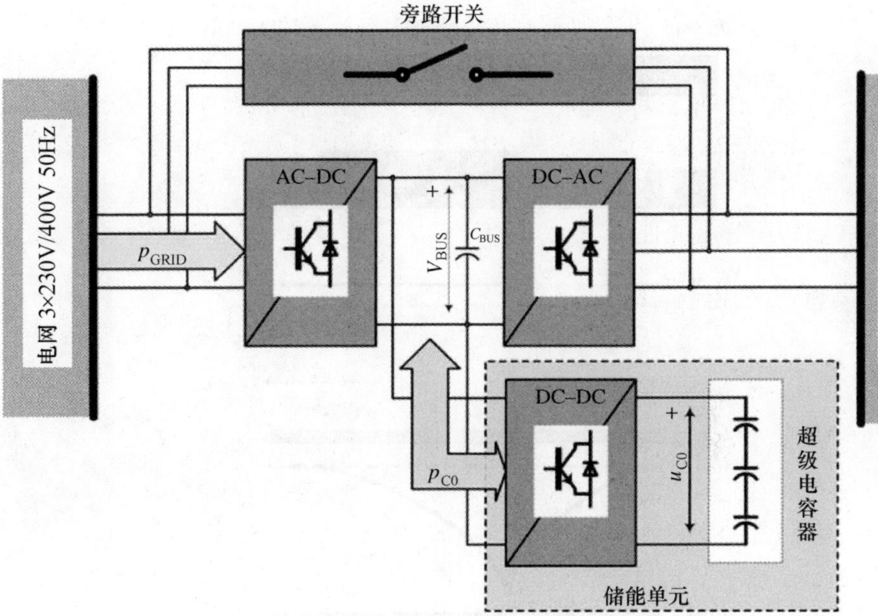

图 3.51　带有超级电容器储能的短期静态 UPS 系统

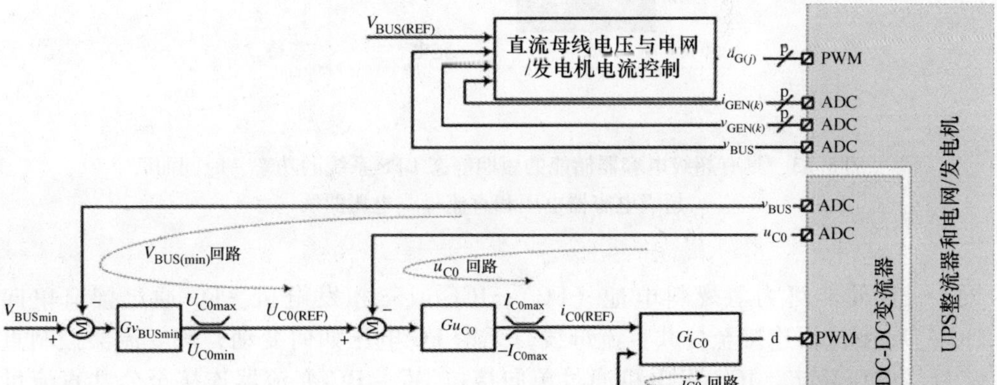

图 3.52　接口 DC – DC 变流器的控制策略示意

3.7.2.2　长期混合 UPS

图 3.54 所示为长期混合 UPS 的电路图，短期储能与在短期 UPS 中的储能相

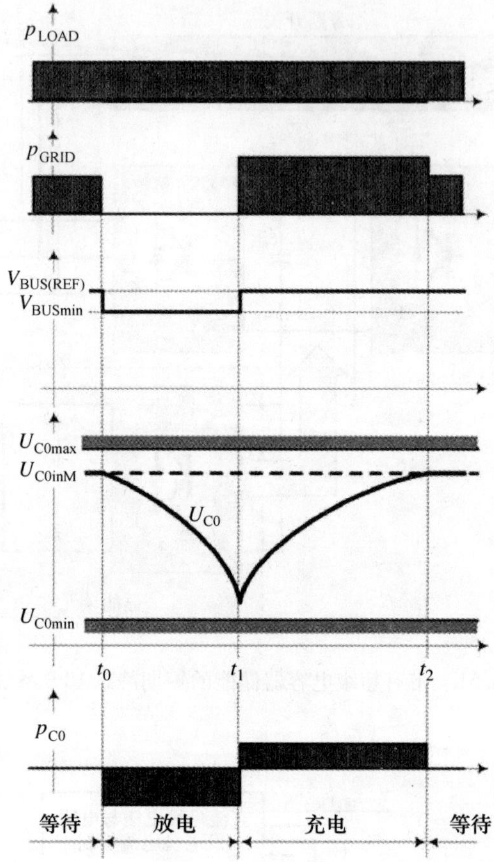

图 3.53　具有超级电容器储能的短期静态 UPS 系统的功率 - 时间曲线、超级电容器电压和直流母线电压曲线

同。长期储能可为氢燃料电池（FC）、ICE 或三相发电机。FC 通过接口单向 DC - DC 变流器连接至公共直流母线，无论 FC 电压如何变动，该变流器控制直流母线电压稳定。ICE 发电机通过单向接口 DC - DC 变流器连接至公共直流母线。接口变流器控制直流母线电压并使 ICE 运行在最佳工作点。图 3.55 所示为长期 UPS 的功率 - 时间曲线和超级电容器电压。假设负载通过 UPS 整流 - 逆变从电网供电。在 t_0时刻，电网中断，负载从超级电容器供电。t_1时刻，长期储能（ICE 或 FC 起动。t_2时刻，主电源（电网）恢复。

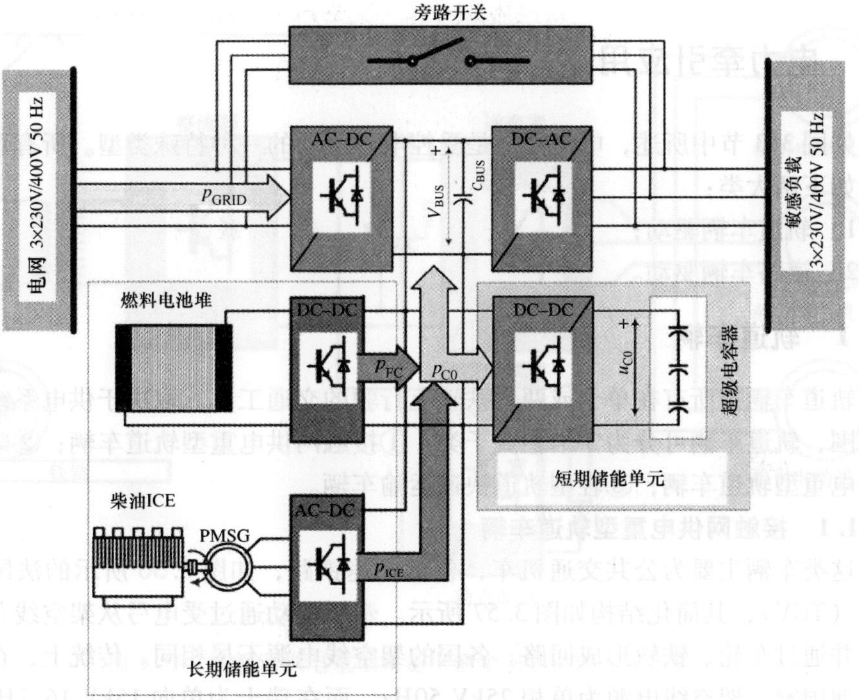

图 3.54 超级电容器作为短期储能的长期混合 UPS 系统

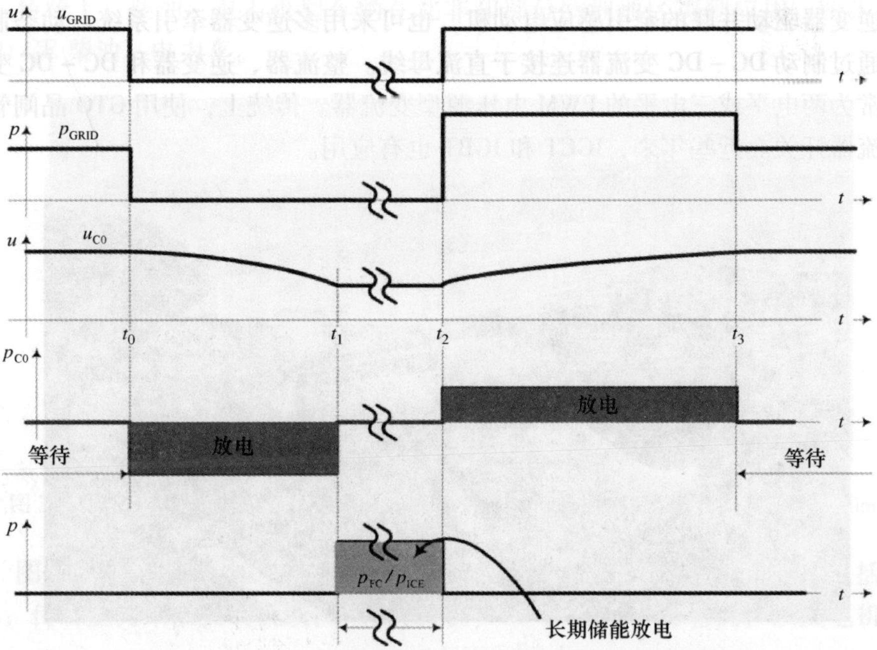

图 3.55 具有超级电容器储能长期 UPS 的功率—电压曲线

至三相整流器，整流器提供公共直流母线电压。其余电路与接触网供电车辆的牵引系统类似。

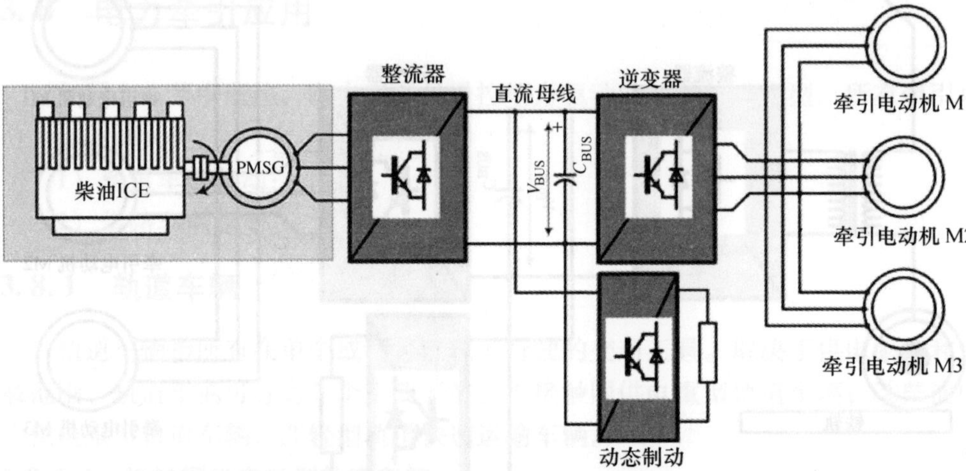

图 3.59　应用于重型交通如柴油－电力机车中的柴油－电力牵引驱动的简化结构框图

3.8.1.3　轻型轨道快速运输车辆

轻型轨道牵引驱动是城市公共交通中常采用的方案。图 3.60 所示为一轻型机车的照片，图 3.61 所示为其简化框图。机车经受电弓从架空线以及车轮接触铁轨供电。架空线电源由供电变电站提供。各个国家的供电电压不尽相同，最常见的为 1.5kV 和 3kV 直流电压。

图 3.60　美国明尼苏达州明尼阿波利斯市 Hiawatha 线路的轻型轨道车辆（版权© 2007 Bryan）

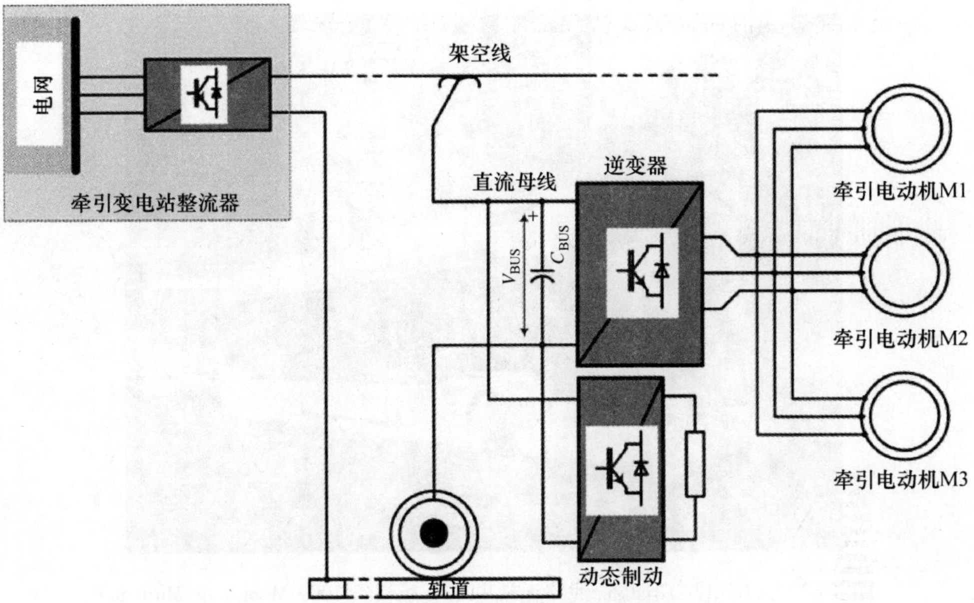

图 3.61　有轨公共交通中直流供电的轻型轨道牵引驱动的简化结构图

车载设备与重型牵引驱动设备相同。驱动并联三相感应电动机的牵引三相逆变器由公共直流母线供电。牵引驱动也可采用交错的多个逆变器。

3.8.2　道路车辆

道路车辆可分为 3 个主要类型：

1）接触网供电公共交通车辆；

2）混合动力电动汽车（HEV）；

3）纯电动汽车。

3.8.2.1　接触网供电公共交通车辆

无轨电车（见图 3.62）是一种经弹簧支撑接电杆从架空线供电的电动汽车。无轨电车和轻轨车辆（比如有轨电车）的区别是，有轨电车用一个单根架空线和铁轨形成供电回路，而无轨电车用两根架空线供电。

图 3.63 所示为无轨电车架空线的简化电路图和车载设备。架空线为低压直流电压，通常为 600 ~ 900V。该电压由连接在公共电网的三相整流器提供。车载设备与重型和轻型轨道车辆类似。公共直流母线为驱动三相感应电动机的三相牵引逆变器供电，也可选用交错多逆变器牵引驱动。动态制动电阻用于直流母线过电压保护。当架空线无法承受车辆制动功率时，直流母线将产生过电压[35]。

3.8.2.2　HEV

HEV 是集成了 ICE 和电驱动的车辆，其基本理念是使 ICE 运行在最大效率

图 3.62　法国里昂 Cristalis 线路无轨电车（版权© 2009 Momox de Morteau）

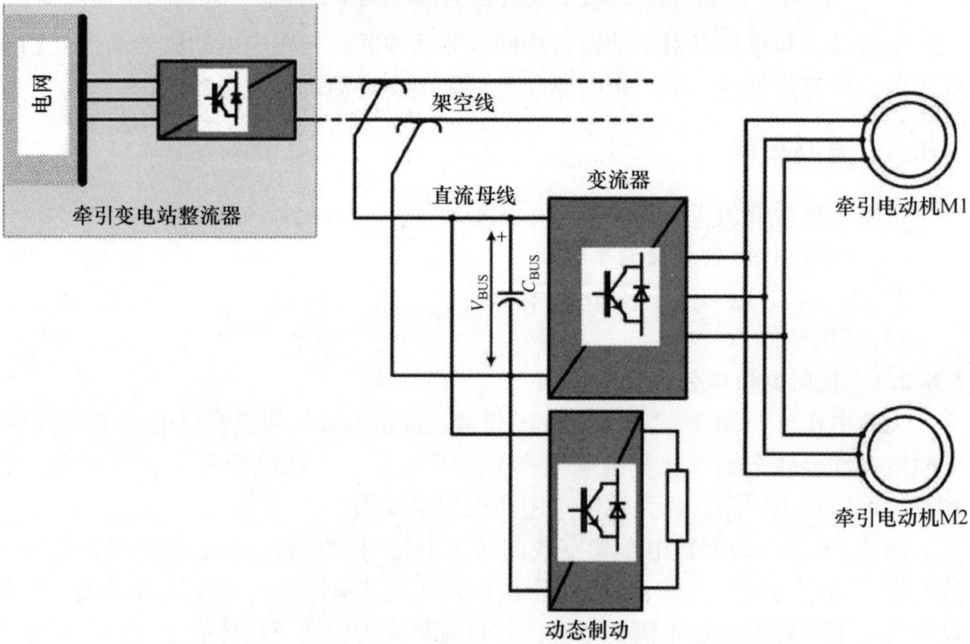

图 3.63　应用于公共交通，如无轨电车，为牵引驱动供电的道路接触网框图

工作点。一辆 HEV 基本上包括 4 个主要部分：ICE、电力牵引电动机/发电机、牵引功率变流器、储能。根据结构的不同，HEV 可以为串联式、并联式或者双

变流器混合结构。在串联式结构中，ICE 和电驱动同属于一个公共的牵引轴。简化电路如图 3.64 所示。

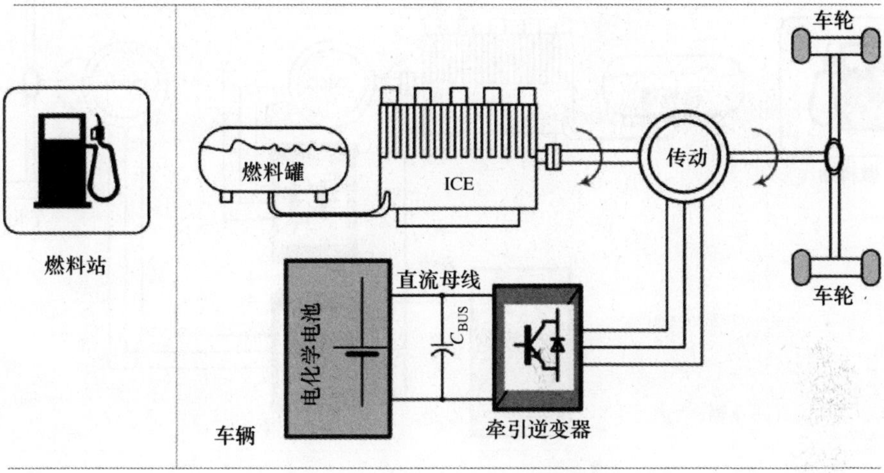

图 3.64　机械耦合的串并联型 HEV

在并联结构中，ICE 和电驱动通过传动系统连接，简化电路如图 3.65 所示。在双向变流器结构中，与柴油 - 电力重型轨道车辆（见图 3.59）的理念相同，ICE 和电驱动通过电环节互连，简化电路如图 3.66 所示。

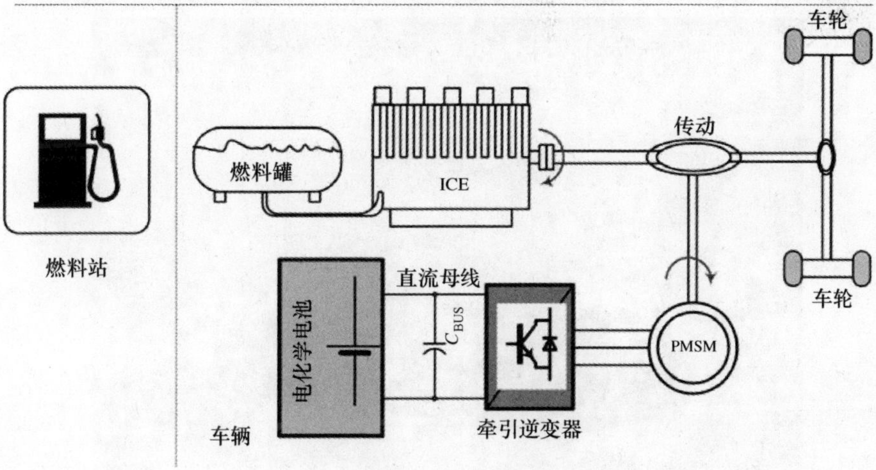

图 3.65　机械耦合的并联型 HEV

3.8.2.3　电动汽车

纯电动汽车是指仅由电力驱动的车辆。图 3.67 所示为 Tesla Roadstar Sport

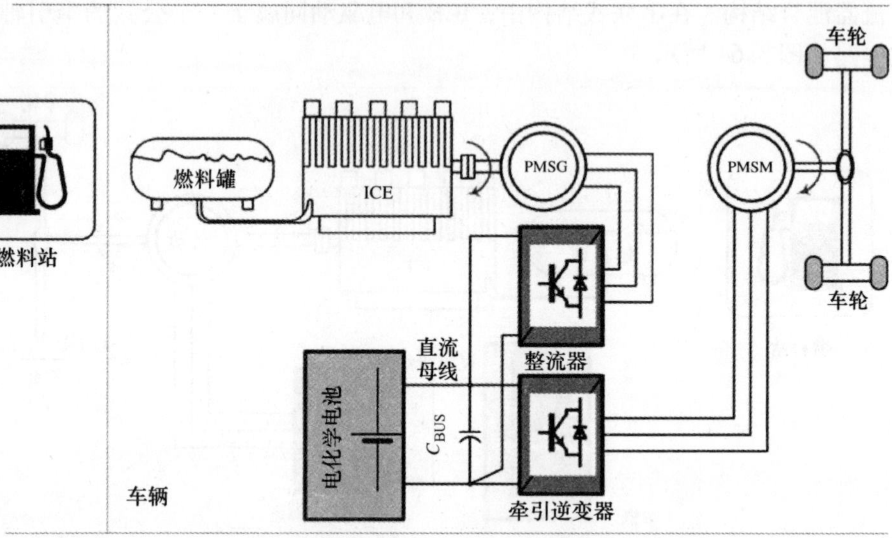

图 3.66　电气耦合的串联型 HEV

2.5，为高性能纯电动汽车的典型示例。其基本电力驱动系统包括储能、电化学转换装置、电力牵引驱动（见图 3.68）。能量以化学能形式存储在电化学电池或氢燃料电池中。电化学发电设备为将存储的化学能转变为电能的装置。对于电化学电池，储能和电化学转换是同一装置，即电池。与此不同，对于氢燃料电池，能量以压缩氢气的形式存储在单独的罐内。电化学转换装置为燃料电池。

图 3.67　纯电动汽车，Tesla Roadstar Sport 2.5（版权© 2010 Tesla Motors Inc.）

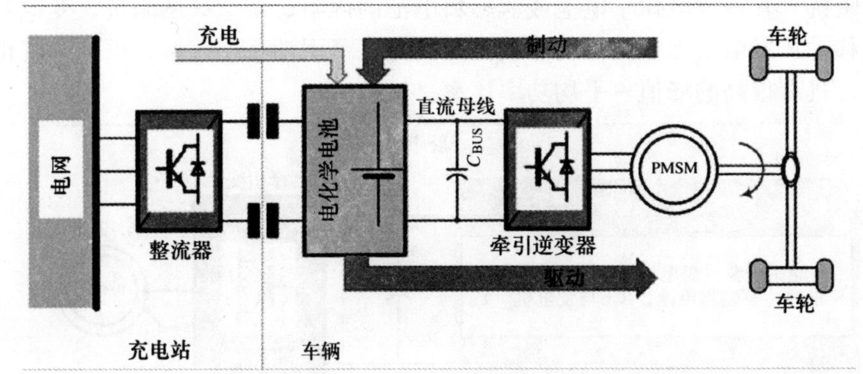

a)

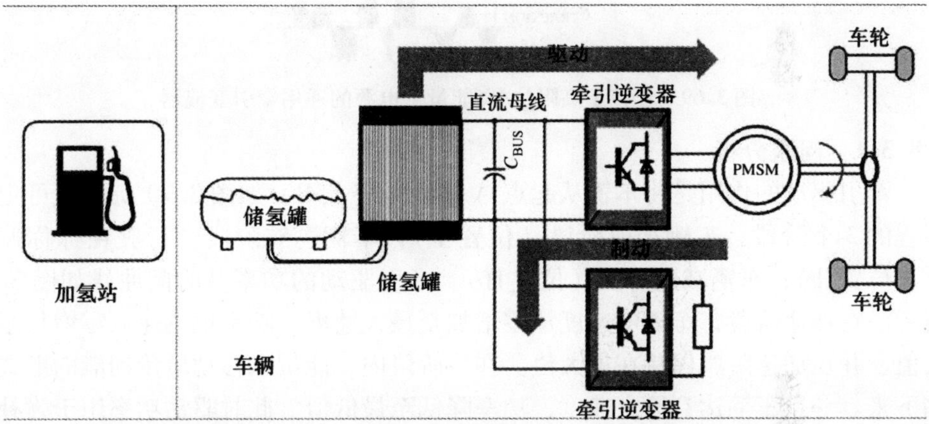

b)

图 3.68　电动汽车

a）利用电化学电池储能　b）利用氢燃料电池储能

电化学电池电动汽车和燃料电池电动汽车的主要区别在于制动过程。电化学电池可实现双向储能，因此车辆的制动能量可存储在电池中，并在下一个加速周期中释放。与此不同，燃料电池是单向储能设备。燃料电池不能通过端口电流反向进行充电。因此，车辆制动能量不能存储在燃料电池中。能量通过制动电阻或机械制动消耗。

3.8.3　一般牵引系统

在讨论储能在牵引应用中的需求之前，首先简要介绍一种通用的牵引系统。无论牵引系统的种类和概念如何，所有的牵引系统基本上具有相同的结构，一种通用的牵引驱动系统。该系统的简化框图如图 3.69 所示。该系统包含 3 个主要元素：①牵引电动机；②牵引逆变器；③高能量和高阻抗电源。电源阻抗通常为非线性阻抗，其包含电化学电池或氢燃料电池的内阻、架空线的阻抗、变电站整流器或移动式发电机组整流器的非线性阻抗等。牵引功率不连续，可为高的正值或负值，具有很高的峰值－平均功率比率。

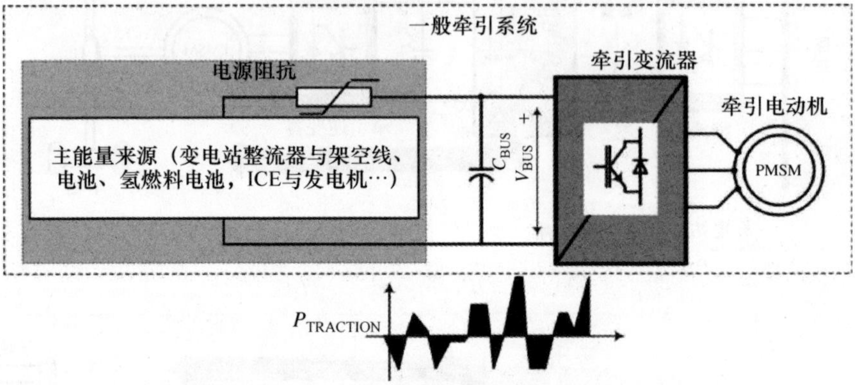

图 3.69　连接于高阻抗/高能量主电源的通用牵引变流器

3.8.3.1　问题分析

牵引驱动的作用是将车辆从起点 A 移动至终点 B，如图 3.70 所示。可定义行程的 3 个阶段：车辆加速阶段（位置Ⅰ）；车辆巡航阶段（行驶在标称速度下，位置Ⅱ）；车辆减速阶段（位置Ⅲ）。牵引驱动的功率－时间曲线如图 3.70 所示。在加速阶段，车辆的速度从零增加至最大速度。功率也迅速从零增长至最大值，并在加速阶段保持在最大值。在该阶段内，能量以移动质量动能的形式存储下来。一旦车辆达到额定速度，功率降低至最低值。此时驱动功率用于弥补牵引系统的摩擦损耗。车辆接近终点，开始进行减速。车辆速度从额定值减少到零，车辆动能从车身质量转移至牵引驱动系统。该阶段称为行程的制动阶段。

从以上案例可发现，牵引系统功率的波动是主要问题，该功率可为较高的正值或负值。功率波动，尤其是上述牵引案例中如此强烈的波动，将引起一些严重问题：

1）供电电压波动和系统不稳定[35]；

2）主电源的额外损耗；

3）非回收制动引起能量的明显浪费；

4）过大配置和容量安装，导致系统重量和成本过高。

3.8.3.2　解决方法

上述问题的一个解决方法是将短期储能设备集成在牵引驱动中。如前面所述，短期储能设备需要根据应用需求进行选择。其两项主要参数为储能容量和充/放电峰值功率。大多数牵引驱动需要储能设备应对数十秒以内的充放电。因此，根据 3.2.4 节的结论，超级电容器可能是正确的选择。图 3.71 所示为集成有

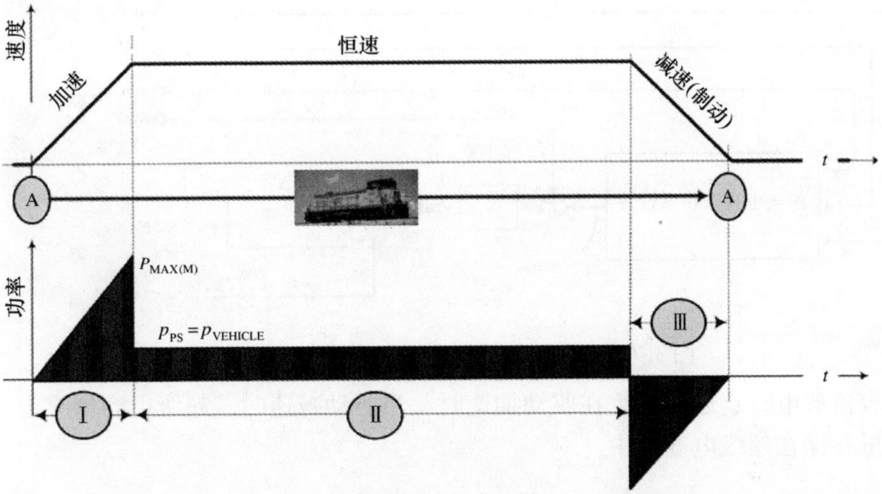

图 3.70　一般车辆的速度和功率 - 时间曲线

UCES 的一般牵引驱动的框图。超级电容器通过双向 DC - DC 变流器连接在牵引驱动直流母线上。接口 DC - DC 变流器的详细内容将在第 5 章给出。

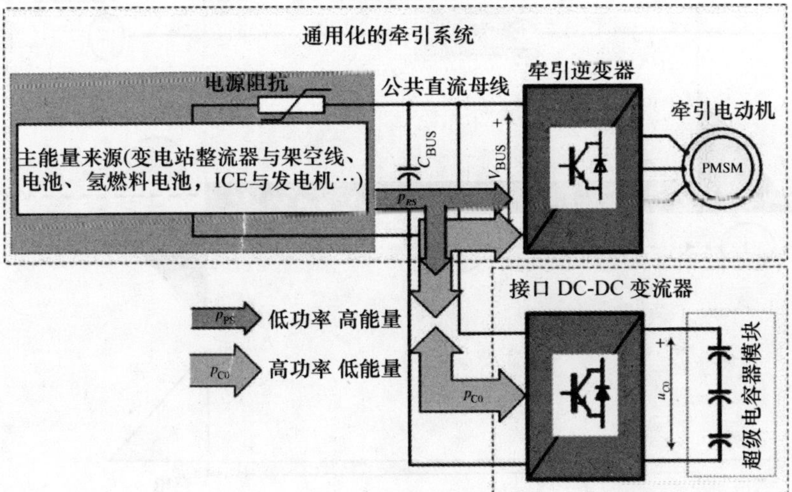

图 3.71　具有超级电容器短期储能的通用牵引系统

图 3.72 给出了接口 DC - DC 变流器的控制结构。DC - DC 变流器通过电压 u_{C0} 内环和电流 i_{C0} 内环控制超级电容器功率。根据驱动功率 $p_{VEHICLE}$ 和主电源功率 p_{PS} 计算超级电容器功率参考值。文献［36 - 44］提出并分析了多种方法。

图 3.73 所示为该牵引系统的功率 - 时间曲线。$p_{VEHICLE}$ 为驱动功率，p_{PS} 为主电源的功率，p_{C0} 为超级电容器功率。当驱动功率高于主电源平均功率时，超

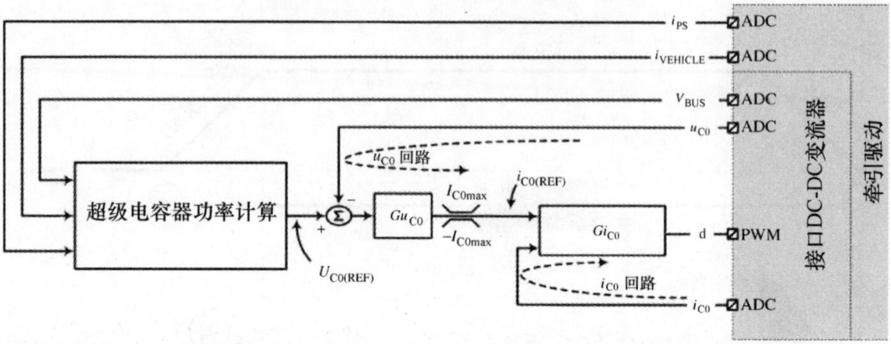

图 3.72　接口 DC－DC 变流器的控制结构示例

级电容器放电，这通常发生在驱动加速时。当驱动减速时，超级电容器充电，制动能量存储在超级电容器中。

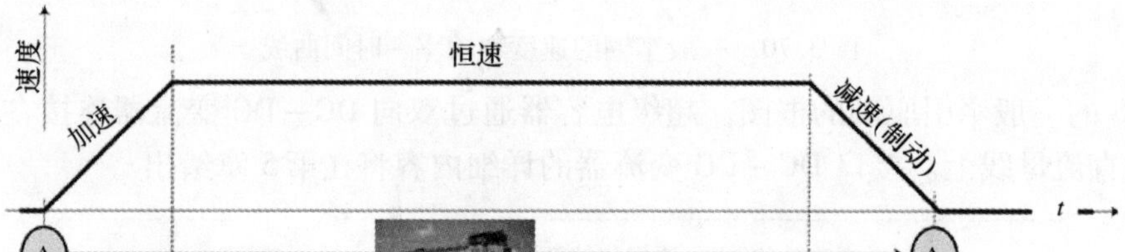

图 3.73　具有超级电容器储能牵引系统的速度和功率－时间曲线

3.9　小结

本章的第 1 部分介绍了功率变换和静态功率变流器的基础。

静态功率变流器的主要作用是将一种电气量变换为另外一种电气量形式，其中电气量可能为电压或电流。静态功率变流器基本包括以下 4 种：①AC－DC 功率变换器，即整流器；②DC－DC 功率变换器，即斩波器；③DC－AC 功率变换器，即逆变器；④AC－AC 功率变换器，即循环变流器。

功率变换系统和静态电力电子在日常生活中起到重要作用。在工业控制电力驱动、可再生能源、发电、输电设备、家用电器、移动式柴油发电机组、土方机械和装备、交通等应用中，没有电力电子和静态功率变换器是无法想象的。在上述大多数应用中，对在短期内具备一定能量存储和释放能力设备的需求日益增长。受控电力驱动需要储能存储制动能量或在电源中断后提供能量。风力可再生"发电机"需要储能平滑风波动引起的功率波动。输电设备，如 STATCOM，需要利用储能在故障和不稳定运行中对系统进行有功支撑。移动式柴油发电机组需要储能降低燃料消耗和 CO_2 排放。在交通系统中应用储能改进系统的效率和可靠性也有强烈的需求。

储能设备需要在非常高的功率倍率下储能和释能。充电和放电时间为数秒或数十秒，充电功率密度在 5 ~10kW/kg 等级。当前，两种储能技术可很好地适应该需求：①FES；②电化学双层电容器（ELDC），最常见的为超级电容器。在本书中，只涉及超级电容器。

本章的第 2 部分讨论了几种功率变换应用，如受控电力驱动、可再生能源（如风、PV 和海洋流）、自备柴油和 LNG 发电机组，具有短期有功能力的 STATCOM、UPS 和牵引。

上述所涉及应用面临相似的问题，即负载或输入功率的强烈波动。

- 受控电力驱动应用：
  - 电动机负载波动：制动和峰值功率。输入功率不应受负载波动的影响。
  - 输入功率波动，最坏情况下彻底中断。驱动对该种情况的适应能力即穿越能力。负载免受供电中断的影响。
- 可再生能源（风、PV 和海洋流）：
  - 输入功率的波动不应传输到电网。
- 自备柴油和 LNG 机组：
  - 波动可能非常大，不应对发电机造成影响。
- 具有短期有功支撑能力的 STATCOM：
  - 电力系统可能需要短期的有功支撑。
- UPS：
  - 输入功率波动，在最坏情况下彻底中断。负载不应受到供电中断的影响。
- 牵引：
  - 牵引电动机负载波动：制动和峰值功率。主电源不应受到负载波动的

第 4 章　超级电容器模块选择及设计

4.1　简介

在讨论超级电容器单体和模块的设计之前，先研究一般情况下集成超级电容器的功率变换系统。一个单线电路图如图 4.1 所示。这个系统由编号 1 ~ 4 的 4 个主要子系统组成：①承担负载供电的主功率变流器；②超级电容器能量储存器；③连接超级电容器和主直流母线的接口 DC - DC 变流器；④整流器。

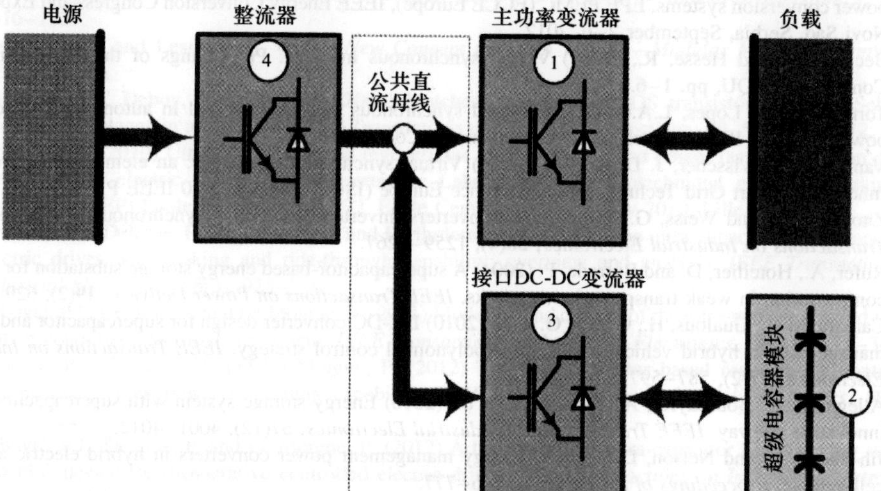

图 4.1　基于超级电容器储能的功率变换系统

主功率变流器负责给负载供电。其中，主功率变流器和负载的拓扑取决于具体应用。在一些应用中为三相逆变器，例如变速驱动（VCD）、牵引驱动、电能质量设备等，在一些应用中为 DC - DC 变流器，例如汽车的高压和低压系统。由于变换系统部分不在本书讨论范围内，故不再进一步讨论其设计细节。

本章将详细介绍接口 DC - DC 变流器设计方面的问题。着重讨论和解决如何将超级电容器设计为储能装置。本章第 1 部分讨论超级电容器设计和选择的标准。第 2 部分讨论超级电容器和整个功率变换系统的效率。其中，效率是超级电容器尺寸和成本的函数。本章还会详细讨论超级电容器模块中热工设计、并联 -

串联连接、电压均衡等问题。

4.1.1 分析和设计目标

超级电容器的设计目标可以概括为，根据实际应用需求来设计和选择超级电容器模块（图4.2中给出了一个需要分析和选择的超级电容器模块，其中高亮部分为主要参数）：

1）模块的电压等级；

2）模块电容；

3）模块的内部（寄生）电阻，该值决定了变换损耗、热学设计及效率。

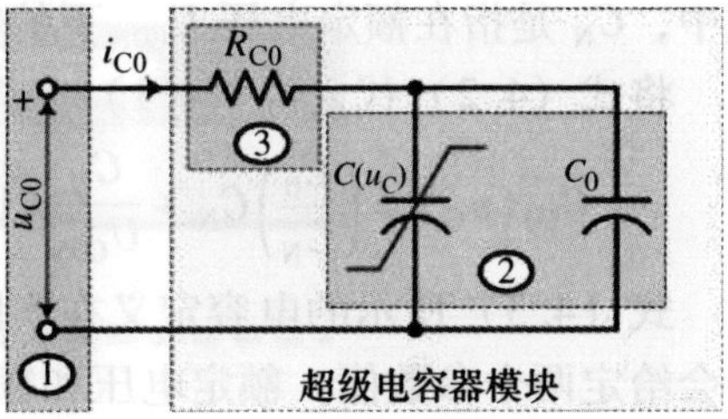

图 4.2 包含主要参数的超级电容器模块

4.1.2 主要设计步骤

在功率变换应用中，一个超级电容器的设计可以分为4个基本步骤：

- 第一步是超级电容器电压的选择。电压等级取决于实际应用要求，以及接口变流器的拓扑。
- 第二步是模块电容的选择。模块电容的选择取决于实际应用要求，例如储能电容器容量和转换效率。
- 第三步是超级电容器模块的变换损失和热应力计算。
- 最后一步是串联电压均衡电路的设计。

4.1.3 超级电容器模型

相关文献中已有的超级电容器模型大多数为非线性（与电压相关的）传输线或者是有限梯形 RC 网络。为简化分析，忽略传输线效应的一阶非线性模型如图4.3所示。

假定等效串联电阻（ESR）R_{C0} 为与频率无关的阻值。将超级电容器的总电容定义为电压控制的电容，如下：

$$C_{C0}(u_C) = C_0 + k_C \cdot u_C \quad (4.1)$$

式中，C_0 表示静电电容器的电容初始值；k_C 表示超级电容器扩散层的影响系数。

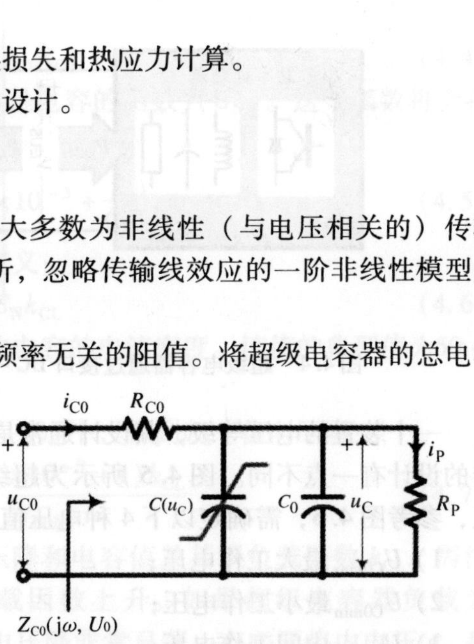

图 4.3 采用一阶 RC 模型的超级电容器

结合额定电容 C_N 和初始电容 C_0，由式（4.1）可得超级电容器 $C(u_C)$ 特性的另一种形式。额定电

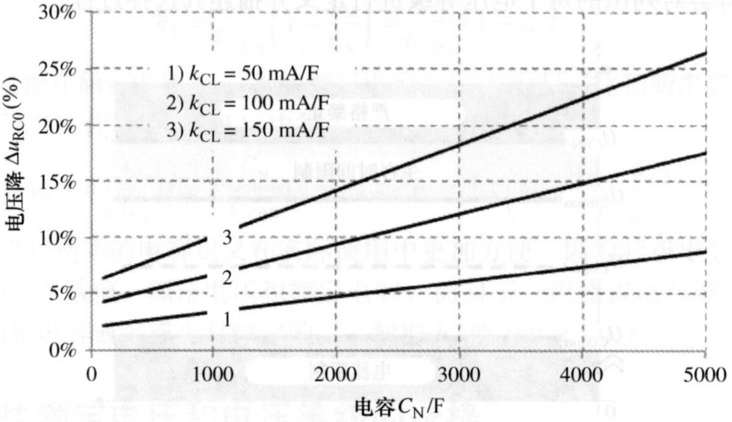

图 4.6　相对于电容值和碳负载系数的超级电容器电压降

行。这样就自然而然地会产生一个问题：在设计超级电容器模块时需要考虑什么电压？

首先将超级电容器充电到初始电压值。由于此时电流为 0（稳态），内电压及终端电压是相同的。因此，内电压和终端电压可以认为是相同值，然后将超级电容器充电到最大工作电压。一旦终端电压达到最大工作电压，充电停止。此时，内电压低于终端电压。它们的区别在于充电电流。电容器存储的电能不由最大工作电压决定，而是由内电压决定。这个差异是很显著的。为了解决这个问题，必须分别确定内部最大工作电压 U_{Cmax} 和终端最大工作电压 U_{C0max}。这两者之间的关系是

$$U_{C0max} = U_{Cmax} + i_{C0}R_{C0} \tag{4.8}$$

同样的原理也适用于最小工作电压 U_{C0min} 和 U_{Cmin}。利用中间值（U_{Cmin}），通过式（4.9），可将该值和终端电压联系起来：

$$U_{C0min} = U_{Cmax} - i_{C0}R_{C0} \tag{4.9}$$

4.2.2　最大工作电压

超级电容器模块的最大工作电压是指超级电容器在充电期间所能承受的最大电压。这个限制不用很严格，可以超出一定值。虽然这样做不会对电容器立即造成破坏，但是偏移量超出限制值将极大地影响超级电容器的寿命。

最大工作电压取决于接口 DC - DC 变流器的拓扑。在对其进行分析时，假定 DC - DC 变流器是一个非隔离式 DC - DC 变流器，其电压增益不大于 1（$U_{C0}/V_{BUS} \leqslant 1$）。如果这样，超级电容器电压就不会大于直流母线电压。当直流母线电压达到最大值时，超级电容器被完全充电，此时超级电容器最大工作电压

U_{C0max}为

$$U_{\mathrm{C0max}} \leqslant V_{\mathrm{BUSmax}} \tag{4.10}$$

式中，V_{BUSmax}是直流母线最大工作电压。

内部最大工作电压 U_{Cmax}可在以下范围内取值：

$$U_{\mathrm{Cmax}} = [U_{\mathrm{C0max}}, U_{\mathrm{C0max}} - i_{\mathrm{C0}} R_{\mathrm{C0}}] \tag{4.11}$$

该值取决于充电电流 i_{C0}。

直流母线最大工作电压取决于实际应用中的额定电压。表 4.1 所示的是一些可能在实际中用到的额定电压和相关的直流母线电压最大值。表 4.1 中不包括 MV 牵引的类似实际应用，例如 1.5 ~ 3kV 电车及 15 ~ 25kV 重型机车。

表 4.1　功率变换系统的工作电压以及相关的最大直流母线电压

系统	直流低压	单相 110V	单/三相 230V	三相 400V	三相 690V
V_{BUSmax}/V	16 ~ 56	150 ~ 450	350 ~ 450	700 ~ 900	1000 ~ 1200
应用领域	电信、UPS、汽车	家用	日本的家用、工业	家用和工业	工业

4.2.3　最小工作电压

超级电容器最小工作电压由两个标准来决定。第一个标准是接口 DC – DC 变流器和超级电容器本身之间的电流容量 I_{C0max}：

$$U_{\mathrm{C0min}} = \frac{P_{\mathrm{C0}}}{I_{\mathrm{C0max}}} \tag{4.12}$$

式中，P_{C0}是变换功率。

内部最小工作电压 U_{Cmin}可以在下式范围内取任何值：

$$U_{\mathrm{Cmin}} = [U_{\mathrm{C0min}}, U_{\mathrm{C0min}} + i_{\mathrm{C0max}} R_{\mathrm{C0}}] \tag{4.13}$$

决定最小工作电压 U_{C0min}的第二个标准是所谓的“恒定功率稳定极限”。这部分已在第 3 章中详细讨论过。决定最小内部工作电压的稳定性标准是

$$U_{\mathrm{Cmin}} \geqslant \sqrt{P_{\mathrm{C0}} 4 R_{\mathrm{C0}}} \tag{4.14}$$

式中，R_{C0}是超级电容器的内部阻抗。

终端最小工作电压 U_{Cmin}是在上面的标准下，考虑最坏情况决定的［式 (4.12) 和式 (4.14)］：

$$U_{\mathrm{C0min}} = \max\left[\left(\sqrt{P_{\mathrm{C0}} 4 R_{\mathrm{C0}}} - i_{\mathrm{C0}} R_{\mathrm{C0}}\right), \frac{P_{\mathrm{C0}}}{I_{\mathrm{C0max}}}\right] \tag{4.15}$$

通常，最小电压限制在额定电压 40% ~ 50% 的范围内（$U_{\mathrm{C0min}} = 0.4/0.5 U_{\mathrm{C0max}}$）。

4.2.4 超级电容器中间电压

4.2.4.1 中间电压的定义

超级电容器的中间电压 U_{C0inM} 被定义为超级电容器长期保持的平均电压。通过改变储能系统的工作方式，可以使超级电容器的电压尽可能接近中间电压。中间电压 U_{C0inM} 和内电压 U_{CinM} 可以认为是相同参数。

为了解释中间电压 U_{C0inM} 的重要性，在此先分析两个例子：第一个是短期 UPS（不间断电源）；第二个是工业控制的电驱动装置。

图 4.7 所示为超级电容器应用在 UPS 时的电压值。先将超级电容器充电到 U_{C0inM}，此时 UPS 处于待机模式。在 t_0 时刻，切断主电源，超级电容器开始放电。电压值向着最小工作电压 U_{C0min} 的方向降低。在 t_1 时刻，恢复主电源供电，再次对超级电容器充电。电压值向中间电压上升，在 t_2 时刻，电压值达到 U_{C0min}，超级电容器完成再次充电。

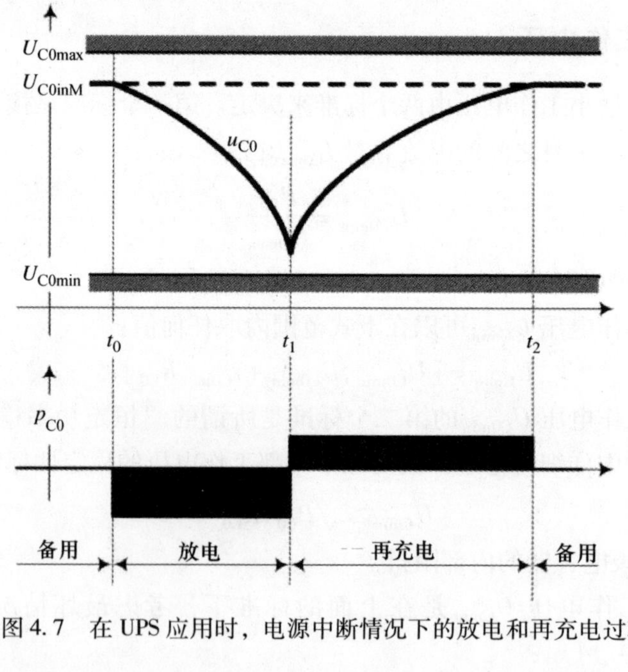

图 4.7 在 UPS 应用时，电源中断情况下的放电和再充电过程

通过这个简单的例子，中间电压 U_{C0inM} 的定义就更加明显了。为了最大化地利用超级电容器，中间电压 U_{C0inM} 的值应该尽可能大。中间电压的最高上限是最大工作电压。但是如果负载曲线不同，中间电压 U_{C0inM} 的值该如何选择呢？

这种应用的一个典型例子是受控电力驱动。正如在第 3 章讨论过的，超级电容器可以应用于受控电力驱动的短期储能。在这些应用中，超级电容器可以扮演两个角色：一个是存储和释放驱动制动的能量；另一个是在电力中断的情况下提供能量。图 4.8 显示了这种例子中超级电容器的电压和电流的变化。

如图 4.8a 所示，当驱动工作在制动模式时，超级电容器处于充电状态。将超级电容器调节为中间电压值 U_{C0inM}。在 t_0 时刻，驱动开始制动，此时超级电容器充电。电压值 U_{C0} 向最大工作电压 U_{C0max} 方向上升。在 t_1 时刻，制动结束，超级电容器保持在待机模式，电压值不变。一旦驱动开始在驱动模式下工作，也就是在 t_2 时刻，超级电容器开始放电，向中间电压值 U_{C0inM} 方向下降。一旦电压值达到中间电压值 U_{C0inM}，也就是在 t_3 时刻，放电停止，超级电容器保持在待机状态，等待下一次制动操作。

图 4.8b 显示了当驱动器在穿越模式工作时，超级电容器处于放电状态的工作情况。将超级电容器的电压调节为中间电压值 U_{C0inM}。在 t_0 时刻，驱动器失去主电源供给，超级电容器放电来供给驱动负载。电压值 U_{C0} 向最小工作电压 U_{C0min} 方向下降。在 t_1 时刻，恢复主电源供给并接管驱动负载，同时接口 DC - DC 变流器再次向超级电容器充电，使其电压值向中间电压值 U_{C0inM} 方向上升。一旦电压值达到中间电压值 U_{C0inM}，也就是在 t_2 时刻，充电停止，超级电容器保持在待机状态，等待下一次制动或穿越模式操作。

从这些例子中，难以看出中间电压值 U_{C0inM} 具体是多少，它与制动及穿越能量的依赖关系以及它如何依赖于超级电容器的最大和最小电压。这些问题将在下面解答。

4.2.4.2　中间电压的测定

对式（4.1）定义的超级电容器进行充电，使其从中间电压值 U_{C0inM} 充电到最大电压值 U_{Cmax}。超级电容器中存储的能量为

$$E_{\mathrm{CH}} = C_{\mathrm{N}}\left[\frac{k_0}{2}(U_{\mathrm{Cmax}}^2 - U_{\mathrm{CinM}}^2) + \frac{2}{3}\frac{(1-k_0)}{U_{\mathrm{CON}}}(U_{\mathrm{Cmax}}^3 - U_{\mathrm{CinM}}^3)\right] \tag{4.16}$$

超级电容器从中间电压值 U_{C0inM} 放电到最小电压值 U_{Cmin} 的过程中，释放的能量为

$$E_{\mathrm{DCH}} = C_{\mathrm{N}}\left[\frac{k_0}{2}(U_{\mathrm{CinM}}^2 - U_{\mathrm{Cmin}}^2) + \frac{2}{3}\frac{(1-k_0)}{U_{\mathrm{CON}}}(U_{\mathrm{CinM}}^3 - U_{\mathrm{Cmin}}^3)\right] \tag{4.17}$$

通过式（4.16）和式（4.17），可以写出下面的三阶方程：

$$\frac{2}{3}\frac{(1-k_0)}{U_{\mathrm{CON}}}(E_{\mathrm{CH}} + E_{\mathrm{DCH}})U_{\mathrm{CinM}}^3 + \frac{k_0}{2}(E_{\mathrm{CH}} + E_{\mathrm{DCH}})U_{\mathrm{CinM}}^2 - A = 0 \tag{4.18}$$

式中，A 是由电容器参数（U_{CON} 和 k_0）和最大、最小工作电压（U_{Cmax} 和 U_{Cmin}）决定的一个常数：

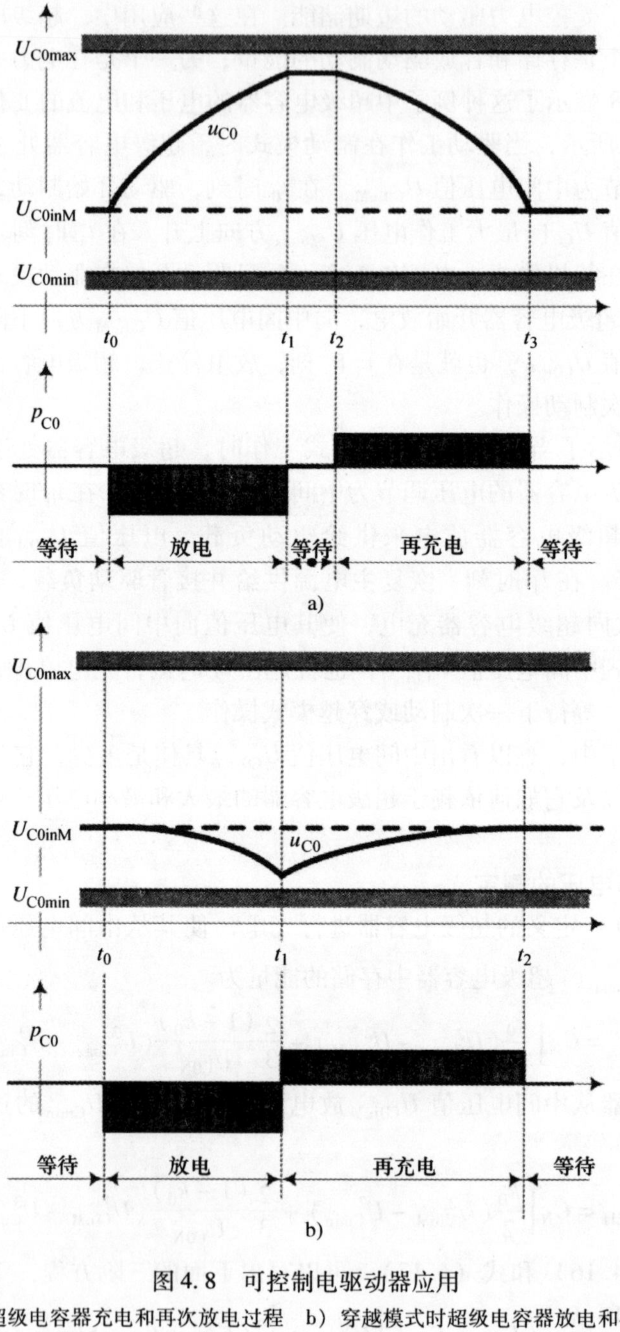

图 4.8 可控制电驱动器应用

a）驱动制动时超级电容器充电和再次放电过程 b）穿越模式时超级电容器放电和再次充电的过程

$$A=\frac{k_0}{2}(E_{DCH}U_{Cmax}^2+E_{CH}U_{Cmin}^2)+\frac{2}{3}\frac{(1-k_0)}{U_{C0N}}(E_{DCH}U_{Cmax}^3+E_{CH}U_{Cmin}^3) \quad (4.19)$$

理论上讲，中间电压 U_{CinM} 可以通过由最大、最小工作电压（U_{Cmax} 和 U_{Cmin}）以及由式（4.18）计算得到的电容器系数 k_0 为变量的函数来计算。但是，由于式（4.18）是一个三次方的方程，很难找到 U_{CinM} 的封闭形式解析解，数值解可以通过 Matlab 符号工具箱或者 Excel 工具箱求出。但是在大多数情况下，这种方法并不适用，因此有必要对式（4.18）进行简化。

假设超级电容器是一个 $k_C \cong 0$ 的线性电容器，因此 $k_0 \cong 1$。这样就可根据式（4.18）很容易地求解 U_{C0inM}：

$$U_{C0inM} \cong \sqrt{\frac{E_{DCH} U_{Cmax}^2 + E_{CH} U_{Cmin}^2}{E_{DCH} + E_{CH}}} \tag{4.20}$$

充电能量 E_{CH} 是超级电容器从中间电压 U_{CinM} 充电到最大工作电压 U_{Cmax} 时超级电容器存储的能量：

$$E_{CH} = \int_0^{T_{CH}} P_{CH}(t)\,dt - \int_0^{T_{CH}} R_{C0}(t)\, i_{C0(CH)}^2\,dt \tag{4.21}$$

式中，$P_{CH}(t)$ 是超级电容器在接口变流器的输入端上的系统充电功率（见图 4.4）；T_{CH} 是充电时间。

放电能量 E_{DCH} 是超级电容器从中间电压 U_{CinM} 放电到最小工作电压 U_{Cmin} 时超级电容器释放的能量：

$$E_{DCH} = \int_0^{T_{DCH}} P_{DCH}(t)\,dt - \int_0^{T_{CH}} R_{C0}(t)\, i_{C0(DCH)}^2\,dt \tag{4.22}$$

式中，T_{DCH} 是充电时间；$P_{DCH}(t)$ 是超级电容器在接口变流器的输入端上的系统变换功率（见图 4.4）。

然而，计算还没有结束。在式（4.21）和式（4.22）中，充放电能量是超级电容器充放电电流 $i_{C0(CH)}$ 和 $i_{C0(DCH)}$ 的函数。此外，充放电电流是超级电容器初始电压的函数，在这种情况下，中间电压是 U_{Cmin}。更多细节参见本书 2.5.3 节以及式（2.66）、式（2.68）和式（2.79）。因此，充放电能量也是中间电压的函数。这就导致式（4.20）的简化要比看起来复杂得多。为了解决这个问题，利用两个迭代过程计算中间电压。

第一次迭代

在第一次迭代中，假设超级电容器是没有电阻的理想电容器（$R_{C0}=0$）。基于这样的假设，可以计算出第一次迭代时的充放电能量：

$$E_{CH(1)} = \int_0^{T_{CH}} P_{CH}(t)\,dt, E_{DCH(1)} = \int_0^{T_{DCH}} P_{DCH}(t)\,dt \tag{4.23}$$

将式（4.23）和式（4.20）相加，得到第一次迭代时的中间电压值：

$$U_{C0inM(1)} \cong \sqrt{\frac{E_{DCH(1)} U_{Cmax}^2 + E_{CH(1)} U_{Cmin}^2}{E_{DCH(1)} + E_{CH(1)}}} \tag{4.24}$$

$$U_{C0min} = U_{Cmin} - R_{C0}I_{C0max} = \frac{U_{Cmin}}{2}$$

$$U_{C0min} = 209.75\text{V} \tag{4.29}$$

2）超级电容器最小电流是基于最小电压 U_{Cmin} 得到的。通过功率守恒等式［式（4.28）］可以得到

$$I_{C0max} = \frac{U_{Cmin}}{2R_{C0}} \tag{4.30}$$

接口 DC－DC 变流器的电流驱动能力为 $I_{C0max}=104.88\text{A}$，该变流器的额定功率为 $P_{DC}=78.66\text{kW}$。

需要注意的是，DC－DC 变流器的额定功率比变换功率大得多（$P_{DC}=3.5P_{C0}$）。这个例子说明了超级电容器作为储能设备的主要缺点。最小工作电压越小，DC－DC 变流器的额定功率越大。

习题 4.2

一个 UPS 系统具有以下参数：输出功率 $P_{C0}=22\text{kW}$，UPS 逆变效率 $\eta_{INV}=98\%$，最大直流母线电压 $V_{BUSmax}=750\text{V}$，超级电容器最小电压 $U_{C0min}=400\text{V}$，最大放电（桥连）时间 $T_{DCH}=10\text{s}$，超级电容器经由非隔离式 DC－DC 变流器连接到 UPS。

1）计算超级电容器中间电压 U_{C0inM}。

2）计算超级电容器能保证系统稳定性的最小中间电压和最小终端电压。假设超级电容器电阻 $R_{C0}=1\Omega$。

解

1）中间电压可由式（4.20）计算。因为在大于中间电压时超级电容器没有必要充电，所以中间电压值和最大电压值相等。在之前的例子中，超级电容器经由非隔离式 DC－DC 变流器连接到直流母线，因此，最大工作电压和中间电压为 $U_{C0max}=V_{BUSmax}=750\text{V}$ 和 $U_{C0inM}=U_{C0max}=750\text{V}$。

2）最小工作电压由系统稳定性决定［式（4.14）］。对于给定的电阻 $R_{C0}=1\Omega$ 和放电功率 $P_{C0}=22\text{kW}$，可以得到最小中间电压 $U_{Cmin}=296.6\text{V}$。

超级电容器电流和终端电压可以由式（4.29）和式（4.30）计算得到：$U_{C0min}=148.3\text{V}$，$I_{C0max}=148.3\text{A}$。

习题 4.3

一个变速驱动（VSD）系统具有以下参数：输出功率 $P_0=15\text{kW}$，变换效率 $\eta_{INV}=98\%$，最大直流母线电压 $V_{BUSmax}=750\text{V}$，最小超级电容器电压 $U_{C0min}=400\text{V}$。VSD 要求在满载时有 2s 内的穿越能力和 10s 内的制动能力。超级电容器经由非隔离式 DC－DC 变流器连接到 VSD。

1）计算超级电容器中间电压 U_{C0inM}。

2）计算超级电容器能保证系统稳定性的最小中间电压。假设超级电容器电阻$R_{C0}=1\Omega$。

3）假设超级电容器归一化电压$U_{CON}=800V$，和前面例子中的超级电容器选择同样的电压等级。则哪个超级电容器具有更长寿命？是在UPS系统中还是在VSD系统中？

解

1）中间电压可由式（4.20）计算。放电和充电能量约为

$$E_{DCH} \cong \frac{1}{\eta_{INV}} \int_0^{T_{DCH}} P_{DCH}(t)\,dt = \frac{P_0 T_{DCH}}{\eta_{INV}}$$

$$E_{CH} \cong \frac{1}{\eta_{INV}} \int_0^{T_{CH}} P_{CH}(t)\,dt = \eta_{INV} P_0 T_{CH} \tag{4.31}$$

将式（4.31）和最小、最大工作电压和式（4.20）相加，得到中间电压为$U_{C0inM}=461.9V$。

2）最小工作电压由系统稳定性决定［式（4.14）］。对于给定的电阻$R_{C0}=1\Omega$和放电功率$P_{C0}=15.3kW$，可以得到最小中间电压$U_{Cmin}=247.4V$。

3）如4.2.5节、式（4.25）和式（4.27）所示，超级电容器标准化和长期平均电压对超级电容器寿命有很强影响。

在上面的UPS应用例子中，最大工作电压和中间电压相等。因此，中间电压标准化值接近单位值$\frac{U_{C0inM}}{U_{CON}}=0.9375$。

和上述例子对比可知，在VSD系统中的中间电压更低，导致中间电压标准化值更低，$\frac{U_{C0inM}}{U_{CON}}=0.577$。因此，可以得出结论：与UPS系统相比，在VSD系统中的超级电容器寿命更长。

4.3 选择电容

超级电容器的电容可以根据两个准则确定：①电能存储/释放能力和②变换效率。接下来的内容将会对这两个准则进行详细介绍。

4.3.1 电能存储/释放能力

由式（4.1）定义的超级电容器在最大、最小电压之间充/放电，则其电能为

$$\Delta E_C = C_N\left[\frac{k_0}{2}(U_{Cmax}^2 - U_{Cmin}^2) + \frac{2}{3}\frac{(1-k_0)}{U_{CON}}(U_{Cmax}^3 - U_{Cmin}^3)\right] \tag{4.32}$$

式中，U_{Cmax}为超级电容器内部最大电压；U_{Cmin}为超级电容器最小电压。

超级电容器从最小电压到最大电压变化过程中的总能量变化为放电能量和充电能量之和：

$$\Delta E_C = E_{CH} + E_{DCH} \tag{4.33}$$

充电能量和放电能量分别由4.2.4.2节的式（4.21）和式（4.22）确定。电容C_N即可由式（4.32）变换得到

$$C_N = \frac{E_{CH} + E_{DCH}}{\left[\frac{k_0}{2}(U_{Cmax}^2 - U_{Cmin}^2) + \frac{2}{3}\frac{(1-k_0)}{U_{CON}}(U_{Cmax}^3 - U_{Cmin}^3)\right]} \tag{4.34}$$

4.3.2 变换效率

4.3.2.1 一般情况分析

如第2章所讨论的，超级电容器的能量损失取决于3个参数：电阻、电容和超级电容器的初始电压。能否将超级电容器的能量损失作为一个设计参数给出？下面给出分析。

让超级电容器根据任意功率或当前电流从最小电压U_{C0min}到最大电压U_{C0max}放电。超级电容器的能量损失为

$$P_{C0(\zeta)}(t) = R_{C0}(t)i_{C0}^2(t) \tag{4.35}$$

式中，$i_{C0}(t)$为当前电流；$R_{C0}(t)$为超级电容器的ESR，通常为随时间变化的电阻。

为简单起见，假定当前电流的频谱不在超级电容器临界频率范围之内。该临界频率范围已在2.3.1.1节中进行过讨论。在这种假设下，可将ESR视为恒定电阻R_{C0}。

充放电过程中由R_{C0}引起的能量损失为

$$E_{\zeta(CH)} = R_{C0}\int_0^{T_{CH}} i_{C0(CH)}^2(t)\mathrm{d}t = R_{C0}\int_0^{T_{CH}} F_1^2(R_{C0}, C_N, K_0, P_{C0(CH)}, t)\mathrm{d}t \tag{4.36}$$

$$E_{\zeta(DCH)} = R_{C0}\int_0^{T_{DCH}} i_{C0(DCH)}^2(t)\mathrm{d}t = R_{C0}\int_0^{T_{DCH}} F_2^2(R_{C0}, C_N, K_0, P_{C0(DCH)}, t)\mathrm{d}t \tag{4.37}$$

式中，超级电容器的充放电电流为超级电容器参数和变换功率的函数F_1和F_2。

该函数取决于变换功率曲线和变换方式。在本节最后，将给出一个恒流变换模式的例子。

超级电容器的电阻与其电容相关，电容越大电阻越小：

$$\frac{\partial R_{C0}}{\partial C_N} = \frac{\partial[R_{C0}(C_N)]}{\partial C_N} < 0 \tag{4.38}$$

超级电容器的内阻 R_{C0} 和额定电容 C_N 是强非线性关系，可用公式近似表示为

$$R_{C0} = (k_{RC(0)} + \frac{k_{RC(1)}}{C_N} + \frac{k_{RC(2)}}{C_N^2}) \tag{4.39}$$

式中，参数 $k_{RC(0)}$、$k_{RC(2)}$ 和 $k_{RC(3)}$ 取决于电容器的类型。

图 4.11a 描述了超级电容器组内阻 R_{C0} 随电容 C_N 的变化曲线。该模块额定电压 $U_{C0N}=800V$。它是由 286 个 LSUC 2.8V 超级电容器单体串联而成[1]。根据图 4.11a，可以确定式（4.39）的系数，同时将电阻定义为

$$R_{C0} \cong \left(-0.046 + \frac{1.42}{C_N} - \frac{0.17}{C_N^2}\right) \tag{4.40}$$

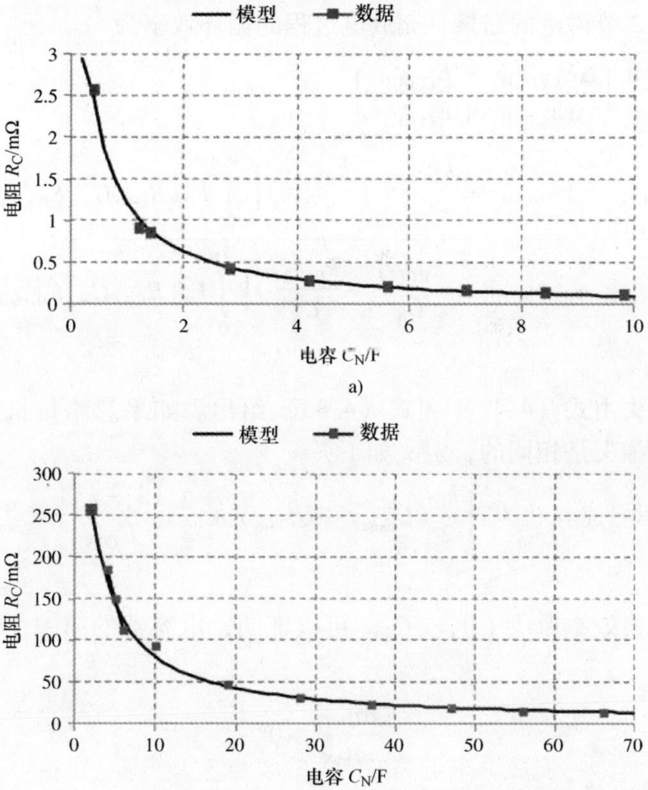

图 4.11　超级电容器的电阻 R_{C0} 随电容 C_N 变化曲线

a）286 个 LSUC 2.8V 单体组成的小模块　b）320 个 K2 Maxwell Technology 单体组成的大模块，该模块额定电压 $U_{C0N}=800V$

图4.11b描述了大模块超级电容器的电阻 R_{C0} 随电容 C_N 变化的曲线。该模块额定电压 $U_{CON}=800V$。它是由 320 个 K2 2.5V 超级电容器单体组成[2]。由图4.11b可以确定式（4.39）的系数，同时将电阻定义为

$$R_{C0} \cong \left(1.37+\frac{856}{C_N}-\frac{688}{C_N^2}\right) \tag{4.41}$$

将式（4.39）代入式（4.36），可得充放电过程中的能量损失：

$$E_{\zeta(CH)} \cong \left(k_{RC(0)}+\frac{k_{RC(1)}}{C_N}+\frac{k_{RC(2)}}{C_N^2}\right)\left[\int_0^{T_{CH}} F_1^2(R_{C0},C_N,K_0,P_{C0},t)\,dt\right] \tag{4.42}$$

$$E_{\zeta(DCH)} \cong \left(k_{RC(0)}+\frac{k_{RC(1)}}{C_N}+\frac{k_{RC(2)}}{C_N^2}\right)\left[\int_0^{T_{DCH}} F_2^2(R_{C0},C_N,K_0,P_{C0(DCH)},t)\,dt\right] \tag{4.43}$$

根据2.4.2节讨论的结果，充放电过程的循环效率为

$$\eta_{RTP}=\frac{\Delta E_{C(DCH)}}{\Delta E_{C(CH)}}\left[\frac{\Delta E_{C(DCH)}-E_{\zeta(DCH)}}{\Delta E_{C(CH)}+E_{\zeta(CH)}}\right]$$

$$=\left[\frac{\Delta E_{C(CH)}-\left(k_{RC(0)}+\frac{k_{RC(1)}}{C_N}+\frac{k_{RC(2)}}{C_N^2}\right)\left[\int_0^{T_{DCH}} F_2^2(R_{C0},C_N,K_0,P_{C0(DCH)},t)\,dt\right]}{\Delta E_{C(CH)}+\left(k_{RC(0)}+\frac{k_{RC(1)}}{C_N}+\frac{k_{RC(2)}}{C_N^2}\right)\left[\int_0^{T_{CH}} F_1^2(R_{C0},C_N,K_0,P_{C0(CH)},t)\,dt\right]}\right] \tag{4.44}$$

式中，能量损失由式（4.42）和式（4.43）给出。如果忽略待机损失，充放电过程中的能量损失是相同的，定义如下：

$$\Delta E_{C(CH)}=\Delta E_{C(DCH)}=C_N\left[\frac{k_0}{2}(U_{Cmax}^2-U_{Cmin}^2)+\frac{2}{3}\frac{(1-k_0)}{U_{CON}}(U_{Cmax}^3-U_{Cmin}^3)\right] \tag{4.45}$$

显然，变换效率取决于电容 C_N。可以证明，电容器的第一个效率参数是严格为正的：

$$\frac{\partial \eta_{RTP}}{\partial C_N}>0 \tag{4.46}$$

电容 C_N 越大，变换效率 η_{RTP} 越高。

根据式（4.44）、式（4.45）和式（4.39），可以如下式所示基于效率参数计算出电容和内阻：

$$C_N=C_N(\eta_{RTP}),R_{C0(\eta_{RTP})}=R_{C0}(\eta_{RTP}) \tag{4.47}$$

4.3.2.2　恒流充电/放电情况

为了对上面的分析进行说明，以恒流变换系统为例进行分析。

放电过程

超级电容器完全充电达到最大中间电压 U_{Cmax}。在一定情况下，超级电容器以恒定电流 $I_{C0(DCH)}$ 从 U_{Cmax} 放电到最小电压 U_{Cmin}。根据 2.5.2.1 节的分析，由式（3.21）可得放电效率为

$$\eta_{DCH} = 1 - I_{0(DCH)}\left(k_{RC(0)} + \frac{k_{RC(1)}}{C_N} + \frac{k_{RC(2)}}{C_N^2}\right) \times 6\,\frac{\left(\frac{1-k_0}{U_{CON}}(U_{Cmax}^2 - U_{Cmin}^2) + k_0(U_{Cmax} - U_{Cmin})\right)}{4\,\frac{1-k_0}{U_{CON}}(U_{Cmax}^3 - U_{Cmin}^3) + 3k_0(U_{Cmax}^2 - U_{Cmin}^2)} \tag{4.48}$$

式中，U_{CON} 为超级电容器额定电压；超级电容器内阻 R_{C0} 可由式（4.39）近似求得。

如 2.5.2.1 节所述，可以区分两种不同情况：一是负荷曲线是给定的且恒定的；二是最大/最小电压是给定的且恒定的。

当负荷曲线是给定的且恒定时，超级电容器的最小电压是额定电容 C_N 的函数。最小电压可由式（2.52）变换得出：

$$U_{Cmin} = \sqrt{\left(\frac{U_{CON}}{2}\frac{k_0}{(1-k_0)}\right)^2 + \frac{U_{CON}}{(1-k_0)}\left(U_{Cmax}k_0 + \frac{(1-k_0)}{U_{CON}}U_{Cmax}^2 - \frac{I_{0(DCH)}T_{DCH}}{C_N}\right)} - \frac{U_{CON}}{2}\frac{k_0}{(1-k_0)} \tag{4.49}$$

将式（4.49）代入式（4.48），可将放电效率表达为负荷曲线的函数。基于该函数可找出其效率下对应的电容 C_N。然而，很难得到该函数的解析表达。在本节的结尾，将给出几个例子以及效率随电容变化的曲线。

超级电容器的最小电压是可给定为恒定值，而负荷通常不是常数。这种情形在真实的应用中并不常见，因此不做详细讨论。

为了对上面的说明进行分析，在此给出一个例子。超级电容器根据额定电流从最大电压到最小电压放电。最大电压 $U_{Cmax} = V_{BUSmax} = 750V$。放电电流 $I_{C0} = 10 \sim 50A$，放电时间 $T_{DCH} = 10s$。

图 4.12 显示了最小电压随超级电容器放电电流和额定电容 C_N 的变化曲线。效率随电容和放电电流的变化情况也能够计算出来，其结果如图 4.13 所示。

根据式（4.46）推测，放电效率很大程度上取决于电容器的电容。电容越大，效率越高。然而，效率并不能无限增加。效率越高，就需要更大和更昂贵的电容器。

如图 4.14 所示的变换效率与超级电容器模块成本的关系是基于模块

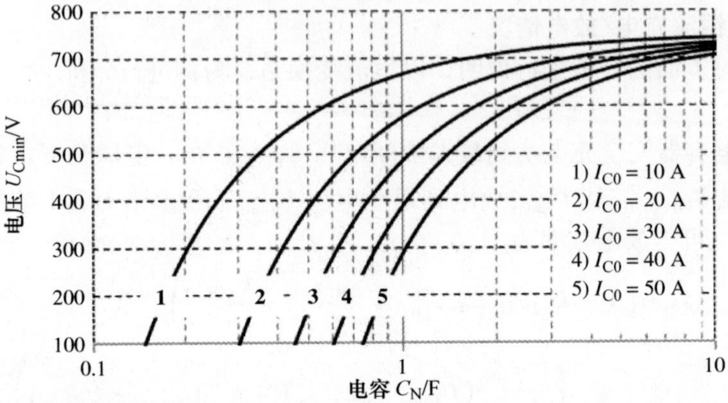

图 4.12　超级电容器最小电压随额定电容 C_N 变化曲线。超级电容器模块电压 $U_{Cmax}=750V$，放电时间 $T_{DCH}=10s$，放电电流 $I_{C0}=10\sim50A$

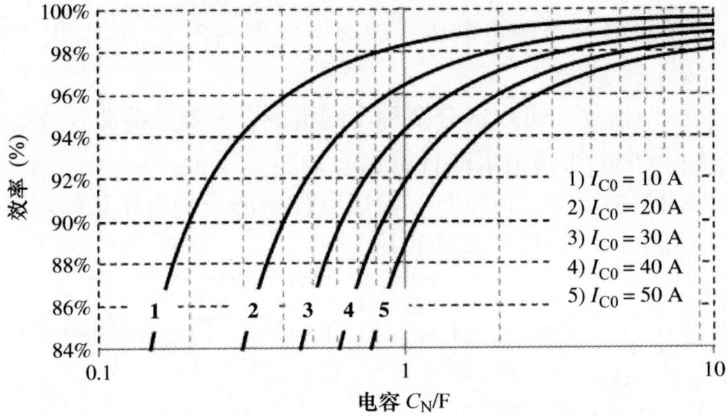

图 4.13　充电效率随额定电容 C_N 变化曲线。超级电容器模块额定电压 $U_{C0max}=750V$，放电时间 $T_{DCH}=10s$，放电电流 $I_{C0}=10\sim50A$

2 美元/kJ的预测成本计算的。

充电过程

超级电容器的初始电压为内部最小电压 U_{Cmin}。在某个瞬间，超级电容器以额定电流 $I_{C0(CH)}$ 从最小电压 U_{Cmin} 充电到最大电压 U_{Cmax}。充电效率可由式（2.58）和式（4.39）计算得出：

$$\eta_{CH}=\frac{1}{1+\left(R_0+\frac{k_{RC(1)}}{C_N}+\frac{k_{RC(2)}}{C^2{}_N}\right)I_{0(CH)}6\frac{\left(\frac{1-k_0}{U_{CON}}(U_{Cmax}^2-U_{Cmin}^2)+k_0(U_{Cmax}-U_{Cmin})\right)}{4\frac{1-k_0}{U_{CON}}(U_{Cmax}^3-U_{Cmin}^3)+3k_0(U_{Cmax}^2-U_{Cmin}^2)}} \tag{4.50}$$

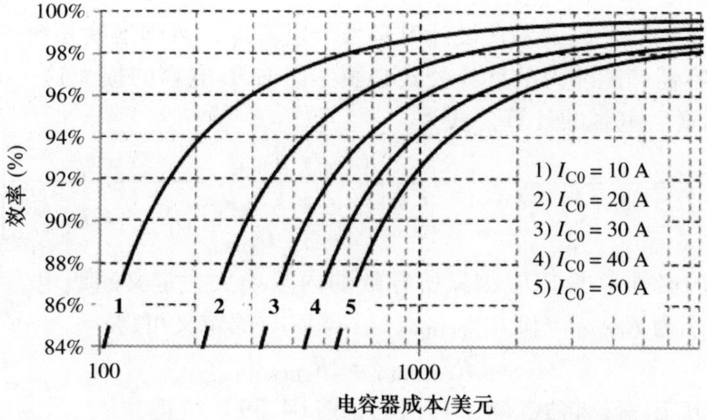

图4.14 充电效率随超级电容器成本变化曲线。超级电容器额定电压 $U_{\text{Cmax}} = 750\text{V}$，放电时间 $T_{\text{DCH}} = 10\text{s}$，放电电流为 $I_{\text{C0}} = 10 \sim 50\text{A}$

前面关于负荷曲线和最大/最小电压的讨论，同样适用于充电效率。如果负荷曲线是明确的，最大/最小电压是变量。假定最大电压是恒定的，则最小电压是充电曲线（$I_{0(\text{CH})}$，T_{CH}）和电容的函数。最小电压由2.5.2.2节和式（2.61）计算得出：

$$U_{\text{Cmin}} = \sqrt{\left(\frac{C_{\text{CON}}k_0}{2(1-k_0)}\right)^2 + \frac{U_{\text{CON}}}{(1-k_0)}\left((U_{\text{C0max}} - R_{\text{C0}}I_{0(\text{CH})})k_0 + \frac{(1-k_0)}{U_{\text{CON}}}(U_{\text{C0max}} - R_{\text{C0}}I_{0(\text{CH})})^2 - \frac{I_{0(\text{DCH})}T_{\text{DCH}}}{C_{\text{N}}}\right)} - \frac{C_{\text{CON}}}{2}\frac{k_0}{(1-k_0)} \tag{4.51}$$

第二种情况是最大和最小电压恒定，而充电曲线（$I_{0(\text{CH})}$，T_{CH}）是变化的。这种情况不常见，因此不做进一步讨论。

循环效率

一个充放电过程的循环变换效率计算公式为

$$\eta_{\text{RTP}} = \eta_{\text{CH}}\eta_{\text{DCH}} \tag{4.52}$$

式中，充放电效率由式（4.48）和式（4.50）计算得出，变量可以是负荷/充电曲线和最小/最大电压。

4.3.3 寿命对电容选择的影响

超级电容器寿命终止（End - of - Life，EOL）的特征是容量减少、电容器内阻增加、漏电流增大。根据文献［2］，EOL电容是初始值的80%，内阻和漏电流是初始值的200%。本书引入起始寿命（Start of Life，SOL）的概念做进一步讨论。

超级电容器的参数偏差在设计时必须予以考虑，否则变换系统的性能不能得以保证。电容器储能能力的计算公式必须考虑 EOL 电容的损失这一因素，因此，考虑 EOL 因素后电容的计算公式为

$$C_N = \frac{1}{8}\frac{E_{CH}+E_{DCH}}{\left[\frac{k_0}{2}(U_{Cmax}^2-U_{Cmin}^2)+\frac{2}{3}\frac{1-k_0}{U_{CON}}(U_{Cmax}^3-U_{Cmin}^3)\right]} \tag{4.53}$$

在设计时必须考虑 EOL 因素所导致的内阻增大。定义超级电容器的 SOL 和 EOL 内阻分别为 $R_{C0(SOL)}$ 和 $R_{C0(EOL)}$。根据 EOL 的定义可得

$$R_{C0(EOL)} = 2R_{C0(SOL)} \tag{4.54}$$

考虑 EOL 因素，将式（4.54）代入式（4.39）可得

$$C_N = -\frac{k_{RC(1)}}{2k_{RC(0)}-R_{C0(\eta_{RTP})}} \pm \sqrt{k_{RC(1)}^2-2k_{RC(2)}(2k_{RC(0)}-R_{C0(\eta_{RTP})})} \tag{4.55}$$

式中，$R_{C0(\eta_{RTP})}$ 是考虑 EOL 因素的内阻值：

$$R_{C0(\eta_{RTP})} = \left(k_{RC(0)}+\frac{k_{RC(1)}}{C_N(\eta_{RTP})}+\frac{k_{RC(2)}}{C_N^2(\eta_{RTP})}\right) \tag{4.56}$$

参数 $k_{RC(0)}$、$k_{RC(1)}$ 和 $k_{RC(2)}$ 由超级电容器的特征量 R_{C0}（C_N）决定。C_N（η_{RTP}）是根据式（4.44）确定的电容。

最后，超级电容器额定电容为

$$C_N = \max \times \left\{\frac{1}{0.8}\frac{E_{CH}+E_{DCH}}{\left[\frac{k_0}{2}(U_{Cmax}^2-U_{Cmin}^2)+\frac{2}{3}\frac{1-k_0}{U_{CON}}(U_{Cmax}^3-U_{Cmin}^3)\right]}, \underbrace{C_N = C_N(\eta_{RTP})}_{\text{式(4.47)}}\right\} \tag{4.57}$$

如果根据式（4.57）选择电容，可以保证超级电容器在 EOL 时所要求的变换性能。

4.3.4 习题

习题 4.4

UPS 系统的参数与习题 4.2 中给出的一致。超级电容器额定电压 U_{CON} = 800V。假定电容器是一个初始电容系数 k_0 = 0.8 的非线性电容器。

1）计算超级电容器的额定容量 C_N。计及 EOL 因素对电容选择的影响［超级电容器电阻由式（4.40）近似］。

2）估计放电效率。

解

1）电容器额定电容由式（4.34）计算得出：

$$C_N = \frac{E_{DCH}}{\left[\frac{k_0}{2}(U_{Cmax}^2 - U_{Cmin}^2) + \frac{2}{3}\frac{(1-k_0)}{U_{C0N}}(U_{Cmax}^3 - U_{Cmin}^3)\right]} \tag{4.58}$$

式中，放电能量由式（4.21）和式（4.22）计算得出。

然而，要计算放电能量，需要首先计算出变换损失。能量损失可根据 2.5.3.1 节中式（2.71）计算得出。超级电容器的变换损失是电阻和电容的函数，如果电容计算公式中包含这些变量，方程将无法求解。为避免上述问题，可通过多次迭代来计算电容。

第一次迭代：

在计算放电能量时忽略能量损失（假定电容器是理想电容器）。根据 $P_0 = 22\text{kW}$、$\eta_{INV} = 98\%$、$T_{DCH} = 10\text{s}$，可得出 $E_{DCH} = 224.5\text{kJ}$。根据式（4.58）和放电能量 E_{DCH} 可计算出电容 $C_N = 1.02\text{F}$。这样可获得超级电容器的粗略电容值，然后再进行第二次迭代。

第二次迭代：

根据计算的电容，由式（4.40）计算电阻值 $R_{C0} = 1.16\Omega$。根据式（2.72）和第一次迭代中计算的电容、电阻值，可以得出放电能量损失 $E_{\zeta(DCH)} = 8.83\text{kJ}$，放电能量 $E_{DCH} = 233.4\text{kJ}$。

根据放电能量和能量损失，可得到新的电容值 $C_N = 1.06\text{F}$。请注意，第一次和第二次迭代得出的电容值之差（误差）约为 0.04F，达到 4%。

考虑到 EOL 对电容选择的影响，SOL 应该比计算值要高。因为 EOL 电容是初始值的 80%，超级电容器的初始值应选为 $C_N = 1.325\text{F}$。

2）放电效率根据式（2.77）计算得出：

$$\eta_{DCH} = 1 - \frac{E_{\zeta(DCH)}}{\Delta E_C} \tag{4.59}$$

根据选择的电容值 $C_N = 1.325\text{F}$，可计算得出 SOL 和 EOL 电阻分别为 $R_{C0} = 0.934\Omega$，$R_{C0(EOL)} = 1.87\Omega$。根据上面的参数，可计算出在 SOL 和 EOL 时的电容器放电效率分别为 $\eta_{DCH} = 97.5\%$，$\eta_{DCH(EOL)} = 95\%$。

4.4 超级电容器模块设计

在 2.8 节中已论述了大功率电容器模块的部分内容，在本节，将简单介绍模块设计的相关内容。

4.4.1 单体串/并联设计

在 4.2.5 节和 4.3.3 节中已提到了电容器模块的额定参数、额定电压 U_N、

电容 C_N 的确定方法。现在，根据上述参数来设计模型。设计步骤如下：

1）单个超级电容器单体的额定电压 $U_{N(cell)}$；

2）串联单体的个数 N；

3）单体电容 $C_{N(cell)}$；

4）并联单体的个数 M；

4.4.1.1 串/并联单体的数量

单体的额定电压 $U_{N(cell)}$ 通常取 2.5 ~2.8V[1,2]。因此串联单体的个数为

$$N = \text{floor}\left(\frac{U_{CON}}{U_{CON(cell)}}\right) \tag{4.60}$$

单体电容和一组并联的单体组电容之间的关系为

$$C_{N1} = C_N N \tag{4.61}$$

在需要利用一系列电容为 C_{N1} 的超级电容器单体的情况下，通常会将 M 个单体并联。最好的方法就是用 M 个并联的小单体来代替一个大单体。并联单体的个数为

$$M = \text{floor}\left(\frac{C_N}{C_{N(cell)}}\right)N \tag{4.62}$$

式中，$C_{N(cell)}$ 是选取的超级电容器单体的电容[1,2]。

4.4.1.2 单体的互连设计

在前面已经讨论了超级电容器单体的串联数量 N 和并联数量 M，那么是不是有一种特别的方法可以将其连接成一个模块呢？或者说是不是具有更多的组合方式呢？如果有超过一种连接方式，那么哪一种又是最佳？

对于给定的一定数量的单体来说，有两种极端的连接方式：第一种是先串联后并联（见图 4.15a）；另一种是先并联后串联（见图 4.15b）。

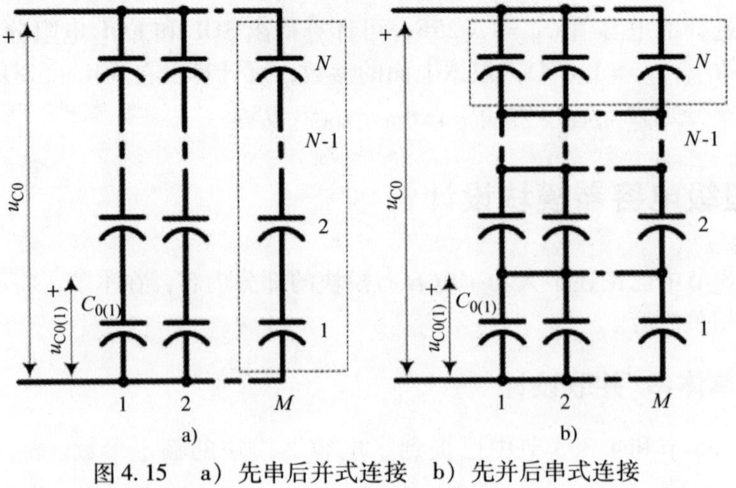

图 4.15　a）先串后并式连接　b）先并后串式连接

第一种情况，首先 N 个单体串联成一个子模块，然后 M 个子模块相互并联。子模块仅仅通过图 4. 15a 中加和减的那两个点并联，而没有其他内部并联。第二种情况是 M 个单体并联成一个子模块，然后 N 个子模块相互串联。

在这两种连接方式中是否存在重要区别？虽然两种连接方式在电学上是等同的，然而可能在某些情况下，两种连接方式的差异将会变得非常重要。

平均电容偏差

考虑第二种情况：M 个单体并联在一起组成一个子模块。如果每个单体的电容为 C_j，则子系统 k 的总电容 C_k 和单体电容器的平均电容 C_{cell} 为

$$C_k = \sum_{j=1}^{m} C_j, \qquad C_{\mathrm{cell(AV)}} = \frac{1}{M}\sum_{j=1}^{m} C_j \tag{4.63}$$

单体与单体之间的电容偏差可以达到额定电容的 ±20% 。但是如果子模块并联单体的数量很大，则 N 个子模块之间的电容偏差要比单体电池的电容偏差更低。因此 N 个串联子模块拥有更好的电容分布和均压能力。更多的有关电压分配内容将会在 4. 4. 3 节中详细介绍。

文献［3］表明，第一种情况下（串 – 并）的电压波动要比第二种情况（并 – 串）下更高。从以上分析和文献［3］的结论中明显可以得出：先 M 个单体并联成一个子模块，然后 N 个子模块串联成一个超级电容器的连接方式是更好的，但是这并不是最终结果。

容错

连接方式能影响到超级电容器模块容错能力么？它又是如何影响模块容错能力的？在一个单体发生故障的情况下，又将会发生什么情况？答案是肯定的，连接方式对超级电容器模块有重大影响。超级电容器模块很可能因为短路或断路而发生故障。由于在实际应用中断路故障很少发生，故不再进一步讨论。

假设，在第 M 列的第 N 个单体发生短路故障，如图 4. 16a 所示。在第一种情况（串 – 并）下，短路单体将不再与其他单体并联。这种故障仅仅表现为一个单体的损失。在 M 列剩下的单体中，单体电压变为

$$u_{\mathrm{C01}} = \cdots = u_{\mathrm{C01}(N-1)} = \frac{u_{\mathrm{C0}}}{N-1} \tag{4.64}$$

式中，u_{C0} 和 u_{C01} 分别表示整个超级电容器单体模型的电压值和第 M 列剩余单体的电压值。

单体标准电压变化百分比 Δu 为

$$\Delta u = \frac{\Delta u_{\mathrm{C01}}}{\dfrac{u_{\mathrm{C0}}}{N}} = \frac{1}{N-1} \tag{4.65}$$

式中，$\dfrac{u_{\mathrm{C0}}}{N}$ 代表单体标准电压。

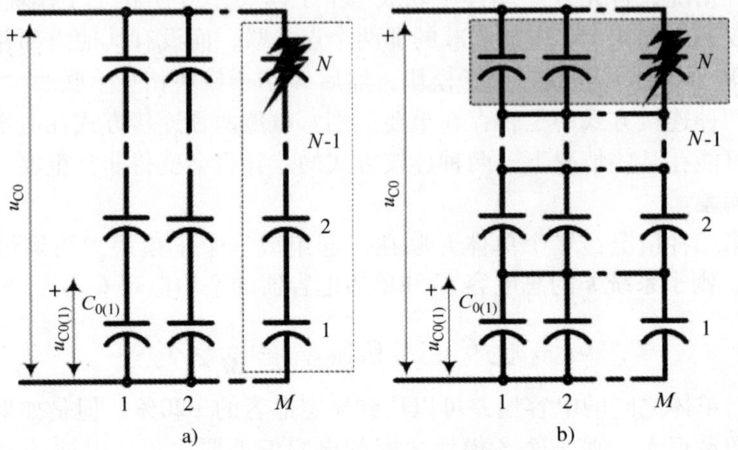

图 4.16　一个单体断路故障

a）先串后并连接方式　b）先并后串连接方式

假如串联单体数量很大，发生短路故障后则电压值变化就没有那么明显，剩余单体的电压也不会超出规定值。

短路故障发生后超级电容器单体的储能容量也会减少，能量减少为

$$\Delta e = \frac{1}{NM} \tag{4.66}$$

因为单体个数（NM）多，由式（4.66）计算出的系数是非常小。例如，1 个串联模块中有 $N=50$ 个单体，$M=20$ 个串联模块并联成一个超级电容器模块。在电压上升 2% 的情况下，能量减少 $\Delta e=0.1\%$。

现在考虑第二种情况，如图 4.16b 所示，第 M 列的第 N 个单体发生短路。发生短路的单体与 $M-1$ 个单体并联，故障反映的是 N 个子模块总体中一个模块的损失。剩余单体上的电压情况与第一种情况完全一样。然而在故障发生前后，模块容量发生了明显变化。能量减少为

$$\Delta e = \frac{1}{N} \tag{4.67}$$

考虑与第一种情况相同的案例，电压同样上升 2%，但是能量减少要比第一种情况大很多，$\Delta e=2\%$。

从前面的分析可知，第一种连接方式在模型容错方面要更好，但是在均衡模块电压方面第二种连接方式要比第一种情况好很多。因此，恰当的连接方式要依据模块的设计目标进行选择。

4.4.2　电流应力和损耗

在 2.6 节里集中讨论了变换损失，在本节将对 2.6 节进行总结，并就 EOL

电阻给出新的结果。

超级电容器并不是一个理想化的设备（存在一个电阻 R_{C0}）。因此，当超级电容器充放电的时候，存储的能量中会有一小部分在电阻 R_{C0} 上消耗。就像2.3节中提到的那样，并且超级电容器电阻是与频率相关的电阻。

电阻 R_{C0} 上的瞬时功率损耗通常用下式计算：

$$p(t) = \frac{1}{4\pi^2}\int^{+\infty-\infty} I(j\omega)e^{j\omega t}d\omega \cdot \int_{-\infty}^{+\infty} R_{C0}(j\omega)I(j\omega)e^{j\omega t}d\omega \tag{4.68}$$

式中，R_{C0} 的是与频率相关的电阻。

假设 $R_{C0(cell)}$ 为超级电容器单体的ESR（等效串联电阻），则 N 个单体串联成一个子模块，M 个子模块并联组成的超级电容器模块的总ESR为

$$R_{C0}(j\omega) = \sum_{k=1}^{N}\frac{1}{\sum\limits_{p=1}^{M}\frac{1}{R_{C0(cell)(kp)}(j\omega)}} \cong R_{C0(cell)}(j\omega)\frac{N}{M} \tag{4.69}$$

式中，$R_{C0(cell)(kp)}$ 是模块中第 p 行第 k 列单体的阻抗。

通常情况下，单体的类型和大小是一样的，因此所有单体的阻抗都为 $R_{C0(cell)}$。

单体电流和模块电流之间的关系为

$$i_{C0(cell)}(t) = \frac{i_{C0}(t)}{M} \tag{4.70}$$

式（4.69）计算出的是初始（SOL）电阻。根据标准和EOL的定义，EOL电阻为初始电阻的200%。为了保证变换系统在超级电容器EOL时的性能，在初始设计时采用了一个足够大的电阻。因此，用EOL电阻来计算变换损失：

$$R_{C0}(j\omega) = 2R_{C0(cell)}(j\omega)\frac{N}{M} \tag{4.71}$$

4.4.2.1 中频周期性电流

在超级电容器的临界频率范围内，随着频率下降，超级电容器电流是一个周期性函数。超级电容器单体的EOL损耗可表示为

$$P_{C0(\zeta)(cell)} \cong 2\left[\frac{1}{2}\sum_{k=0}^{+\infty}R_{C0(cell)}(k\omega_0)\cdot\frac{I_{0(k)}^2}{M^2}\right]$$

$$P_{C0(\zeta)(MOD)} \cong 2\frac{N}{M}\left[\frac{1}{2}\sum_{k=0}^{+\infty}R_{C0(cell)}(k\omega_0)\cdot I_{0(k)}^2\right] \tag{4.72}$$

式中，$R_{C0(cell)}(k\omega_0)$ 是依据频率变化的超级电容器单体的初始内部电阻；$I_{0(k)}$ 是超级电容器模块电流的 k 级谐波。

4.4.2.2 高频周期性电流

当超级电容器电流的频率超过了临界频率时，超级电容器模块EOL时的变

换损耗为：

$$P_{C0(\zeta)(cell)} = 2R_{C0(cell)(HF)}\frac{I_{0(RMS)}^2}{M^2}$$

$$P_{C0(\zeta)(cell)} = 2\frac{N}{M}R_{C0(cell)(HF)}I_{0(RMS)}^2 \tag{4.73}$$

式中，$I_{0(RMS)}$代表超级电容器模块的 RMS（有效值）电流；$R_{C0(cell)(HF)}$是超级电容器的高频电阻。

4.4.2.3 超低频周期电流或长单脉冲电流

假设超级电容器电流为一个超低频周期函数或长单脉冲电流。如果频率在超级电容器的热频率范围内，损耗可通过瞬时损失计算：

$$P_{C0(\zeta)(cell)}(t) = 2R_{C0(cell)(LF)}\frac{i_{C0}^2(t)}{M^2}$$

$$P_{C0(\zeta)(MOD)}(t) = 2\frac{N}{M}R_{C0(cell)(LF)}i_{C0}^2(t) \tag{4.74}$$

式中，i_{C0}为超级电容器模块的电流；$R_{C0(cell)(LF)}$为超级电容器的低频电阻。

4.4.2.4 短单脉冲电流

如果超级电容器电流为单脉冲电流且脉冲宽度在超级电容器时间常数范围内，在这种情况下，瞬时损耗通常是基于一般形式方程和 EOL 电阻来计算：

$$P_{C0\zeta(cell)}(t) = 2\frac{1}{M^2}\frac{1}{4\pi^2}\int_{-\infty}^{+\infty}I(j\omega)e^{j\omega t}d\omega \cdot \int_{-\infty}^{+\infty}R_{C0(cell)}(j\omega)I(j\omega)e^{j\omega t}d\omega$$

$$P_{C0\zeta(MOD)}(t) = 2\frac{N}{M}\frac{1}{4\pi^2}\int_{-\infty}^{+\infty}I(j\omega)e^{j\omega t}d\omega \cdot \int_{-\infty}^{+\infty}R_{C0(cell)}(j\omega)I(j\omega)e^{j\omega t}d\omega \tag{4.75}$$

式中，$I(j\omega)$ 的取值与频率有关。

4.4.3 串联电压均衡

4.4.3.1 问题界定

超级电容器并不是理想设备，因此在单体之间超级电容器的一些参数会有明显差别。诸如电容、ESR、漏电流等参数的变化和离散性可能导致串联单体间电压分布的离散。

单体电容的离散性

超级电容器单体电容值会在标称值的±20%范围内变化。由于单体电容分布具有离散性，因此当超级电容器单体充放电时，超级电容器电压会产生一个动态变化。每个独立的单体电压被定义为

$$\frac{1}{C_{0(1)}}\int i_{C0}dt \neq \frac{1}{C_{0(2)}}\int i_{C0}dt\cdots \neq \frac{1}{C_{0(N)}}\int i_{C0}dt \tag{4.76}$$

式中，$C_{0(1)} \sim C_{0(N)}$是单体 1 ~ N 的电容。

单体 ESR 的离散性

由于单体 ESR 也具有离散性，因此当单体充放电时，也会对电压产生一个动态的变化。每个独立的单体电压被定义为

$$R_{\mathrm{C0}(1)} i_{\mathrm{C0}} \neq R_{\mathrm{C0}(2)} i_{\mathrm{C0}} \cdots \neq R_{\mathrm{C0}(N)} i_{\mathrm{C0}} \tag{4.77}$$

式中 $R_{\mathrm{C0}(1)} \sim R_{\mathrm{C0}(N)}$是单体 1 ~ N 的 ESR。

单体漏电流的离散性

超级电容器单体的漏电流在不同单体之间具有很大差异。这种差异性将会对电压分布产生一个长期（静态）偏差。每个独立的单体电压被定义为

$$\frac{1}{C_{0(1)}}\int i_{\zeta(1)}\,\mathrm{d}t \neq \frac{1}{C_{0(2)}}\int i_{\zeta(2)}\,\mathrm{d}t \cdots \neq \frac{1}{C_{0(N)}}\int i_{\zeta(N)}\,\mathrm{d}t \tag{4.78}$$

式中，$i_{\zeta(1)} \sim i_{\zeta(N)}$是单体 1 ~ N 的漏电流。

4.4.3.2　均衡电路

在此，将分别介绍 4 种均衡方法及其电路，包括无源电阻均衡电路、无源电压钳制电路、开关电阻均衡电路和开关模式均衡电路[4,5]，如图 4.17 所示。

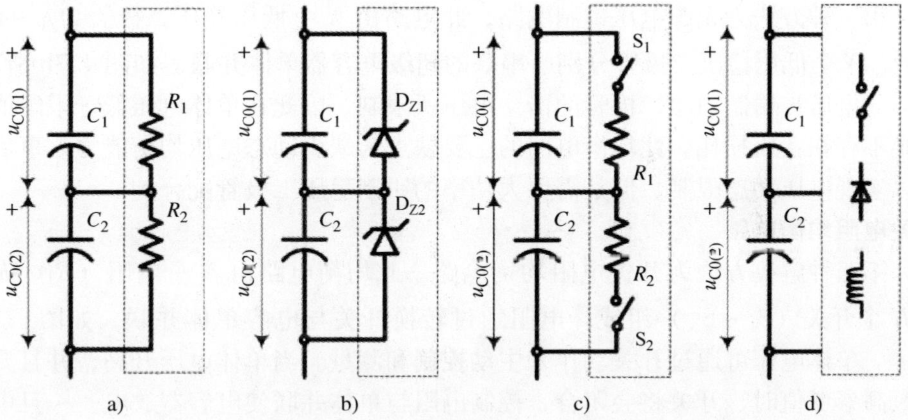

图 4.17　a）无源电阻均衡电路 b）无源电压钳制电路
c）开关电阻均衡电路 d）无损耗型开关模式均衡电路

无源电阻均衡电路

无源电阻均衡电路是最简单的均衡电路，如图 4.17a 所示。在串联电解电容器的电压均衡方面得到了广泛应用[6]。电路由 N 个电阻 $R_1 \sim R_N$构成，每个电阻分别与相应的超级电容器单体 $C_1 \sim C_N$并联。阻抗的取值与超级电容器单体的漏电流有关。

设超级电容器单体的漏电流为 $I_{\mathrm{C0}\zeta}$，标称漏电流的变化量为 ΔI_{ζ}。为了保证电压波动在规定范围之内，均衡电阻电流必须是最差情况下漏电流波动的倍数。

电阻电流为

$$I_{R\zeta} \geqslant 10\Delta I_{C0\zeta M} \tag{4.79}$$

式中，ΔI 为相对漏电流，通常取±20%范围；$I_{C0\zeta}$ 为单体标称漏电流；M 为并联单体个数。

均衡电阻值的计算：

$$R \leqslant \frac{U_N}{10\Delta I_{C0\zeta} M} \tag{4.80}$$

均衡电阻和整个均衡电路的备用损耗为

$$P_R \geqslant U_N 10\Delta I_{C0\zeta} M$$
$$P_{R(MOD)} \geqslant U_N 10\Delta I_{C0\zeta} NM \tag{4.81}$$

式中，N 为串联单体的个数。

虽然无源电阻均衡电路是一种简单而有效的方法，但是由于一些缺陷，例如此电路需额外备用损耗，且缺乏动态均衡能力，因此没有在工业领域得到广泛应用。

无源电压钳制电路

第二种方法为无源电压钳制电路，此电路由 N 个低压稳压二极管 $D_{Z1} \sim D_{ZN}$ 组成。N 个低压稳压二极管分别与串联的超级电容器单体并联，如图 4.7b 所示。单体的电压被钳制稳压二极管的击穿电压所限制，因此在单体电压低于限定值的时候不存在备用损耗。此均衡电路的主要缺点为缺少动态电压均衡能力。事实上可以实现电压动态限制，但是需要大功率的钳制稳压二极管配合。

开关电阻均衡电路

第三种解决方法为开关电阻均衡电路。此均衡电路由 N 个电阻（$R_1 \sim R_N$）和 N 个开关（$S_1 \sim S_N$）组成。电阻通过转换开关与电容单体并联，如图 4.17c 所示。单体电压可通过开关动作来主动控制和测量。当单体电压升高，并且要超过最高参考值时，开关将会闭合，控制电阻与单体并联使电容器放电。一旦电容器电压降低，并且低于最低参考值的时候，开关将会断开。此电路的电压通过动态能力进行主动控制，效率低是此电路的主要缺点。

电容 C_1 和 C_2 被定义为

$$C_1 = C_N(1+\Delta_1), C_2 = C_N(1+\Delta_2) \tag{4.82}$$

式中，C_N 为标称电容；Δ_1 和 Δ_2 分别为电容器 C_1、C_2 的标准偏差。

定义超级电容器模块的充电电流为 I_{C0}。如果电容 C_1 比电容 C_2 大，并且 $\Delta_1 > \Delta_2$，那么电阻 R_2 将不得不与电容器 C_2 并联。用来保证电压均衡的电阻 R_2 最大值为

$$R_2 \leqslant \frac{U_N}{I_{C0}} \frac{1+\Delta_1}{\Delta_1 - \Delta_2} \tag{4.83}$$

最差的情况为 $\Delta_1=\Delta_{max}$，$\Delta_2=-\Delta_{max}$，其中最大电容偏差 $\Delta_{max}=0.2$。将最差情况带入式（4.83）求得

$$R_2 \leqslant \frac{U_N}{I_{C0}}3 \tag{4.84}$$

当电容 C_2 比电容 C_1 大（$\Delta_2>\Delta_1$）时同样适用。R_1 与 R_2 为

$$R_1=R_2 \leqslant \frac{U_N}{I_{C0}}3 \tag{4.85}$$

开关模式均衡电路

为了使单体电压均衡更为高效和具有动态特性，开关模式无损耗均衡电路问世（见图 4.17d）。其电压可以被高效率、高动态化主动控制，并保持较好均衡能力。缺点是复杂程度较高。

4.4.3.3　开关模式均衡电路

分散半桥均衡电路

如图 4.18a 所示为一种三单体分布式半桥均衡电路。电路由两对转换开关（S_{1A}/S_{2B}，S_{2A}/S_{3B}）和 2 个电感（L_{12}，L_{23}）构成，连接方式如图 4.18a 所示。每对转换开关由占空比为 50% 的互补驱动信号来控制。由于占空比为 50%，所以两个电容器的电压是相等的：

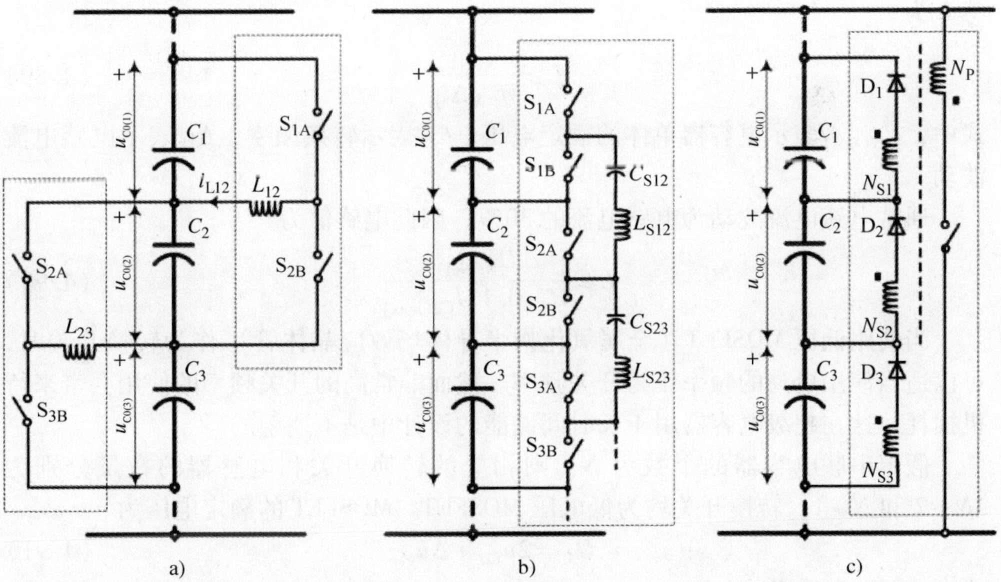

图 4.18　a）分散半桥均衡电路 b）分散谐振半桥均衡电路 c）集中式多输出反激式均衡电路

$$u_{C01}=u_{C02} \text{ 且 } u_{C02}=u_{C03} \Rightarrow u_{C01}=u_{C02}=u_{C03} \tag{4.86}$$

电感电流由超级电容器充放电电流、电容偏差［式（4.82）］、串联单体的

个数来共同决定。模块由 N 个不同阻值的电容器 $C_1 \sim C_N$ 串联而成。各个电容器的电容可由式（4.82）求得。均衡电路可以用一个线性方程的矩阵形式来表示：

$$\begin{bmatrix} -1 & 1 & . & 0 & . & 0 \\ 0 & -1 & 1 & 0 & \cdots & 0 \\ & & & & & \vdots \\ & & & -1 & 1 & 0 \\ 0 & 0 & \cdots & 0 & -1 & 1 \end{bmatrix} \begin{bmatrix} I_{C0}\Delta_1 \\ I_{C0}\Delta_2 \\ \vdots \\ I_{C0}\Delta_j \\ \vdots \\ I_{C0}\Delta_N \end{bmatrix} = \begin{bmatrix} -1 & \frac{1}{2} & 0 & \cdots & 0 \\ \frac{1}{2} & -1 & \frac{1}{2} & 0 & \vdots \\ 0 & \frac{1}{2} & -1 & \frac{1}{2} & 0 \\ \vdots & \vdots & & & \vdots \\ 0 & \cdots & 0 & \frac{1}{2} & -1 \end{bmatrix} \begin{bmatrix} i_{12} \\ \vdots \\ i_{(j)(j+1)} \\ \vdots \\ i_{(N-1)(N)} \end{bmatrix} \tag{4.87}$$

式中，$\Delta_{(j)}$ 是第 j 个电容器的电容偏差；$i_{(j)(j+1)}$ 是电感器 $L_{(j)(j+1)}$ 的电流。

可以证明，在最差情况下电感电流为

$$I_{\mathrm{L}} = 2\Delta_{\max} I_{\mathrm{C0(max)}} \leqslant 0.4 I_{\mathrm{C0(max)}} \tag{4.88}$$

式中，$\Delta_{\max}$ 表示电容的最大偏差，超级电容器生产厂商保证最大电容偏差 $\Delta_{\max} \leqslant 20\%$。

当均衡半桥电路运行在 50% 占空比附近时，电流波动接近最大值，此时电感 L 为

$$L \geqslant \frac{U_{\mathrm{N(cell)}}}{4 f_{\mathrm{SW}} \Delta i_{\mathrm{L}}} \tag{4.89}$$

式中，$U_{\mathrm{N(cell)}}$ 表示电容器单体的额定电压；f_{SW} 表示转换频率；Δi_{L} 表示电感电流波动。

通常电感电流波动为电感电流的 30%，因此电感值为

$$L \geqslant \frac{U_{\mathrm{N(cell)}}}{4 f_{\mathrm{SW}} 0.12 I_{\mathrm{C0(max)}}} \tag{4.90}$$

当使用低压 MOSFET（金属氧化物半导体场效应晶体管）作为转换开关时，可以适当使用更高的频率作为开关频率。然而非常高的开关频率的使用会带来待机损耗，这在超级电容器用于长时间储能的设计中是不期望的。

假定串联电容器的个数为 N，则相应的转换开关和电感器的数量分别为 $2N-2$ 和 $N-1$。转换开关均为低电压 MOSFET。MOSFET 的额定电压为

$$U_{\mathrm{M}} = 2u_{\mathrm{C0}} + \Delta u_{\mathrm{M}} \tag{4.91}$$

式中，Δu_{M} 为整流过电压：

$$\Delta u_{\mathrm{M}} = L_{\xi} \frac{\mathrm{d}i_{\mathrm{SW}}}{\mathrm{d}t} = L_{\xi} \frac{0.8 I_{\mathrm{L}}}{t_{\mathrm{F}}} \tag{4.92}$$

式中，L_{ξ} 为整流电路电感；t_{F} 为转换开关响应时间；I_{L} 为电感电流。

由于单体电压 u_{C0} 非常低（≅ =2.5V），过电压 Δu_M 占主导作用，它将决定 MOSFET 的额定电压。2 个 MOSFET 和相应的门驱动电路组成一个单体转换开关。

电感 $L_{(j)(j+1)}$ 的电流是电容器的偏差 $\Delta_{(1)}\cdots\Delta_{(j)}\cdots\Delta_{(N)}$ 的一个线性函数。超级电容器的充放电电流为 I_{C0}，则 $i_{(j)(j+1)}$ 为

$$i(j)(j+1) = I_{C0}\sum_{k=1}^{N}k_k\Delta_{(k)} \tag{4.93}$$

其中系数 k_k 可通过矩阵方程［式（4.87）］的解来获得。

第 j 个半桥转换电路的传导损失为

$$P_{SW(j)A} = P_{SW(j+1)B} = R_{DS}\frac{I_{C0}^2}{2}\left(\sum_{k=1}^{N}k_{jk}\Delta_{(k)}\right)^2 \leqslant R_{DS}\frac{(0.4I_{C0(\max)})^2}{2} \tag{4.94}$$

式中 R_{DS} 为开关的导通电阻。

整个均衡电路的总传导损失为

$$P_{TOTAL} = 2R_{DS}\frac{I_{C0(\max)}^2}{2}\sum_{j=1}^{N-1}\left(\sum_{k=1}^{N}k_{jk}\Delta_{(k)}\right)^2 \tag{4.95}$$

总传导损失并不能通过最差情况下传导损失的简单求和计算。因为电容偏差、均衡电流、损失具有不均匀分布的特点。通过式（4.95）可能会找到最差的运行情况，但是超出了本书的讨论范围：

$$P_{SW(j)A} = P_{SW(j+1)B} = f_{SW}E_{SW}\frac{2U_{C0(cell)}}{U_{REF}I_{REF}}\underbrace{I_{C0}\sum_{k=1}^{N}k_{jk}\Delta_{(k)}}_{\text{电感电流}}$$

$$\leqslant f_{SW}E_{SW}\frac{2U_{C0(cell)}}{U_{REF}I_{REF}}0.4I_{C0(\max)} \tag{4.96}$$

式中，f_{SW} 为开关频率；E_{SW} 为额定电压 U_{REF} 和额定电流 I_{REF} 时的总转换能量[7]。

如果保持快速开关且使用合理的“低”开关频率，MOSFET 的开关损耗可以忽略不计。然而由于换向过电压的问题，必须降低开关速度以保持过电压合理的低。详见 4.6 节。

分散串联谐振半桥均衡电路

图 4.18b 所示为分散串联谐振半桥均衡电路的电路图。该电路是一个包含 3 个单体的电路。假设串联单体的数量为 N，则需要 N 对转换开关和 $N-1$ 个谐振电路来组成均衡电路。每对转换开关与对应的电容单体并联。转换开关为 $S_{1A}/S_{1B}\cdots S_{NA}/S_{NB}$。谐振电路在输出端子之间连接。每个谐振电路由串联的谐振电感器 L_S 和谐振电容器 C_S 构成。每对转换开关将由占空比接近 50% 的互补信号来驱动。为了保证零位电流转换，转换频率应略低于谐振频率。

串联谐振变换器由断续模式（DCM）类型 1 来控制，并且用来均衡两个串联电容器直流母线电压[8]。由于谐振变换器由 DCM 类型 1 控制，将导致输入输出

电压不同，所以电容器的顶部和底部电压必须相等。这是此类谐振变换器的固有特征，输入与输出电压之间不可能有差异。如果由于某种原因出现不均衡电压，谐振电路电流将会为了消除电压不均衡而增大。因此电压应能够自动调节均衡，而不需要配备反馈控制。

首先，分析电容 C_1 和 C_2。如果设单体电压 u_{C01} 为输入电压，u_{C02} 为输出电压。对于 C_2 和 C_3 同样设 u_{C02} 为输入电压，u_{C03} 为输出电压。由于输入输出电压比必须为 1，明显可知所有电压必须均衡：

$$u_{C01}=u_{C02}\text{ 且 }u_{C02}=u_{C03}\Rightarrow u_{C01}=u_{C02}=u_{C03}=\cdots=u_{C0} \tag{4.97}$$

转换开关为低压 MOSFET。MOSFET 的额定电压为

$$U_M=u_{C0}+\Delta u_M \tag{4.98}$$

式中，Δu_M 为开关过电压。

和半桥均衡电路不同，谐振电路以零电流开关操作为特征。因此在同一范围内，单体电压为 u_{C0} 时谐振电路的转换过电压很低。两个 MOSFET 和相应的门极驱动电路可以被集成为一个开关单元。

事实上，图 4.18b 所示的均衡电路为谐振转换开关电容整流器。采用转换电容 C_S 来进行均衡。电容器从一个单体切换到另一个单体，由于存在电荷转移，因此电容 C_1 和 C_2 的电压是均衡的。谐振电感 L_S 的作用是确保电路处于零电流转换的条件，并使传导损耗为最低。为了保证零电流转换，电感和电容必须满足以下条件：

$$L_SC_S\leqslant\left(\frac{T_S}{2\pi}\right)^2 \tag{4.99}$$

式中，T_S 为开关周期。

电容和电感的选择应从最小尺寸、费用和 LC 均衡电路的损耗来考虑。电容和电感的总容量可以表示为

$$W=F_1(C_S)+F_2\left(\left(\frac{T_S}{2\pi}\right)^2\frac{1}{C_S}\right) \tag{4.100}$$

式中，函数 F_1 和 F_2 的值，取决于电容器和电感器技术，从最小容量情况考虑：

$$\frac{\partial W}{\partial C_S}=\frac{\partial F_1(C_S)}{\partial C_S}+\frac{\partial F_2\left(\frac{T_S}{2\pi}\right)^2\frac{1}{C_S}}{\partial C_S}=0 \tag{4.101}$$

可以确定电容 C_S 和电感 L_S。其中电容器 C_S 为片式陶瓷电容器，电抗器 L_S 为小型空心电抗器。如果转换开关的频率足够高，则开关和电容器的杂散电感可以被用来当作谐振电抗器。

集中式多输出反激均衡电路

一个集中式多电平反激式电路（见图 4.18c）也可用来当作无损耗均衡电

路。电路主要由 N 输出反激式变流器构成。反激式变压器一次绕组与模块总电压 u_{C0} 相连。每个输出与相应超级电容器单体相连。如果二次绕组的匝数相同，不管电容器的充放电电流和电容器参数偏差多少，电容器的电压 $u_{C01} \sim u_{C0N}$ 肯定相等。

虽然该电路很简单，也不需闭环控制，但是当大量电容器串联时是不适用的。此时，变压器将变得更加复杂，并且变压器和单体之间的连接也很难实现。

4.4.4　习题

习题 4.5

一个大功率 UPS（不间断电源）系统为实现短期储能功能配备了一个超级电容器模块。UPS 参数：直流母线电压 $V_{BUS}=700V$，额定功率 $P_N=400kW$，逆变器效率 $\eta_{INV}=98\%$，放电时间 $T_{DCH}=20s$。

1）超级电容器模块与 UPS 相连接，如果通过 UPS 的双向 DC－DC 变流器直流母线的最大电流 $I_{C0max}=900A$，选择超级电容器模块的最大工作电压、最小工作电压和中间工作电压。

2）根据上面给出的参数，设计超级电容器模块。设计内容应当包括电容 C_N、单体的选择、串联单体数量 N、并联单体数量 M、模块等效阻抗 R_{C0}。假设系数 $k_0=0.8$。

解

1）超级电容器模块的最大工作电压与 UPS 的直流母线电压相等。$U_{C0max}=V_{BUS}=700V$。

系统的最小工作电压由 DC－DC 变流器的电流或系统稳定性［式（4.15）］决定。由于不知道模块电阻，因此，假设当前最小工作电压由当前电流决定。从式（4.12）可以计算出最小电压 $U_{C0min}=444.5V$。

中间电压可以直接确定。因为 UPS 只需向负载提供能量，而不需要从负载吸收能量，因此中间电压应该尽量大些。因此 $U_{C0inM}=U_{C0max}=700V$。

2）额定容量 C_N 可从下式计算：

$$C_N=\frac{E_{DCH}}{\left[\frac{k_0}{2}(U_{Cmax}^2-U_{Cmin}^2)+\frac{2}{3}\frac{(1-k_0)}{U_{CON}}(U_{Cmax}^3-U_{Cmin}^3)\right]} \tag{4.102}$$

其中放电能量可以从式（4.21）和式（4.22）求得。

然而，为了计算放电能量，首先需要计算变换损耗。损耗可以从 2.5.3.1 节的式（2.72）计算分析求得。变换损耗是一个关于超级电容器电阻和电容的函数。如果在电容方程里考虑了变换损耗，那么将会有另外一个方程无法进行分析解决。另一个问题是，需要内部最小电压，而内部最小电压取决于超级电容器电阻［式（4.13）］。为了避免这个问题，可以通过两次迭代来计算电容。

第一次迭代：

在计算放电能量时，忽略超级电容器电阻。由于没有放电损失，因此其内部及终端的最小电压相等。从式（4.31）和UPS参数，可以求得 $E_{\mathrm{DCH}}=8.163\mathrm{MJ}$。将 E_{DCH} 和模块电压代入式（4.102），可得到 $C_{\mathrm{N}}=51.326\mathrm{F}$。至此，已对电容大小有了大概认识，接下来进行第二次迭代。

第二次迭代：

从前面的电容计算中，已对电容—电阻特性有了一个初步估算，从式（4.41）可以得出 $R_{\mathrm{C0}}=18\mathrm{m\Omega}$。由式（4.13）可以计算出最小内部电压 $U_{\mathrm{C0min}}=460.7\mathrm{V}$。根据前面计算得到的电容、电阻、最小内部电压和式（2.72），可以通过计算得到放电能量损失 $E_{\zeta(\mathrm{DCH})}=85.77\mathrm{kJ}$，放电能量 $E_{\mathrm{DCH}}=8.25\mathrm{MJ}$。

现在就可以根据放电能量和能量损失，重新计算出电容 $C_{\mathrm{N}}=51.80\mathrm{F}$。第一次迭代和第二次迭代计算出的电容差约为0.44F，占额定电容的0.85%。

在选择电容时考虑EOL的影响。电容的初始值应该比计算得到的结果大。考虑到EOL电容为初始电容的80%，因此初始电容 $C_{\mathrm{N}}=64.75\mathrm{F}$。

串并联单体的数量

在确定超级电容器连接个数前，应该首先确定单体的型号。针对超级电容器模块，选定Maxwell Technologies公司的K2型超级电容器单体，或LS Mtron公司的LSUC 2.8型超级电容器。两种单体的额定电压分别为 $U_{\mathrm{CON(cell)}}=2.5\mathrm{V}$，$U_{\mathrm{CON(cell)}}=2.8\mathrm{V}$。

则串联单体的数量为

$$N=\mathrm{floor}\left(\frac{U_{\mathrm{CON}}}{U_{\mathrm{CON(cell)}}}\right) \tag{4.103}$$

将上面的数据代入式（4.103）得到结果如下：在使用K2单体时 $N=320$，使用LSUC单体时 $N=286$。

并联电容器模块和单体电容器的电容关系为

$$C_{\mathrm{N(cell)}}=C_{\mathrm{N}}N \tag{4.104}$$

因此可以计算出串联后的电容值。当选用Maxwell公司的K2单体时 $C_{\mathrm{N1}}=20720\mathrm{F}$，选用LS Mtron公司的LSUC 2.8单体时 $C_{\mathrm{N1}}=18518.5\mathrm{F}$。尽管不存在那么大电容的电容器，但是可通过 M 个单体并联来达到这种效果。并联单体的个数为

$$M=\mathrm{floor}\left(\frac{C_{\mathrm{N}}}{C_{\mathrm{N(cell)}}}\right)N \tag{4.105}$$

初始选择2000F的K2单体或者选择3000F的LSUC 2.8单体进行串联。将提供的数据代入式（4.105）进行汇总，可以得到表4.2。

表 4.2　超级电容器选择总结

超级电容器单体	N	M	$Q=NM$	$R_{C0}/\mathrm{m\Omega}$
K2 2000F/2.5V	320	11	3520	9.54
K2 3000F/2.5V	320	7	2240	12.5
LSUC 2.8 1700F/2.8V	286	11	3146	13
LSUC 2.8 3000F/2.8V	286	7	2002	11

习题 4.6

参照上面已经给出的超级电容器参数，选定单体的漏电流为 $I_{0\zeta}=5\mathrm{mA}$。

1）设计一个无源电阻均衡电路。

2）设计一个基于分散半桥均衡拓扑的有源均衡电路。转换频率 $f_{SW}=25\mathrm{kHz}$。在 $U_{REF}=25\mathrm{V}$、$I_{REF}=100\mathrm{A}$、$t_F=20\mathrm{ns}$ 条件下，选择开关的转换能量 $E_{SW}=100\mu\mathrm{J}$。

解

1）在 7 个单体并联的条件下，每个子模块的总漏电流 $I_{0\zeta}=35\mathrm{mA}$。可从式（4.80）计算出均衡电阻 $R=40\Omega$。总之，$N=286$ 个电阻时，可以通过式（4.81）计算出单个电阻损耗 $P_R=196\mathrm{mW}$，整个模块的功率损耗 $P_{R(\mathrm{module})}=56\mathrm{W}$。

2）设计半桥均衡电路，首先要根据式（4.88）计算出电感电流 I_L。在额定电压下，当电压取最小值时，超级电容器电流取最大值：

$$I_{C0\max}=\frac{P_N}{\eta_{INV}U_{C0\min}} \tag{4.106}$$

将数据带入式（4.106）和式（4.88），可以求出超级电容器最大电流 $I_{C0\max}=918\mathrm{A}$，均衡电感电流 $I_L=367\mathrm{A}$。均衡电感的电感值可以通过式（4.90）求出，$L=0.227\mu\mathrm{H}$。

选择转换开关：最大额定电流由先前计算的电抗器电流决定。开关截止电压可由式（4.91）和式（4.92）确定。假设换相电感 $L_\zeta=10\mathrm{nH}$，电流下降时间 $t_F=20\mathrm{ns}$，将这些参数带入式（4.91）和式（4.92），得到开关最大电压 $U_M=151.8\mathrm{V}$。与 5V 稳态电压相比，这个最大额定电压太大。根据计算结果，需要选择一个额定参数为 200V/400A 的 MOSFET。但是这样的 MOSFET 体积太大，并且价格昂贵。如果考虑用超级电容器串联代替，将需要 286 个超级电容器单体和 570 个 MOSFET。但是这样有作用么？还有没有其他解决方式？减少开关额定值的唯一方法是减少额定电压。然而额定电压主要由开关过电压决定，只能通过开关过电压减少额定电压。过电压由换相电感和电流下降时间两个因素决定。虽然换相电感可以减少，但效果不明显。因此减少过电压的唯一方法是增加电流下降时间。

采用额定电压 25V 的 MOSFET，则过电压为

$$\Delta u_{\mathrm{M}} = \frac{U_{\mathrm{M}}}{k_{\mathrm{M}}} - 2u_{\mathrm{C0}} \tag{4.107}$$

式中，k_{M}为设计余量，通常取1.25。

通过式（4.92）和式（4.107）可以计算出电流下降时间：

$$t_{\mathrm{F}} = L_{\xi}\frac{0.8I_{\mathrm{L}}}{\dfrac{U_{\mathrm{M}}}{k_{\mathrm{M}}} - 2u_{\mathrm{C0}}} \tag{4.108}$$

将数据代入式（4.108）得到$t_{\mathrm{F}} > 195.7\mathrm{ns}$。

在此，可选择Infineon technologies公司的BSB013NE2LXI型MOSFET。MOSFET的额定参数为25V/163A。由于均衡电感电流$I_{\mathrm{L}} = 367\mathrm{A}$，因此需要3个MOSFET并联之后才能使用。

MOSFET的导通损耗为

$$P_{\varepsilon(1)} = \left(\frac{I_{\mathrm{L}}}{2M_{\mathrm{SW}}}\right)^2 R_{\mathrm{DS}} = (\left(\frac{I_{\mathrm{L}}}{6}\right)^2 R_{\mathrm{DS}} \tag{4.109}$$

式中，M_{SW}为并联MOSFET的个数；R_{DS}为MOSFET通态电阻。

将数据带入式（4.109），计算得单个MOSFET传导损耗$P_{\zeta(1)} = 4.86\mathrm{W}$，单个半桥损耗$P_{\zeta} = 29.16\mathrm{W}$。开关损耗可以通过式（4.96）计算得到。在$t_{\mathrm{F}} = 20\mathrm{ns}$时的转换能量已给出。当下降时间变化10倍时，转换能量也将变化10倍，$E_{\mathrm{SW}} = 1\mathrm{mJ}$（25V，100A，200ns）。将这些数据带入式（4.96），计算得到每个开关的损耗$P_{\mathrm{SW}(1)} = 6.17\mathrm{W}$，每个半桥的损耗$P_{\mathrm{SW}} = 36.7\mathrm{W}$。

从这个极端的例子可以看出，一系列串联超级电容器单体之间的均衡没有那么简单。因此在模块设计中，设计一个适当均衡电路是很重要的。

4.5 模块的热管理

虽然超级电容器具有低内阻、低损耗的特点，但是在分析与设计模块时仍然不能忽略这部分损耗。因为这部分损耗将导致超级电容器单体温度上升。在4.2.5节中已提到，温度升高将会对超级电容器寿命造成很大影响。温度每升高10°C，使用寿命缩短1/2。超级电容器的核心温度必须限制在电解液沸点定义的最高温度以下。一旦核心温度达到了最大值$\theta_{\max} = 81℃$，超级电容器将会损坏。显然超级电容器的热分析、冷却系统的设计和管理在模块设计过程中是非常重要的。

一旦通过式（4.72）~式（4.75）由电流曲线确定了超级电容器损耗，则超级电容器的热模型随之确定。进而冷却系统就可以根据热模型和损耗特性来进行设计。设计目标为控制超级电容器的热点温度低于应用需求限定的极限值，主要指预期使用寿命。

4.5.1 模型定义

单体温度主要受单体的损耗和周围单体的热阻抗影响。简化等效模型如图 4.19 所示。如果单体是一个单独的单体（周围没有其他单体），则图 4.19 所示模型是正确的。如果多个单体被放置并封装在一个模块里，则图 4.19 所示的模型将不再适用。在这种情况下，单体环境温度将不再是一个独立恒定值。单体周围的温度主要取决于单体损耗和从单体周围到模块周围的热阻抗。此外单体和其他系统之间还存在热耦合。由于热耦合的存在，模块中其他单体的损耗也就决定了单体周围的温度。如图 4.19 所示，考虑这种影响而将单体环境温度作为一个状态变量。

假设模块内 $Q=NM$ 个单体相互连接，则第 n 个单体处的中心温度为

$$\theta_{(\text{cell})(n)}=Z_{(\text{cell})(n)}P_{\text{C0}\zeta(\text{cell})(n)}+\theta_{\text{AMB}(\text{cell})(n)} \tag{4.110}$$

式中，$\theta_{(\text{cell})(n)}$ 表示第 n 个单体的环境温度，是模块中所有单体的损耗和单体交叉耦合热阻抗的函数。

$$\theta_{\text{AMB}(\text{cell})(n)}=\theta(P_1\cdots P_n\cdots P_Q,Z) \tag{4.111}$$

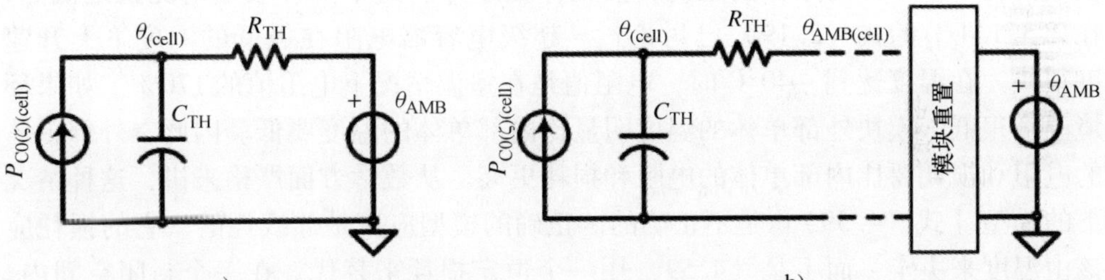

图 4.19 超级电容器单体热模型

a）一个单独的单体 b）模块内的一个单体

整个模型可以通过一个矩阵方程来描述：

$$\begin{bmatrix}\theta_{(\text{cell})(1)}\\ \cdot\\ \theta_{(\text{cell})(n)}\\ \cdot\\ \theta_{(\text{cell})(Q)}\end{bmatrix}=\begin{bmatrix}Z_{11} & \cdot & Z_{1n} & \cdot & Z_{1Q}\\ \cdot & \cdot & \cdot & \cdot & \cdot\\ Z_{n1} & \cdot & Z_{nn} & \cdot & Z_{nQ}\\ \cdot & \cdot & \cdot & \cdot & \cdot\\ Z_{Q1} & \cdot & Z_{Qn} & \cdot & Z_{QQ}\end{bmatrix}\begin{bmatrix}P_{\text{C0}\zeta(\text{cell})(1)}\\ \cdot\\ P_{\text{C0}\zeta(\text{cell})(n)}\\ \cdot\\ P_{\text{C0}\zeta(\text{cell})(Q)}\end{bmatrix}+\begin{bmatrix}1\\ \cdot\\ 1\\ \cdot\\ 1\end{bmatrix}\theta_{\text{AMB}} \tag{4.112}$$

式中，Z_{nn}表示自阻抗；Z_{nQ}表示互阻。

单体损耗已由式（4.72）～式（4.74）给出。模块示意图如图 4.20a 所示。

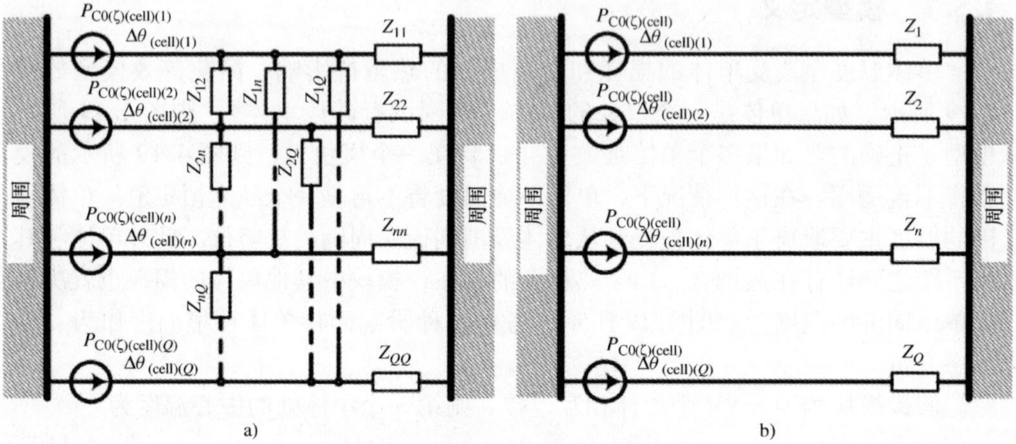

图 4.20　超级电容器模块热模型

a）各单体损耗不同　b）各单体损耗相同

通常情况下，单体电阻是相等的，因此所有单体的损耗也是相同的。在一些极端情况下，单体与单体的阻抗和损耗存在差异。其中一种极端情况就是低温，在 2.3.1.4 节的式（2.19）已讨论过。超级电容器电阻在极低的温度下上升速度很快。在温度达到 -40°C 时，电阻值是在室温情况下电阻值的 170%。如果环境温度很低，模块外部单体的温度明显比内部单体的温度要低。因此，外部单体的电阻和损耗要比内部单体的电阻和损耗更高。从数学方面严格来讲，这种情况下的模型［式（4.59）］是不正确的。正确的模型应该是非线性的，它的损耗应该由温度来决定，而不是（4.59）用一个恒定损耗来替代。在一个封闭空间内，有时会有接近 300 个单体，而分析这样一个高阶非线性系统是非常困难的。因此，假设所有单体的损耗平均分配。在所有单体中平均分配损耗的情况下，模型［式（4.112）］可以简化如下：

$$\begin{bmatrix}\theta_{(\text{cell})(1)}\\ \cdot\\ \theta_{(\text{cell})(n)}\\ \cdot\\ \theta_{(\text{cell})(Q)}\end{bmatrix}=\begin{bmatrix}Z_1\\ \cdot\\ Z_n\\ \cdot\\ Z_Q\end{bmatrix}P_{\text{C0}\zeta(\text{cell})}+\begin{bmatrix}1\\ \cdot\\ 1\\ \cdot\\ 1\end{bmatrix}\theta_{\text{AMB}} \tag{4.113}$$

式中，Z_n即第 n 个单体的等效驱动点的热阻抗。

此模型［式（4.113）］已在图 4.20b 中表示。

4.5.2　模型参数的确定

驱动点热阻抗 $Z_n(s)$［式（4.113）］被定义为

$$Z_n(s)=\frac{\Delta\theta_n(s)}{P_{C0(cell)}(s)}=s\frac{L(\Delta\theta_n(t))}{P_{C0(cell)}} \tag{4.114}$$

式中，L 为拉普拉斯变换算子；变量 $\Delta\theta_n(t)$ 是在时域中的温度响应，温度是在超级电容器单体端子测量得到的。

考虑到超级电容器模块的物理结构，该响应可近似为一个有限项的指数级数：

$$\Delta\theta_n(t)\cong\sum_{k=1}^{R}\Delta\Theta_{n(k)}\left(1-\exp\left(-\frac{t}{\tau_{n(k)}}\right)\right) \tag{4.115}$$

如下所示，驱动点阻抗 $Z_n(s)$ 可以通过式（4.114）和式（4.115）计算得到：

$$Z_n(s)\cong sL\left(\sum_{k=1}^{R}\frac{\Delta\Theta_{n(k)}}{P_{C0(cell)}}\left(1-\exp\left(-\frac{t}{\tau_{n(k)}}\right)\right)\right)=\sum_{k=1}^{R}\frac{R_{n(k)}}{1+s\tau_{n(k)}} \tag{4.116}$$

时域阻抗也叫作瞬时阻抗，定义为单位阶跃激励下阻抗的时间响应：

$$Z_n(t)\cong\sum_{k=1}^{R}R_{n(k)}\left(1-\exp\left(-\frac{t}{\tau_{n(k)}}\right)\right)=\sum_{k=1}^{R}\frac{\Delta\Theta_{n(k)}}{P_{C0(cell)}}\left(1-\exp\left(-\frac{t}{\tau_{n(k)}}\right)\right) \tag{4.117}$$

热阻抗能够用低阶传递函数来近似，通常为一阶和二阶传递函数。在一阶模型中，一阶低通滤波器的传递函数为

$$Z_n(s)=\frac{R_n}{1+s\tau_n} \tag{4.118}$$

式中，R_n和 τ_n分别为第 n 个单体的热阻抗和时间常数。

如果模型是二阶的，二阶低通滤波器的传递函数拥有不同的实根：

$$Z_n(s)=\frac{R_{n(1)}}{1+s\tau_{n(1)}}+\frac{R_{n(2)}}{1+s\tau_{n(2)}} \tag{4.119}$$

式中，$\tau_{n(1)}$ 和 $\tau_{n(2)}$ 为第 n 个单体的热时间常数。

现在已经确定了超级电容器模块的热模型。这样对设计模块冷却系统来说已足够了吗？还不够。因此，一直忽略了模型的参数，更确切地说应该是式（4.118）和式（4.119）中热阻抗 Z_n 的热电阻（$R_{n(1)}$，$R_{n(2)}$）和时间常数（$\tau_{n(1)}$，$\tau_{n(2)}$）。4.5.3 节中，将介绍这方面的更多内容。

4.5.3　模型参数——实验确定

有 3 种方法可以确定热系统热模型的参数：①实验确定；②三维有限元模

拟；③解析法。在后续部分，将讨论这 3 种方法的更多细节。

本书只针对实验方法。如下例所示，图 4.21 所示为一个大型超级电容器模块的结构，其中模块参数为 96V/135F，622kJ。该模块由 40 个 2.5V/5400F 的大电容单体串联构成。实验的目的为找到不同冷却方案下，模块［式（4.113）］热模型［式（4.116）］的参数。冷却方案为自然对流冷却法和强制空气冷却法。

热模型参数的实验确定方法由以下 4 个步骤构成：

• 步骤 A 第一步为利用所选超级电容器单体设计模块实体原型。这个模块装备了一套热探针。探针连接在单体的外壳和端子上，也可以放在单体之间的空气间隙中。同时还要测量出入口温度。为了显示更加清晰，图 4.21 只画出了几个探针。

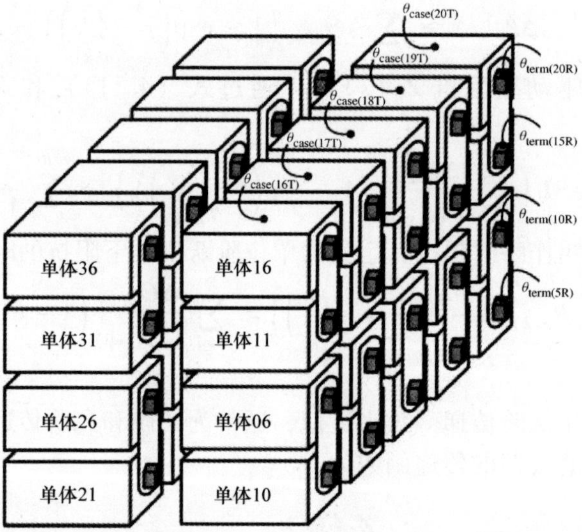

图 4.21 用于重型应用的大型超级电容器模块：96V /135F，622kJ

• 步骤 B 第二步为向超级电容器模块加载电流。要想使超级电容器损耗为恒定值，则要求充放电电流也为一个定值。充/放电电流应被设定为某个定值，使得损耗与应用中预期的在同一范围（如前面内容所述）。在 4.6 节中，将给出测试设置的更多细节。

• 步骤 C 第三步为超级电容器模块内部选定点温度的测量。使用合适的温度记录器进行测量。采样时间间隔为 1 ~ 10s。采集到的温度将被记录在一个数据文件中，并且此数据文件能够导入 Matlab 和 Excel 进行深入分析。

• 步骤 D 实验确定热模型的最后一步为分析实验数据。根据模型中每个单体的温度响应 $\Delta\theta_n(t)$，计算出模型参数（Z_n：$R_{n(1)}$、$R_{n(2)}$ 和 $\tau_{n(1)}$、$\tau_{n(2)}$）。

模型参数可以通过 Matlab 曲线拟合工具箱或 Excel Solver 中应用最小二乘法

轻松求得。算法的输入为时间序列 $\Delta\theta_n(t)$，输出为顺序模型（一阶或二阶）的参数。

4.5.4 设计冷却系统

一旦超级电容器模块的热模型确定并且参数已确定，就可以进行冷却系统设计。在本节中，将简要讨论设计目标和设计方法。

4.5.4.1 设计目标

将以下指定的参数作为设计的输入：

1）超级电容器负载参数。负载参数通常包括功率 $P_{C0}(t)$ 或电流 $I_{C0}(t)$ 等时间函数。如果功率已作为输入给出，则可以通过2.5.3节中的式（2.66）和式（2.67）计算出电流。

2）超级电容器单体的最大温度。最大单体的绝对温度，即损坏温度为 $\theta_{max}=81℃$。需根据应用需求确定单体的预期使用寿命，因此单体最大温度通常限定在60～65℃。如果想要获得更长的使用寿命，就要降低单体的最大温度，通常被限定在50～60℃。由于模块由 $Q=NM$ 个单体组成，因此模块内部温度分布并不均匀。超级电容器的最高单体温度是在最差情况下的热点温度，此温度也应在最大温度 θ_{max} 的限定之内。

3）最大环境温度。最大环境温度主要取决于应用环境。设计标准通常为 $\theta_{AMB}=40℃$。

现在，可将设计目标总结为，假设负载参数已给出，且最大环境温度 $\theta_{AMB}=40℃$ 或已给出的情况下，模块冷却系统应保证模块的热点温度在 θ_{max} 的限定之内。设计的冷却系统应能满足整个生命周期包括生命周期终结时的需要。

4.5.4.2 设计方法

设第 n 个单体为热点单体，工作温度为最坏情况下的温度。则在 $t=T_P$ 这个情况中，热点温度是最大的，其中 T_P 主要取决于负荷情况。计算最大热点温度的一般形式为

$$\Theta_{n(\max)} = L^{-1}\left[P_{C0(\text{cell})}(s)\sum_{k=1}^{R}\frac{R_{n(k)}}{1+s\tau_{n(k)}}\right]\Bigg|_{t=T_P} + \Theta_{AMB} \tag{4.120}$$

式中，热阻抗 $Z_n(s)$ 由式（4.116）确定或可由式（4.118）和式（4.119）估算得到；$P_{C0(\text{cell})}(s)$ 是单体损耗的拉普拉斯变换；L^{-1} 表示拉普拉斯反变换。

损耗可以通过给出的电流曲线和式（4.74）中的等效超级电容器内部阻抗求得。

由式（4.120），可以得到损耗与热阻抗的比值：

$$\underbrace{L^{-1}\left[P_{C0(\text{cell})}(s)\sum_{k=1}^{R}\frac{R_{n(k)}}{1+s\tau_{n(k)}}\right]\Bigg|_{t=T_P}}_{\Delta\Theta_{n(\max)}} \leqslant \Theta_{n(\max)} - \Theta_{AMB} \tag{4.121}$$

式（4.121）是一个一般性的等式，可知热阻抗主要取决于负荷曲线和 T_P。接下来，分析一些不同示例，以更好理解设计目标和式（4.121）。

低频到高频的周期性复杂曲线

考虑超级电容器单体的损失为周期性函数：

$$P_{C0(cell)}(t) = P_{C0(cell)(AV)} + \sum_{i=1}^{\infty} P_{C0(cell)(i)} \sin(i\omega_0 t + \psi_{(i)}) \tag{4.122}$$

式中，基本重复频率 ω_0 要比模块热模型的主频率高很多：

$$\omega_0 >> \frac{1}{\tau_n} \tag{4.123}$$

式中，τ_n 为第 n 个单体的驱动点热时间常数。

平均损耗为

$$P_{C0(cell)(AV)} = \frac{1}{T_0}\int_0^{T_0} P_{C0(cell)}(t)\,dt \tag{4.124}$$

第 n 个单体的温度可以作为稳态温度计算出来：

$$\Theta_{n(max)} = P_{C0(cell)(AV)} \sum_{k=1}^{R} R_{n(k)} + \Theta_{AMB} \cong P_{C0(cell)(AV)}(R_{n(1)} + R_{n(2)}) + \Theta_{AMB} \tag{4.125}$$

它由平均损耗和单体热阻抗决定。

因此热阻抗可以通过式（4.121）和式（4.125）计算得到：

$$(R_{n(1)} + R_{n(2)}) \leqslant \frac{\Theta_{n(max)} - \Theta_{AMB}}{P_{C0(cell)(AV)}} \tag{4.126}$$

适度持续时间的单脉冲

假设超级电容器负荷参数是持续时间为 T_P 的单脉冲，其中 T_P 与热时间常数为同一数量等级。

一般情况下，损失定义为

$$P_{C0(cell)}(t) = \begin{cases} P_{C0(cell)}(t) & 0 \leqslant t \leqslant T_P \\ 0 & T_P < t < \infty \end{cases} \tag{4.127}$$

在大多数实际应用中，损耗往往是一个周期函数［式（4.122）］的一段：

$$P_{C0(cell)}(t) = \begin{cases} P_{C0(cell)(AV)} + \sum_{i=1}^{\infty} P_{C0(cell)(i)} \sin(i\omega_0 t + \psi_{(i)}) & 0 \leqslant t \leqslant T_P \\ 0 & T_P < t < \infty \end{cases} \tag{4.128}$$

在式（4.123）成立的情况下，式（4.128）可以通过下式来近似替代：

$$P_{\mathrm{C0(cell)}}(t) = \begin{cases} P_{\mathrm{C0(cell)(AV)}} & 0 \leqslant t \leqslant T_{\mathrm{P}} \\ 0 & T_{\mathrm{P}} < t < \infty \end{cases} \tag{4.129}$$

式中，平均损耗已在式（4.124）中给出。

将式（4.129）带入式（4.120）求出热点最大温度：

$$\begin{aligned} \theta_{n(\max)} &= P_{\mathrm{C0(cell)(AV)}} \sum_{k=1}^{R} R_{n(k)} \left(1 - \exp\left(-\frac{T_{\mathrm{P}}}{\tau_{n(k)}}\right)\right) + \theta_{\mathrm{AMB}} \\ &\cong P_{\mathrm{C0(cell)(AV)}} \left[R_{n(1)} \left(1 - \exp\left(-\frac{T_{\mathrm{P}}}{\tau_{n(1)}}\right) + R_{n(2)} \left(1 - \exp\left(-\frac{T_{\mathrm{P}}}{\tau_{n(2)}}\right)\right)\right)\right] + \theta_{\mathrm{AMB}} \end{aligned} \tag{4.130}$$

因此热阻抗可以通过式（4.130）求得，如下：

$$\left[R_{n(1)} \left(1 - \exp\left(-\frac{T_{\mathrm{P}}}{\tau_{n(1)}}\right)\right) + R_{n(2)} \left(1 - \exp\left(-\frac{T_{\mathrm{P}}}{\tau_{n(2)}}\right)\right)\right] = \frac{\theta_{n(\max)} - \theta_{\mathrm{AMB}}}{P_{\mathrm{C0(cell)(AV)}}} \tag{4.131}$$

4.5.5　习题

习题 4.7

40 个超级电容器单体串联成一个超级电容器模块，具体参数为 $C_{\mathrm{N}} = 3000\mathrm{F}$，$U_{\mathrm{CON}} = 2.5\mathrm{V}$，$R_{\mathrm{C0}} = 0.3\mathrm{m}\Omega$。模块在恒流情况下进行充放电测试。内部单体的温度已测出，环境温度为恒定值 $\theta_{\mathrm{AMB}} = 30℃$，充放电电流 $I_{\mathrm{C0}} = 100\mathrm{A}$。

1）确定单体热电阻。最热单体的温度时间序列见表 4.3，假设为一阶 RC 热模型。

表 4.3　实验测得超级电容器单体的温度

t/s	θ/℃	t/s	θ/℃	t/s	θ/℃	t/s	θ/℃
0	30.00	480	43.00	9600	44.22	1440	44.62
60	34.20	540	43.29	1020	44.29	1500	44.65
120	37.08	600	43.51	1080	44.35	1560	44.68
180	39.07	660	43.68	1140	44.41	1620	44.70
240	40.45	720	43.83	1200	44.46	1680	44.73
300	41.42	780	43.95	1260	44.50	1740	44.75
360	42.12	840	44.05	1320	44.54	1800	44.77
420	42.62	900	44.14	1380	44.58		

2）计算超级电容器模块在 EOL 情况下的最大热点温度。负荷参数可参考式（4.122）~式（4.124），充放电电流为 $I_{\mathrm{C0}} = 100\mathrm{A}$。

3）计算在 EOL 情况下超级电容器最大热点温度，负荷参数可以参考式（4.128）和式（4.129），脉冲宽度 $T_P=30s$。

计算最大充放电电流，负荷参数参考式（4.128）和式（4.129），脉冲宽度 $T_P=30s$，最大热点温度 $\theta_{n(max)}=60℃$。

解

1）模型参数分析和计算的第一步：首先要先通过式（4.117）计算出驱动点瞬时热阻抗，但是需要先计算出单体损耗。单体损耗为

$$P_{C0(\zeta)(cell)}(t)=R_{C0(cell)(LF)}I_{C0}^2 \tag{4.132}$$

将数据代入式（4.132）求得，$P_{C0(\zeta)(cell)}=3W$。

驱动点热阻抗可以近似为一/二阶低通滤波器［见式（4.118）和式（4.119）］。在此，仅采用一阶低通滤波器模型。

然后需确定热阻抗和单体驱动点阻抗的时间常数。在此，可利用 Excel Solver 来确定模型参数。确定过程的具体步骤如下：

① 将实验结果插入 Excel 工作表中，第一列为离散时间 kT_S，第二列为测量得到的温度 $\theta_{(cell)}$（kT_S）（见图 4.22a）。

② 通过式（4.117）（见图 4.22a）计算出驱动点瞬时阻抗并放入第三列。

③ 确定参数 R_n 和 τ_n。设定初始值，例如 $R_n=6$，$\tau_n=100$（见图 4.22a）。

④ 在 Excel 中声明变量，打开公式，选择创建。现在将 R_n 和 τ_n 声明为参数（见图 4.22b）。

⑤ 在第四列，使用 R_n 和 τ_n 计算瞬时阻抗。此时，瞬时阻抗的计算值与测量值差别很大，因为估计的初始值与最优值之差也较大：

$$\hat{Z}_n(kT_S)\cong R_n\left(1-\exp\left(-\frac{kT_S}{\tau_n}\right)\right) \tag{4.133}$$

⑥ 在第五列计算阻抗误差：

$$误差=(Z_n(kT_S)-\hat{Z}_n(kT_S))^2 \tag{4.134}$$

⑦ 计算误差总和：

$$\sum(Z_n(kT_S)-\hat{Z}_n(kT_S))^2 \tag{4.135}$$

⑧ 打开 Date，在右侧打开 Solver。

a. 在“Set target cell”里面，用误差总和来设置单体［见式（4.135）］。

b. 在“Equal to”里面选择“Minimum”按钮。

c. 在“By changing cells”里插入参数 R_n 和 τ_n。

d. 按下右上角的“Solver”按钮。

e. Solver 通过已经设定好的参数 R_n 和 τ_n，给出最小误差。

f. 当下一个窗口弹出时，选定“Keep solver solution”按钮。

RC模型		时间	温度测量	测量阻抗	实际阻抗	方差	方差求和
R_π	6	0	30.00	0.00	0.000	0.000	58.875
τ_π	100	60	34.20	1.40	2.707	1.706	
		120	37.08	2.36	4.193	3.358	
		180	39.07	3.02	5.008	3.945	
		240	40.45	3.48	5.456	3.893	
		300	41.42	3.81	5.701	3.587	
		360	42.12	4.04	5.836	3.229	
		420	42.62	4.21	5.910	2.897	
		480	43.00	4.33	5.951	2.616	
		540	43.29	4.43	5.973	2.386	
		600	43.51	4.50	5.985	2.199	
		660	43.68	4.56	5.992	2.046	
		720	43.83	4.61	5.996	1.921	
		780	43.95	4.65	5.998	1.816	
		840	44.05	4.68	5.999	1.728	
		900	44.14	4.71	5.999	1.653	
		960	44.22	4.74	6.000	1.588	

a)

b)

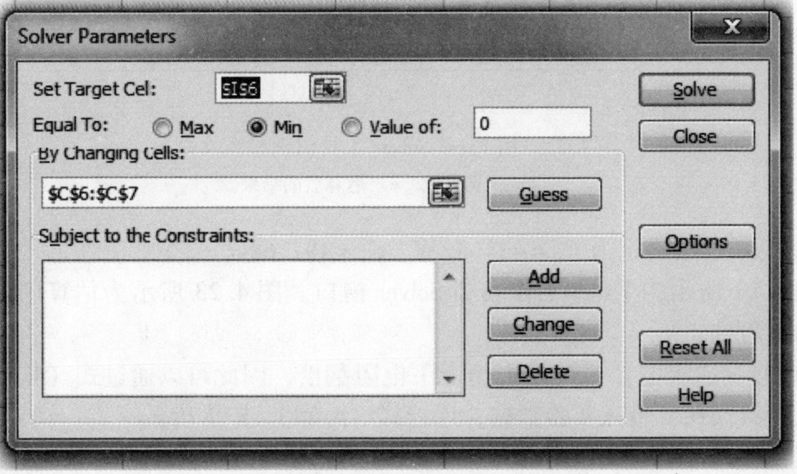

c)

图 4.22　用 Excel Solver 工具识别参数

a）使用 Solver 之前的结果　b）系数的声明　c）Solver 窗口

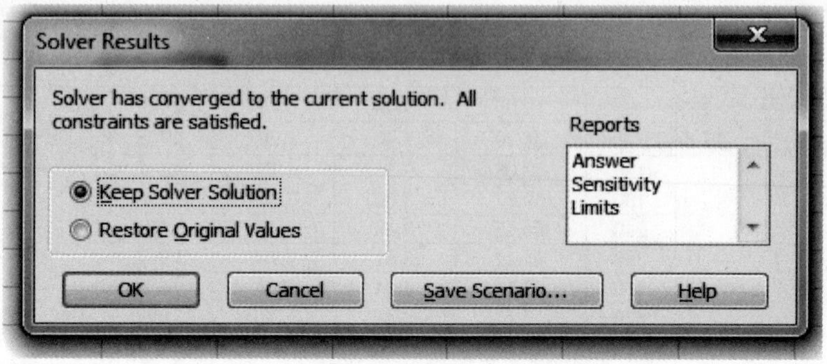

d)

RC模型		时间	温度测量	测量阻抗	实际阻抗	方差	方差求和
R_n	4.81681	0	30.00	0.00	0.00	0.000	0.165
τ_n	191.68	60	34.20	1.40	1.29	0.011	
		120	37.08	2.36	2.24	0.014	
		180	39.07	3.02	2.93	0.008	
		240	40.45	3.48	3.44	0.002	
		300	41.42	3.81	3.81	0.000	
		360	42.12	4.04	4.08	0.002	
		420	42.62	4.21	4.28	0.005	
		480	43.00	4.33	4.42	0.008	
		540	43.29	4.43	4.53	0.010	
		600	43.51	4.50	4.61	0.011	
		660	43.68	4.56	4.66	0.010	
		720	43.83	4.61	4.70	0.009	
		780	43.95	4.65	4.73	0.007	
		840	44.05	4.68	4.76	0.005	
		900	44.14	4.71	4.77	0.004	
		960	44.22	4.74	4.78	0.002	

e)

图 4.22 用 Excel Solver 工具识别参数（续）

d）识别完成 e）运算后的结果

⑨ 模型参数确定为 $R_n=4.81\text{K/W}$，$\tau_n=191.68\text{s}$。

图 4.22 所示为 Excel 工作表和 Solver 窗口。图 4.23 所示为估算的热阻抗和测量的热阻抗。

2）假设超级电容器在 EOL 情况下电阻翻倍，因此可以通过式（4.74）计算超级电容器损耗。带入实验数据，通过式（4.74）求得 $P_{\text{C0}(\zeta)(\text{cell})}=6\text{W}$。

假设负载恒定不变，则在 EOL 情况下热点单体温度为

$$\Theta_{n(\max)} \cong P_{\text{C0}(\zeta)(\text{cell})}R_n+\Theta_{\text{AMB}} \tag{4.136}$$

将热阻抗、损耗、环境温度带入式（4.136）求得 $\theta_{n(\max)}=58.86℃$。请注意，在 EOL 情况下的热点温度明显要比 SOL 情况下更高。

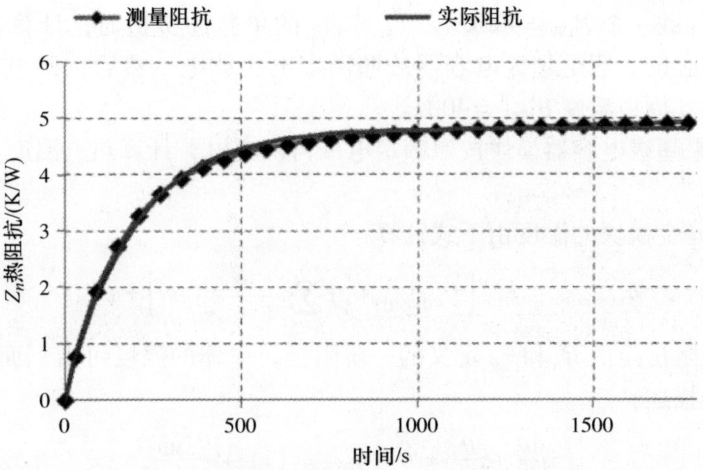

图 4.23　超级电容器热点单体热瞬时阻抗

3）如果负荷是一个持续时间为 T_P的热时间常数的脉冲，则单体温度只可通过式（4.130）的第一项计算求得：

$$\theta_{n(\max)} \cong P_{C0(cell)(AV)} = R_n\left(1 - \exp\left(-\frac{T_P}{\tau_n}\right)\right) + \theta_{AMB} \tag{4.137}$$

将热阻抗、时间常数、脉冲宽度 T_P、EOL 损耗、环境温度带入式（4.137）计算得到 $\theta_{n(\max)} = 34.62℃$。请注意，在负载脉冲情况下，热点温度非常低。在超级电容器 EOL（截止时间）温度仅仅上升 4.62℃。

4）根据式（4.137），可以通过脉冲宽度 $T_P = 30s$ 和脉冲截止时最大温度 $\theta_{n(\max)} - 60℃$计算超级电容器损耗。损耗为

$$P_{C0(cell)(AV)} = \frac{\theta_{n(\max)} - \theta_{AMB}}{R_n\left(1 - \exp\left(-\frac{T_P}{\tau_n}\right)\right)} \tag{4.138}$$

将数据带入式（4.138），求得 $P_{C0(\zeta)(cell)} = 42.97W$。

在 EOL 情况下，超级电容器充放电电流可以根据以上损耗求得：

$$I_{C0} = \sqrt{\frac{P_{C0(\zeta)(cell)}(t)}{2R_{C0(cell)(LF)}}} \tag{4.139}$$

因此，充放电电流 $I_{C0} = 267.6A$。

习题 4.8

一个具有以下参数的超级电容器应用于高功率 UPS 系统，$U_{C0N} = 800V$，$U_{C0max} = 700V$，$U_{C0min} = 350V$，$C_N = 40F$，$R_{C0} = 38m\Omega$。模块由 $N = 290$ 个单体串联为 1 个子模块，再由 $M = 7$ 个子模块并联组成。该模块由自然风冷却。热点热阻抗定义为 $R_n = 6K/W$，$\tau_n = 1800s$。

1）当加载一个 $P_{C0}=400\mathrm{kW}$、$T_P=20\mathrm{s}$ 的单脉冲负荷时，计算 EOL 超级电容器的热点温度。假定超级电容器按照额定电压放电，然后按照 10% 的额定电压再次充电。周边温度 $\theta_{AMB}=40℃$。

2）如果超级电容器模块按照额定电压再次充电，计算热点温度。

解

1）第 n 个模块的温度由下式计算：

$$\theta_{n(\max)} = L^{-1}\left[P_{C0(cell)}(s)\sum_{k=1}^{R}\frac{R_{n(k)}}{1+s\tau_{n(k)}}\right]+\theta_{AMB} \tag{4.140}$$

因为单体热阻抗是由 R_n 和 τ_n 定义的一阶阻抗，单体的温度可由下面的一阶微分非齐次方程描述：

$$\frac{d\theta}{dt}+\frac{\theta}{\tau_n} = \frac{R_n}{\tau_n}P_{C0(cell)}(t)+\frac{\theta_{AMB}}{\tau_n} \tag{4.141}$$

精确计算

式（4.141）的通解可以写成下面的形式：

$$\begin{aligned}\theta(t) &= \underbrace{\left(\frac{R_n}{\tau_n}\int_0^t \exp\left(\frac{x}{\tau_n}\right)P_{C0(cell)}(x)\,dx\right)}\exp\left(-\frac{t}{\tau_n}\right)\\ &\quad+(\theta_0-\theta_{AMB})\exp\left(-\frac{t}{\tau_n}\right)+\theta_{AMB}\\ &= \frac{R_n}{\tau_n}J(t)\exp\left(-\frac{t}{\tau_n}\right)+(\theta_0-\theta_{AMB})\exp\left(-\frac{t}{\tau_n}\right)+\theta_{AMB}\end{aligned} \tag{4.142}$$

式中，θ_0 是单体初始温度；$P_{C0(cell)}(x)$ 是单体能量损耗，其中 x 为时间变量；$J(t)$ 为一个需要求解的积分。

单体随时间变化的损耗可由式（4.74）和式（2.67）计算得出：

$$P_{C0(\zeta)(cell)}(t) = 2R_{C0(cell)}i^2_{C0(cell)}(t) = \frac{1}{NM}2R_{C0}\frac{P^2_{C0(DCH)}C_N}{C_NU^2_{C0\max}-2P_{C0(DCH)}t} \tag{4.143}$$

应当注意，为了考虑超级电容器的 EOL，电阻增加了一倍。

为求得式（4.142）的解，必须对下面的积分进行求解：

$$\begin{aligned}J(t) &= \int_0^t \exp\left(\frac{x}{\tau_n}\right)P_{C0(cell)}(x)\,dx\\ &= \frac{1}{NM}2R_{C0}P^2_{C0(DCH)}C_N\int_0^t\frac{\exp\left(\frac{x}{\tau_n}\right)}{C_NU^2_{C0\max}-2P_{C0(DCH)}x}dx\end{aligned} \tag{4.144}$$

积分 $J(t)$ 又可表示为以下形式：

$$J(t) = -\frac{1}{NM}R_{C0}P_{C0(DCH)}C_N\exp\left(\frac{C_N U_{C0max}^2}{2P_{C0(DCH)}\tau_n}\right)\int_{x_0}^{x_1(t)}\frac{\exp(x)}{x}dx \tag{4.145}$$

式中，积分区间为

$$x_0 = -\frac{C_N U_{C0max}^2}{2P_{C0(DCH)}\tau_n}, x_1(t) = \frac{2P_{C0(DCH)}t - C_N U_{C0max}^2}{2P_{C0(DCH)}\tau_n} \tag{4.146}$$

剩下的问题是求解以下积分：

$$J_1(t) = \int_{x_0}^{x_1(t)}\frac{\exp(x)}{x}dx \tag{4.147}$$

困难的是，积分［式（4.147）］无法以封闭的形式求解。将式（4.147）扩展为泰勒级数得

$$J_1(t) = \int_{x_0}^{x_1(t)}\sum_{k=0}^{\infty}\frac{x^{k-1}}{k!}dx = \ln\left(\frac{x_1(t)}{x_0}\right) + \left(\sum_{k=1}^{\infty}\frac{x^k}{kk!}\right)\Bigg|_{x_0}^{x_1(t)} \tag{4.148}$$

将式（4.146）代入式（4.148）和式（4.145）得

$$J(t) = \frac{1}{NM}R_{C0}P_{C0(DCH)}C_N\exp\left(\frac{C_N U_{C0max}^2}{2P_{C0(DCH)}\tau_n}\right)\left[\ln\left(\frac{x_0}{x_1(t)}\right) - \left(\sum_{k=1}^{\infty}\frac{x^k}{kk!}\right)\Bigg|_{x_0}^{x_1(t)}\right] \tag{4.149}$$

在初始温度与环境温度相等的条件下（$\theta_0 = \theta_{ARM}$），将积分 $J(t)$［式（4.149）］代入式（4.142），可得到负载脉冲 T_P 结束时的单体温度：

$$\theta_{n(max)} = \theta(t = T_P) = \frac{R_n}{\tau_n}J(t = T_P)\exp\left(-\frac{T_P}{\tau_n}\right) + \theta_{AMB}$$

$$= \frac{R_n}{\tau_n}\left\{\frac{1}{NM}R_{C0}P_{C0(DCH)}C_N\exp\left(\frac{C_N U_{C0max}^2}{2P_{C0(DCH)}\tau_n}\right)\left[\ln\left(\frac{x_0}{x_1(t)}\right) - \left(\sum_{k=1}^{\infty}\frac{x^k}{kk!}\right)\Bigg|_{x_0}^{x_1(t)}\right]\right\}$$
$$\exp\left(-\frac{T_P}{\tau_n}\right) + \theta_{AMB} \tag{4.150}$$

将级数展开式的第一项（$k=1$）［式（4.148）］和给出的数据带入到式（4.150），可得单体最高温度 $\theta_{n(max)}$ =40.747℃。

近似和简化计算

因为模块的时间常数 τ_n 比负载脉冲 T_P 大了接近两个数量级，可以假设热过程是完全绝热的。这意味着单体产生的热量存储在储热容器中，没有转移到环境中。由式（4.141）变换可得到一个描述该绝热系统的微分方程为

$$\lim_{R_n\to\infty}\left[\frac{\mathrm{d}\theta}{\mathrm{d}t}+\frac{\theta}{\tau_n}=\frac{R_n}{\tau_n}P_{\mathrm{C0(cell)}}(t)+\frac{\theta_{\mathrm{AMB}}}{\tau_n}\right]=\underbrace{\left[\frac{d\theta}{\mathrm{d}t}=\frac{1}{C_{n(\mathrm{TH})}}P_{\mathrm{C0(cell)}}(t)\right]}_{\text{绝热系统}} \tag{4.151}$$

式中，$C_{n(\mathrm{TH})}$ 为单体热时间电容：

$$C_{n(\mathrm{TH})}=\frac{\tau_n}{R_n} \tag{4.152}$$

根据给出的数据可得出 $C_{n(\mathrm{TH})}=300(\mathrm{J/K})$。

简化模型式（4.151）的解为

$$\theta(t)=\frac{1}{C_{n(\mathrm{TH})}}\int_0^t P_{\mathrm{C0(cell)}}(x)\,\mathrm{d}x+\theta_{\mathrm{AMB}} \tag{4.153}$$

将式（4.154）代入式（4.153）可得单体温度随时间变化的情况：

$$\theta(t)=\frac{1}{C_{n(\mathrm{TH})}}\frac{1}{NM}R_{\mathrm{C0}}P_{\mathrm{C0(DCH)}}C_{\mathrm{N}}\ln\frac{C_{\mathrm{N}}U_{\mathrm{C0max}}^2}{C_{\mathrm{N}}U_{\mathrm{C0max}}^2-2P_{\mathrm{C0(DCH)}}t}+\theta_{\mathrm{AMB}} \tag{4.154}$$

单体最高温度为

$$\theta(t=T_{\mathrm{P}})=\frac{1}{C_{n(\mathrm{TH})}}\frac{1}{NM}R_{\mathrm{C0}}P_{\mathrm{C0(DCH)}}C_{\mathrm{N}}\ln\frac{C_{\mathrm{N}}U_{\mathrm{C0max}}^2}{C_{\mathrm{N}}U_{\mathrm{C0max}}^2-2P_{\mathrm{C0(DCH)}}T_{\mathrm{P}}}+\theta_{\mathrm{AMB}} \tag{4.155}$$

将给定数据代入式（4.155）可得单体最高温度 $\theta_{n(\max)}=40.735$℃。

应当注意，这与精细化方法获得的结果几乎是相同的。一旦完成放电，超级电容器模块按照额定功率的 10% 再次充电。温度响应可通过将 $P_{\mathrm{C0(CH)}}=0.1P_{\mathrm{C0(DCH)}}$、$\theta_0=\theta_{n(\max)}$ 代入式（4.149）和式（4.142）计算。然而这样的计算是不必要的，因为充电电量只有放电电量的 10%，超级电容器的损耗只有放电过程的 1%。因此，模块温度会朝着环境温度 θ_{AMB} 降低。

2）一旦超级电容器放电到最小电压，放电已经停止。超级电容器模块立刻以额定功率 $P_{\mathrm{C0(CH)}}=400\mathrm{kW}$ 再次充电。单体的热点温度可以使用一个简单的计算方法［式（4.151）~式（4.153）］计算得出。充电损耗为

$$P_{\mathrm{C0}(\zeta)(\mathrm{cell})}(t)=\frac{1}{NM}2R_{\mathrm{C0}}\frac{P_{\mathrm{C0(CH)}}^2C_{\mathrm{N}}}{C_{\mathrm{N}}U_{\mathrm{C0min}}^2+2P_{\mathrm{C0(CH)}}t} \tag{4.156}$$

将式（4.156）代入式（4.153），可得超级电容器充电时的单体温度：

$$\theta(t)=\frac{1}{C_{n(\mathrm{TH})}}\frac{1}{NM}R_{\mathrm{C0}}P_{\mathrm{C0(CH)}}C_{\mathrm{N}}\ln\frac{C_{\mathrm{N}}U_{\mathrm{C0min}}^2+2P_{\mathrm{C0(CH)}}t}{C_{\mathrm{N}}U_{\mathrm{C0min}}^2}+\theta(T_{\mathrm{P}})+\theta_{\mathrm{AMB}} \tag{4.157}$$

式中，$\theta(T_{\mathrm{P}})$ 是由式（4.155）得出的单体初始温度。根据给定数据、放电最高温度和式（4.157），可得充放电周期结束时的单体温度 $\theta_{n(\max)}=41.63$℃。

贯穿在整个充放电周期内的单体温度为

$$\theta(t)=\frac{1}{C_{n(\mathrm{TH})}}\frac{1}{NM}R_{\mathrm{C0}}C_{\mathrm{N}}$$
$$\times\left\{\begin{aligned}&[h(t)-h(t-T_{\mathrm{P}})]\left[P_{\mathrm{C0(DCH)}}\ln\frac{C_{\mathrm{N}}U_{\mathrm{C0max}}^{2}}{C_{\mathrm{N}}U_{\mathrm{C0max}}^{2}-2P_{\mathrm{C0(DCH)}}t}\right]\\&+h(t-T_{\mathrm{P}})\left[P_{\mathrm{C0(CH)}}\ln\frac{C_{\mathrm{N}}U_{\mathrm{C0min}}^{2}+2P_{\mathrm{C0(CH)}}(t-T_{\mathrm{P}})}{C_{\mathrm{N}}U_{\mathrm{C0min}}^{2}}\right]\end{aligned}\right\}+\theta_{\mathrm{AMB}} \tag{4.158}$$

式中，$h(t)$是如下定义的阶跃函数：

$$h(t)=\begin{cases}0 & t\leqslant 0\\ 1 & t>0\end{cases} \tag{4.159}$$

图 4.24 显示了超级电容器以额定电压充放电时，模块的热点温度随时间的变化情况。

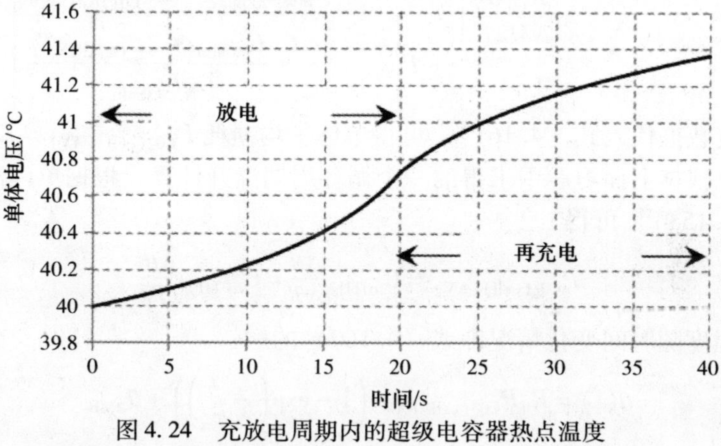

图 4.24　充放电周期内的超级电容器热点温度

习题 4.9

假定习题 4.8 定义的超级电容器模块在连续放电充电模式下运行。

1）超级电容器以额定功率 $P_{\mathrm{C0}}=400\mathrm{kW}$ 放电和再充电，在 5 个放电充电循环周期后，估算超级电容器模块的热点温度。

2）假定热点温度 $\theta_{n(\max)}=65℃$，估算最大循环次数。

3）当超级电容器模块运行在满功率连续放电/充电状态时，计算单体的热电阻。

解

1）通过假设绝热过程，可以估算出连续 5 个放电/再充电循环之后的超级电容器模块的热点温度。根据式（4.158）计算第一个循环周期后的温度提升值

为 $\Delta\theta_{n(1)}=1.63℃$。5 个循环周期后，温度提升值为 $\Delta\theta_n \cong 5\Delta\theta_{n(1)}=8.15℃$。单体最高温度 $\theta_{n(\max)}=48.15℃$。

2）如习题4.8所述，充电/再充电的时间比模块时间常数小两个数量级。因此，超级电容器放电/再充电一个循环的能量损失可以根据平均值计算，单体温度可以根据平均损耗计算。

单体可以根据下面的微分方程描述：

$$\frac{\mathrm{d}\theta}{\mathrm{d}t}+\frac{\theta}{\tau_n}=\frac{R_n}{\tau_n}P_{\mathrm{C0\zeta(cell)(AV)}}+\frac{\theta_{\mathrm{AMB}}}{\tau_n} \tag{4.160}$$

式中，$P_{\mathrm{C0\zeta(cell)(AV)}}$是单体平均损耗。平均损耗计算方法如下：

$$\begin{aligned}P_{\mathrm{C0\zeta(cell)(AV)}} &= \frac{1}{2T_{\mathrm{P}}}\int_0^{2T_{\mathrm{P}}}\left[P_{\mathrm{C0\zeta(cell)(DCH)}}(t)+P_{\mathrm{C0\zeta(cell)(DCH)}}(t)\right]\mathrm{d}t \\ &= \frac{R_{\mathrm{C0}}C_{\mathrm{N}}}{NM2T_{\mathrm{P}}}\left[\begin{aligned}&P_{\mathrm{C0(DCH)}}\ln\frac{C_{\mathrm{N}}U_{\mathrm{C0max}}^2}{C_{\mathrm{N}}U_{\mathrm{C0max}}^2-2P_{\mathrm{C0(DCH)}}T_{\mathrm{P}}}\\ &+P_{\mathrm{C0(CH)}}\ln\frac{C_{\mathrm{N}}U_{\mathrm{C0min}}^2+2P_{\mathrm{C0(CH)}}T_{\mathrm{P}}}{C_{\mathrm{N}}U_{\mathrm{C0min}}^2}\end{aligned}\right]\end{aligned} \tag{4.161}$$

将给定数据代入式（4.161），可得单体平均损耗 $P_{\mathrm{C0\zeta(cell)(AV)}}=12.25\mathrm{W}$。该损耗还可以根据上面习题中求得的一个循环周期温升计算。根据单体温度计算公式［式（4.153）］可得

$$P_{\mathrm{C0\zeta(cell)(AV)}}=C_{n(\mathrm{TH})}\frac{\Delta\theta}{\Delta T}=C_{n(\mathrm{TH})}\frac{\Delta\theta}{2T_{\mathrm{P}}} \tag{4.162}$$

单体温度随时间变化情况即式（4.160）的解：

$$\theta(t)=R_nP_{\mathrm{C0\zeta(cell)(AV)}}\left(1-\exp\left(-\frac{t}{\tau_n}\right)\right)+\theta_{\mathrm{AMB}} \tag{4.163}$$

假定热点温度被限制在最大值 $\theta_{n(\max)}=65℃$，计算最大负荷时间 $T_{\max}$。根据该条件和式（4.163）可得

$$T_{\max}=-\tau_n\ln\left(1-\frac{\theta_{n(\max)}-\theta_{\mathrm{AMB}}}{R_nP_{\mathrm{C0\zeta(cell)(AV)}}}\right) \tag{4.164}$$

最大时间 $T_{\max}$取决于最大循环次数 N_{Cmax}：

$$N_{\mathrm{Cmax}}=\mathrm{floor}\left(\frac{T_{\max}}{2T_{\mathrm{P}}}-1\right) \tag{4.165}$$

根据给定数据和式（4.164）、式（4.165），可得 $T_{\max}=747\mathrm{s}$，$N_{\mathrm{Cmax}}=18$。经过18个循环，热点温度将接近最大值，因此超级电容器不能进一步放电/充电。

3）如果超级电容器模块长期工作在完全充放电状态下，则热点最高温度是

一个稳态温度：

$$\theta_{n(\max)} = R_n P_{C0\zeta(\text{cell})(\text{AV})} + \theta_{\text{AMB}} \tag{4.166}$$

热电阻为

$$R_n \leqslant \frac{\theta_{n(\max)} - \theta_{\text{AMB}}}{P_{C0\zeta(\text{cell})(\text{AV})}} \tag{4.167}$$

将给定数据代入式（4.167）可得 $R_n \leqslant 2.04\text{K/W}$。为了达到如此低的热电阻，超级电容器模块必须采用空气强制冷却方式。空气流速需根据单体的布置方式计算。

4.6　超级电容器模块测试

超级电容器模块的测试和实验验证是超级电容器模块设计过程中最重要的步骤之一。一旦初始的模型或者最终模块被设计制造后，就应该对模块进行测试和实验验证。测试的目的是获取相关参数，比如电容、内阻、漏电流、自放电特性和热阻抗。

测试是一个多步骤过程，它基本上可以被描述为“设计实验（DoE）”过程。测试的步骤可以概括如下：

1）测试初始配置。

2）设置输入变量并给定它们值。

3）定义要监督的输出变量。

4）对输入和输出变量及传递函数进行分析鉴定。

4.6.1　电容和内阻

超级电容器的电容和内阻可根据超级电容器以恒定电流放电时电流－电压的响应时间来测量[9-12]。这种测量方式是工业上最常用的方法[9]。另一种测量超级电容器阻抗（电容和电阻）的可行方法是阻抗频谱法[13]。下面将详细介绍电流－电压时间响应的测量方法。

4.6.1.1　充放电测试装置

图4.25a显示了用于测试超级电容器充电性能的测试装置电路图。被称作UUT（Ultra－capacitor Under Test，超级电容器下测试）的超级电容器连接到一个可控双向电流源作为“测试源”。电源可控，并根据配置要求提供充放电电流 i_{C0}。超级电容器电流 i_{C0} 通过分流电阻 R_S 和电压放大器 A_1 两端放大的感应电压求得。超级电容器电压 u_{C0} 采用电压探针/放大器 A_2 测量。单体的温度可用附着在单体表面的探针测量。所有测量值记录于高分辨率长缓冲区数据记录器中。

图4.25b显示了一个可行测量装置的具体细节。这个测试源使用双向DC－DC变

流器实现，该变流器是由两个背靠背连接的 DC - DC 变流器组成：直流连接的电容器 C_{BUS}和一个缓冲储能超级电容器 C_{02}。DC - DC 变流器是两电平单相非隔离式变流器：第一个（SW_{1A}/SW_{1B}，L_1）连接到 UUT；第二个（SW_{2A}/SW_{2B}，L_2）连接到一个内部的超级电容器储能 C_{02}。这个超级电容器的作用是在测试超级电容器充放电时存储和释放能量。请注意，附加的辅助电源需连接到变流器直流母线上。这个附加电源的作用是弥补变换损耗和保持直流母线电压恒定。

4.6.1.2 测量过程：一般情况

UUT 以恒定电流 $I_{C0(CH)}$和 $I_{C0(DCH)}$分别充放电。电压在最小电压 U_{C0min}和最大电压 U_{C0max}之间循环变化。典型的电流 - 电压配置如图 4.26 所示。电容和内阻根据超级电容器以恒定电流阶跃放电时的终端电压响应进行测量。

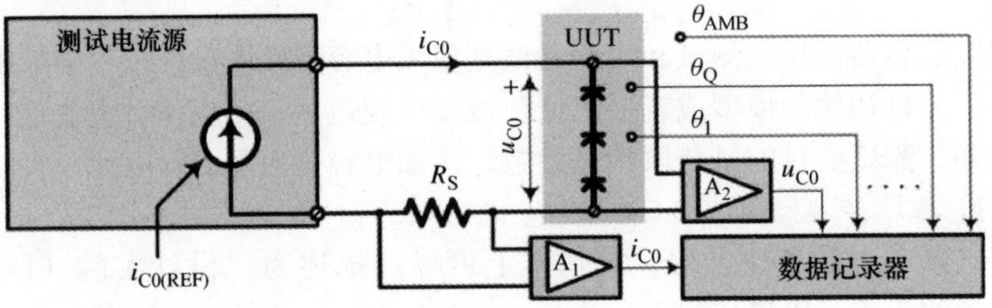

a)

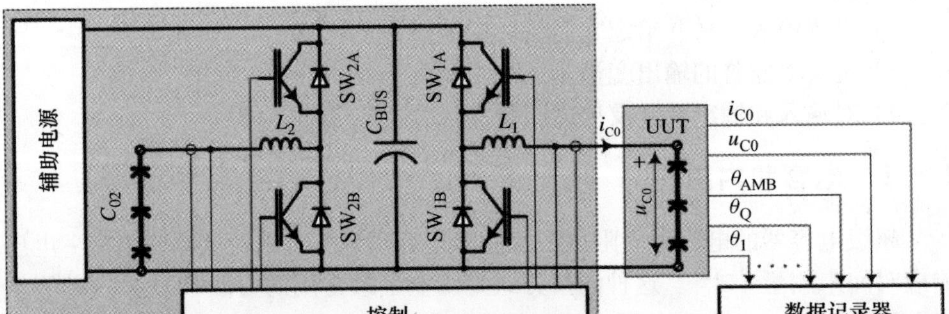

b)

图 4.25 a）大电流测试设置 b）可行装置构成

超级电容器充电到额定电压 U_{C0max}，并在这一水平上维持 T_{HOLD}时长。在 t_0时刻，超级电容器以恒定电流 $I_{C0(DCH)}$开始放电。保持模式、保持时间和放电电流的大小取决于采用的标准。更多的标准将在后面进行讨论。

超级电容器的内阻根据超级电容器由保持模式到恒流放电开关模式时的电压阶跃变化进行测量，如图 4.27a 所示。电压阶跃定义为超级电容器电压投影在加载放电电流时刻 t_0处垂直线上的截面点：

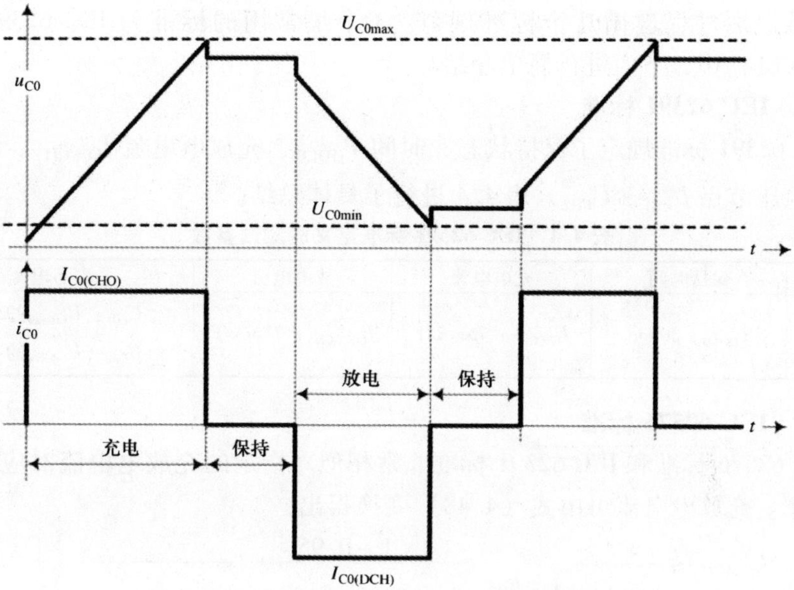

图 4.26　标准大电流测试过程中的电流和电压

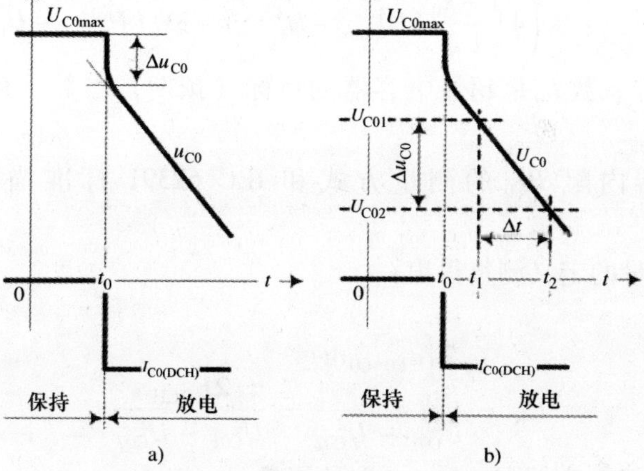

图 4.27　超级电容器输入阻抗的测量

a）内阻 R_{C0}　b）电容 C_N

$$R_{C0}=\frac{\Delta u_{C0}}{I_{C0(DCH)}} \tag{4.168}$$

式中，$I_{C0(DCH)}$ 是恒定放电电流值。

电容计算公式为

$$C_N=I_{C0(DCH)}\frac{\Delta t}{\Delta u_{C0}}=I_{C0(DCH)}\frac{\Delta t}{U_{C01}-U_{C02}} \tag{4.169}$$

式中，U_{C01} 和 U_{C02} 是根据应用标准确定的电压。

参数识别过程遵循几个标准规范。3 个最常用的标准为 IEC 62391、IEC 62576 和 EUCAR，下面进行简单介绍。

4.6.1.3 IEC 62391 标准

IEC 62391 标准规定了保持状态、时间 T_{HOLD}、充放电电流 $I_{\mathrm{C0(CH)}}$、$I_{\mathrm{C0(DCH)}}$ 和测试电压节点 U_{C01}、U_{C02}。表 4.4 进行了具体总结。

表 4.4 IEC 62391 标准定义的测试参数

保持模式	保持时间	充电电流	放电电流	参考电压
开路	T_{HOLD}：30min	$I_{\mathrm{C0(CH)}}$：75mA/F	$I_{\mathrm{C0(DCH)}}$：75mA/F	U_{C01}：U_{C0max}的 80% U_{C02}：U_{C0max}的 40%

4.6.1.4 IEC 62576 标准

IEC 62576 标准和 IEC 62391 标准非常相似。指定的充放电电流对应 95% 的最低效率。充放电电流可由式（4.48）变换得出：

$$I_{0(\mathrm{DCH})} \leqslant \frac{1-0.95}{R_{\mathrm{C0}} 6 \dfrac{\left(\dfrac{1-k_0}{U_{\mathrm{N}}}(U_{\mathrm{Cmax}}^2 - U_{\mathrm{Cmin}}^2) + k_0(U_{\mathrm{Cmax}} - U_{\mathrm{Cmin}})\right)}{\left(4\dfrac{1-k_0}{U_{\mathrm{N}}}(U_{\mathrm{Cmax}}^3 - U_{\mathrm{Cmin}}^3) + 3k_0(U_{\mathrm{Cmax}}^2 - U_{\mathrm{Cmin}}^2)\right)}} \tag{4.170}$$

式中，电阻 R_{C0}和系数 k_0是超级电容器的目标（预期）参数。系数 k_0的取值范围为 0.7 ~ 10.8。

超级电容器内阻 R_{C0} 的测量方式和 IEC 62391 标准描述的相同［式（4.168）］。

电容根据能量的定义测量得出：

$$C_{\mathrm{N}} = \frac{2\int_{t_1}^{t_2} u_{\mathrm{C0}} i_{\mathrm{C0}} \mathrm{d}t}{U_{\mathrm{C01}}^2 - U_{\mathrm{C02}}^2} = \frac{2E_{\mathrm{DCH}}}{U_{\mathrm{C01}}^2 - U_{\mathrm{C02}}^2} \tag{4.171}$$

式中，E_{DCH}是超级电容器在 t_1 ~ t_2获取的能量。

标准测试参数在表 4.5 中进行总结。

表 4.5 IEC 62576 标准定义的测试参数

保持模式	保持时间	充电电流	放电电流	参考电压
恒定电压	T_{HOLD}：300s	$I_{\mathrm{C0(CH)}}$：式（4.170）	$I_{\mathrm{C0(DCH)}}$：式（4.170）	U_{C01}：U_{C0max}的 90% U_{C02}：U_{C0max}的 70%

4.6.1.5 EUCAR 标准

EUCAR 标准与 IEC 62391 标准非常相似。电阻和电容的计算公式分别为式（4.168）和式（4.169）。EUCAR 标准与 IEC 62391 标准最大的不同是放电电流。

与 IEC 62391 标准相比，EUCAR 标准的放电电流非常小，只有 5mA/F。当超级电容器放电时，如此低的电流会在电压的测量过程中引发一些问题。如 4.2.1 节所讨论的，电压阶跃的内阻依赖于以 k_{LC} 作为负载参数的容量 C_N [见式 (4.7) 和图 4.6]。如果 $k_{LC}=5mA/F$，可以看到电压阶跃低于超级电容器额定电压的 1%。测试过程中如此低的电压阶跃需要谨慎选择测试设备和电压测量方法（对 EUCAR 标准的测试参数在表 4.6 中进行总结）。

表 4.6　EUCAR 标准定义的测试参数

保持模式	保持时间	充电电流	放电电流	参考电压
恒定电压	T_{HOLD}：30s	$I_{C0(CH)}$：50mA/F	$I_{C0(DCH)}$：5mA/F	U_{C01}：U_{C0max} 的 60% U_{C02}：U_{C0max} 的 30%

4.6.2　漏电流和自放电

4.6.2.1　测试装置

测试装置电路如图 4.28 所示。UUT 连接到一个标记为“测试电压源”的高精度电源上。电源能够对超级电容器充电至额定电压，并使终端电压维持在参考值上很长时间。UUT 和电源通过两个开关 SW_0 和 SW_1 相连，分流电阻 R_S 与开关 SW_1 并联。超级电容器的电流通过 R_S 上的感应而产生。感应电压经电压放大器 A_1 放大。超级电容器电压通过电压探头 A_2 直接测量。如果需要，超级电容器的温度也可以测量。所有测试数据通过高分辨率长缓冲区数据记录器记录。

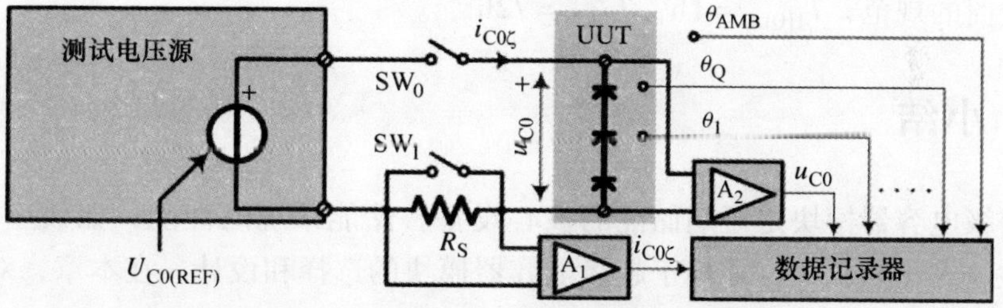

图 4.28　漏电流和自放电特性测试装置

4.6.2.2　漏电流测试

超级电容器的漏电流由充电电流定义，该充电电流使超级电容器维持在指定电压值。超级电容器维持在指定电压值的时间越长，超级电容器漏电流就越小。其测试的结果会受到温度、带电设备的电压、测试设备使用时间和老化条件的影响。

图 4.29a 给出了测试顺序的细节。超级电容器在时间 t_0 开始放电，直到电压达到标准值。开关 SW_1 闭合，以防超级电容器充电时分流电阻过载。一旦超级电容器充电完成，开关 SW_1 可以断开。在 $T_{HOLD}=t_M-t_0$ 阶段，电压由高精度电源提供的额定电压控制。在时刻 t_M，测试超级电容器电流，并将测试值作为漏电流。根据制造商的规范，$T_{HOLD}=72h$[2]。

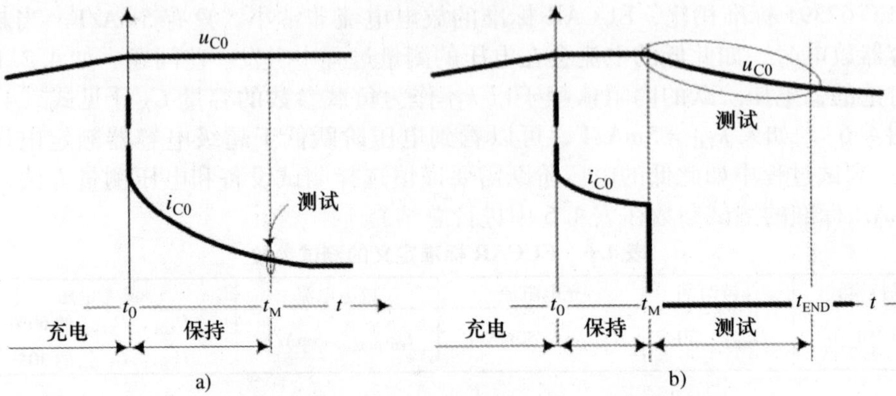

图 4.29　a) 超级电容器漏电流测试 b) 自放电特性测试

4.6.2.3　自放电特性

自放电测试的目的是观察完全充电到一定电压的超级电容器电压随时间的变化情况。测试结果受到温度、带电设备的电压、测试设备使用时间和老化条件的影响。

图 4.29b 给出了测试顺序的细节。超级电容器在时间 t_0 开始放电，直到电压达到标准值。开关 SW_1 闭合，以防超级电容器充电时分流电阻过载。在 $T_{HOLD}=t_M-t_0$ 阶段，电压由高精度电源提供的额定电压控制。在时刻 t_M，开关 SW_0（见图 4.28）断开。电压在 $T_{ACQ}=t_{END}-t_M$ 阶段测试，测试值作为自放电特性。根据制造商的规范，$T_{HOLD}=1h$，$T_{ACQ}=72h$[2]。

4.7　小结

超级电容器模块是短期储能的核心设备。储能系统的性能，如效率、寿命、可靠性、大小和成本，依赖于超级电容器模块的选择和设计。在本章，对超级电容器的模块设计进行了广泛讨论。

根据系统规范，必须对超级电容器模块的 3 个主要参数进行选择。

1）超级电容器模块额定电压。基本上有 4 种不同的工作电压等级可以选择：

① 最大工作电压；

② 最小工作电压；

③ 中间工作电压；

④ 模块额定电压。

2）超级电容器模块的额定电容。

3）超级电容器模块的内阻。

这些参数的选择是一个迭代的过程。模块额定电压根据系统工作电压、接口

DC－DC 变流器的拓扑以及模块的寿命进行选择。模块电容根据额定电压、需要的储能能力以及规定的变换损耗/变换效率进行选择。

超级电容器模块一旦确定（电压、电容和电阻），下一步是模块的设计。设计的步骤可以概括如下：

1）从数据表中选择超级电容器单体；

2）选择串联的单体数量；

3）选择并联的单体数量；

4）模块的散热设计；

5）均衡电压电路。

整个设计过程的最后一步是模块测试和验证。模块的电容和电阻可通过充放电的方式测量。模块以恒定电流充放电，同时测量电压响应。模块的漏电流和自放电率也通过此法测量。电容、电阻、漏电流和自放电率根据 IEC 62391－1、IEC 62391－2 和 EUCAR 标准测量。

参 考 文 献

1. LS Mtron Ultra-Capacitors Data Sheet, http://www.ultracapacitor.co.kr (accessed 22 April 2013).
2. Maxwell Technologies Ultra-Capacitors http://www.maxwell.com/ultracapacitors (accessed 22 April 2013).
3. Enhui, Z., Q. Zhiping, and W. Tongzhen, (2010) Research on combination of series and parallel with super-capacitor module. 2nd IEEE International Symposium on Power Electronics for Distributed Generation Systems, PEDGS 2010, pp. 685–690.
4. Linzen, D., S. Buller, E. Karden, and R.W. De Doncker, (2003) Analysis and evaluation of charge balancing circuits on performance, reliability and lifetime of supercapacitor systems, Industry Applications Conference, October 12–16, 2003, Vol. 3, pp. 1589–1595.
5. Barrade, P., S. Pittet, and A. Rufer, (2000) Energy storage system using a series connection of supercapacitors, with an active device for equalizing the voltages. IPEC 2000, International Power Electronics Conference, Tokyo, Japan, April 3–7, 2000.
6. Grbović, P.J. (2009) Loss-free balancing circuit for series connection of electrolytic capacitors using an auxiliary switch mode power supply. *IEEE Transaction Power Electronics*, **24**, 1, 221–231.
7. Grbović, P.J. (2012) Art of control of advanced power semiconductors: from theory to practice, full day tutorial. IPEMC (ECCE Asia) 2012, IEEE Energy Conversion Congress and Exposition, Harbin, China, June 2–6, 2012.
8. Grbović, P.J., Delarue, P. and Le Moigne, P. (2011) A novel three-phase diode boost rectifier using hybrid half-DC-BUS-voltage rated boost converter. *IEEE Tansactions on Industrial Electronics*, **58**, 4, 1316–1329.
9. Maxwell Technologies (2009) Test Procedures for Capacitance, ESR, Leakage Current and Self-Discharge Characterizations of Ultracapacitors, Maxwell Technologies Application Note, July 2009.
10. IEC (2006) 62391-1. *Fixed Electric Double Layer Capacitors for Use in Electronic Equipment-Part I: Generic Specification*, IEC 40/1378/CD. International Electrotechnical Commission.
11. IEC 62391-2. *Fixed Electric Double Layer Capacitors for Use in Electronic Equipment-Part II: Sectional Specification Electric Double Layer Capacitors for Power Applications*, IEC 40/1378/CD. International Electrotechnical Commission.
12. EUCAR Traction Battery Working Group (2003) Specification of Test Procedure for Super-Capacitors Electric Vehicle Applications, EUCAR, April 2003.
13. Buller, S., Karden, E., Kok, D. and De Doncker, R.W. (2002) Modeling the dynamic behavior of supercapacitors using impedance spectroscopy. *IEEE Transaction Industry Applications*, **38**, 6, 1622–1626.
14. Conway, B.E. (1999) *Electrochemical Supercapacitors, Scientific Fundamentals and Technological Applications*, Kluwer Academic/Plenum Publisher, New York.

15. Miller, J.M. (2011) *Ultracapacitor Applications*, IET Power and Energy Series, Vol. **59**, The Institute of Engineering and Technology, Stevenage.
16. Grbović, P.J. (2012) Ultra-capacitors as energy storage for power conversion applications: from theory to practice. Half Day Tutorial, EnergyCon 2012, Florence, Italy, September 9–12, 2012.
17. Rafik, F., Gualous, H., Gallay, R. *et al.* (2007) Frequency, thermal and voltage supercapacitor characterization and modeling. *Journal of Power Sources*, **165**, 928–934.
18. Shiffer, J., Linzen, D. and Uwe Sauer, D. (2006) Heat generation in double layer capacitors. *Journal of Power Sources*, **160**, 1, 765–772.
19. Lee, D.H., Kima, U.S., Shin, C.B. *et al.* (2008) Modeling of the thermal behavior of an ultra-capacitor for a 42-V automotive electrical system. *Journal of Power Sources*, **175**, 664–668.
20. Gualous, H., Louahlia-Gualous, H., Gallay, R. and Miraoui, A. (2009) Super-capacitor thermal modeling and characterization in transient state for industrial applications. *IEEE Transaction Industry Applications*, **45**, 3, 1035–1044.
21. Xu, X., Sammakia, B.G., Murray, B.T., *et al.*, (2011) Thermal modeling and management of super-capacitor modules by high velocity impinging fan flow. International Mechanical Engineering Congress and Exposition, Denver, Colorado, IMECE 2011, November 11–17, 2011.
22. Hijazi, A., Kreczanik, P., Bideaux, E. *et al.* (2012) Thermal network model of super-capacitor stack. *IEEE Transaction Industrial Electronics*, **59**, 2, 979–987.

第5章　接口 DC - DC 变流器

5.1　简介

本书第3章讨论了超级电容器在功率变换系统中的应用，并将其分为3类。图5.1描述了所讨论系统的一种基本结构：电源和负荷通过整流器④和逆变器①连接，超级电容器储能装置②通过接口变流器③接入系统直流母线。之前也详细讨论过超级电容器组的设计和选型，本章将对二端口 DC - DC 变流器的选型和设计方面的问题进行讨论。

3.2.4.3节中，介绍了超级电容器和功率变换系统集成的几种方式。如式(3.2)㊀和图3.7㊁，超级电容器的能量取决于其端电压。超级电容器也可直接并入系统，但此时系统是不可调的也不是最优的。为了使系统变得灵活并获得更高

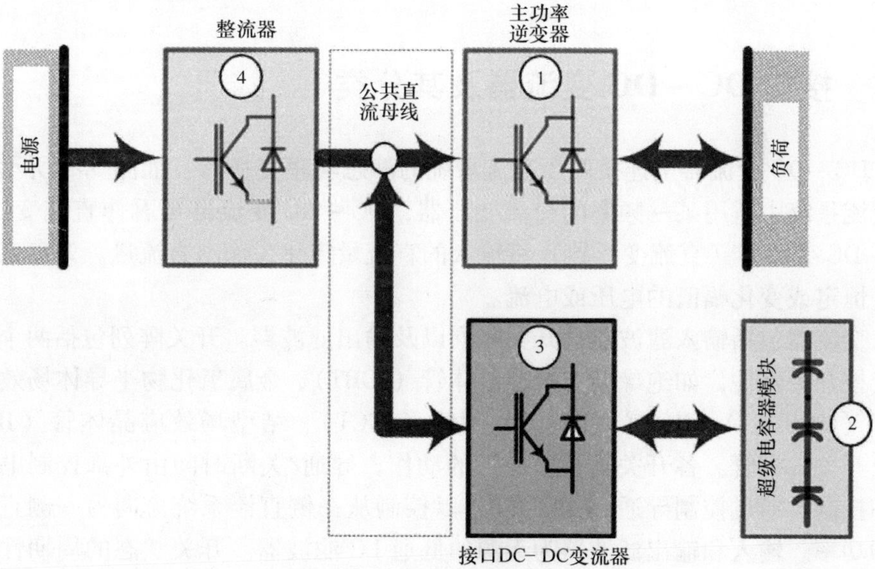

图5.1　具有超级电容器储能的功率变换系统

㊀ 原书中为式（3.2），有误，应为式（3.4）。——译者注

㊁ 原书中为图3.7，有误，应为图3.12。——译者注

效率，双向 DC - DC 变流器成为超级电容器和直流系统间的必备连接装置。如图 5.2 所示，根据应用需求，接口变流器的拓扑和控制策略有多种形式。

本章将主要讨论 DC - DC 变流器的拓扑。首先，讨论并比较几种架构以及当前的几种拓扑。然后，以一种两电平多单元非隔离式 DC - DC 变流器为例，对其进行详细讨论。

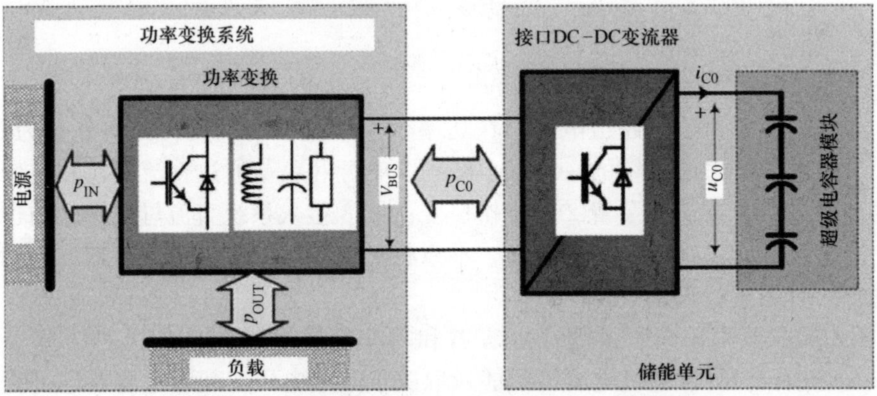

图 5.2 超级电容器储能和功率变换系统之间的连接

5.2 接口 DC - DC 变流器及其分类

DC - DC 变流器是连接两个直流系统的静态功率变换器。如图 5.3 所示，如同交流系统中适用某一频率的交流变压器，DC - DC 变流器可看作直流变压器。DC - DC 变流器（直流变压器）将输入的直流量转化为输出直流量。该直流量可以是恒定或变化幅值的电压或电流。

变流器包括输入滤波器、开关阵列以及输出滤波器。开关阵列包括两个或多个受控开关器件，如绝缘栅双极型晶体管（IGBT）、金属氧化物半导体场效应晶体管（MOSFET）、集成门极换流晶闸管（IGCT）、结型场效应晶体管（JFET）以及开关二极管。各开关进行周期性的动作，导通/关断时间由外部控制电路决定和控制。通过控制导通/关断时间，以控制从一侧直流系统流向另一侧直流系统的功率。输入和输出滤波器为无源的低通 LC 滤波器。开关状态的周期性快速变化会引起输入/输出侧电压/电流的高频波动，输入/输出滤波器用于抑制这些波动。

根据 DC - DC 变流器应用的特点可将其分为多种类型，如超级电容器和系统之间的功率、输入和输出侧是否隔离、变流器输出电平的数量、并联单元的数量等。

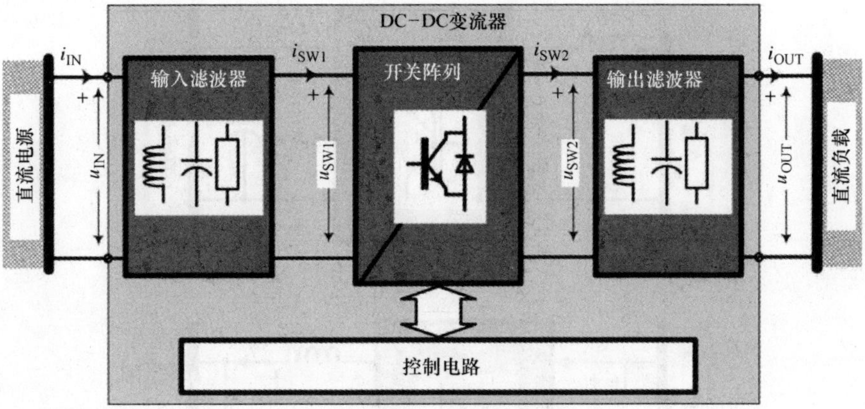

图 5.3　DC－DC 变流器的基本框图

5.2.1　电压源和电流源 DC－DC 变流器

如图 5.3 所示，DC－DC 变流器可以是电压源型或电流源型。变流器的类型取决于输入/输出滤波器以及开关阵列的结构。

5.2.1.1　电流源变流器

如果变流器的输入电流 i_{SW1} 连续而输出电流 i_{SW2} 为脉冲序列，该变流器为电流源型。电流源 DC－DC 变流器的输入电压 u_{SW1} 为脉冲序列而输出电压 u_{SW2} 连续。其简化电路如图 5.4a 所示。电流源变流器的输入滤波器为一个电感器 L_{IN}，即电流源滤波器。输出滤波器为一个电容器 C_{OUT}，即电压源滤波器。开关阵列为承受双向电压和单向电流的功率半导体开关单元。图 5.5a 给出了电流源变流器中一个基本开关单元的电路。

5.2.1.2　电压源变流器

如果变流器的输入电压 u_{SW1} 连续，而输出电压 u_{SW2} 为脉冲序列，该变流器为电压源型。电压源 DC－DC 变流器的输入电流 i_{SW1} 为脉冲序列而输出电流 i_{SW2} 连续。其简化电路如图 5.4b 所示。电压源变流器的输入滤波器为一个电容器 C_{IN}，即电压源滤波器。输出滤波器为一个电感器 L_{OUT}，即电流源滤波器。开关阵列为承受双向电流和单向电压的功率半导体开关单元。

电压源变流器的基本开关单元如图 5.5b 所示。开关单元包含两个受控的开关 S_1 和 S_2 以及两个续流二极管 D_1 和 D_2。开关单元的输入电压为恒定电压 V_{IN}，而输出电压为调制电压 u_{SW}。该开关单元是构成任何电压源变流器的基本模块。

5.2.1.3　电压源与电流源 DC－DC 变流器

电压源和电流源 DC－DC 变流器存在如下不同：

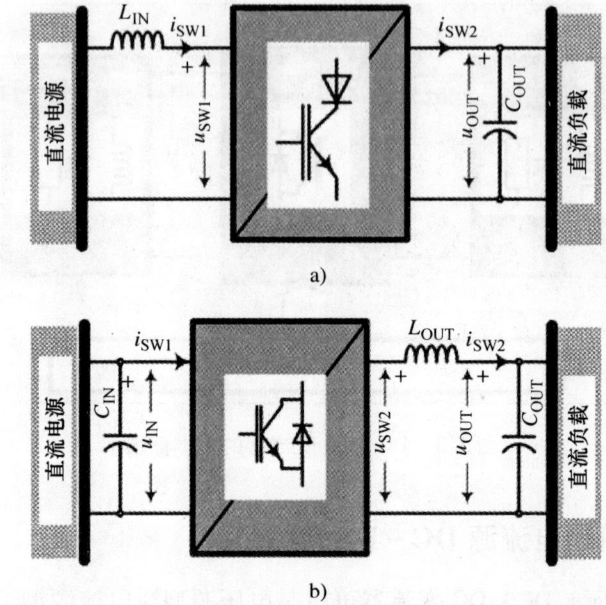

图 5.4　a）电流源 DC－DC 变流器　b）电压源 DC－DC 变流器

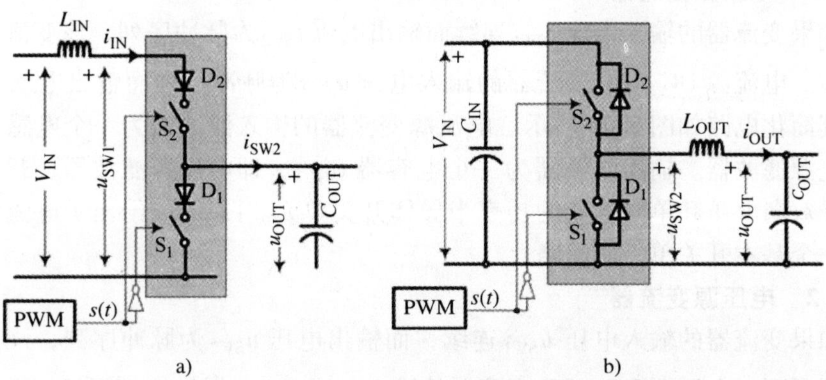

图 5.5　a）电流源 DC－DC 变流器的基本开关单元
b）电压源 DC－DC 变流器的基本开关单元

首先是输入和输出滤波器的拓扑不同，但其滤波电感器、滤波电容器的总容量基本相同，没有显著区别。

其次是功率半导体器件的排列不同，尤其是受控器件。电压源变流器的开关器件承受双向电流和单向电压，如并联续流二极管的 MOSFET 和 IGBT。而电流源变流器的开关器件承受双向电压和单向电流，如串联阻断二极管的 IGBT 和 IGBT/MOSFET。同时，一个基本的双向 DC－DC 变流器需要两个开关单元，如

图 5.5a 所示。这是电流源 DC - DC 变流器的主要缺点。

对于大多数功率变换应用，DC - DC 变流器为电压源型。电流源变流器主要用于超导磁储能（SMES）。本章只讨论电压源变流器。

5.2.2　全功率和部分功率接口 DC - DC 变流器

如果系统全部功率由接口 DC - DC 变流器变换，则该变流器称为全功率变流器。如图 5.6a 所示，变流器输入电压和电流与系统直流母线的电压和电流相同；变流器的输出电压和电流即超级电容器的电压和电流。

如果只有部分系统功率由接口 DC - DC 变流器变换，则该变流器称为部分功率变流器。如图 5.6b 所示，变流器输入电压为系统母线电压，而输入电流为直流母线的部分电流；变流器输出电压为直流母线电压和超级电容器电压的差值，而输出电流为超级电容器的电流。

在大多数工业应用中，大多采用全功率变流器。因此，后续将只针对这种类型的变流器进行探讨。

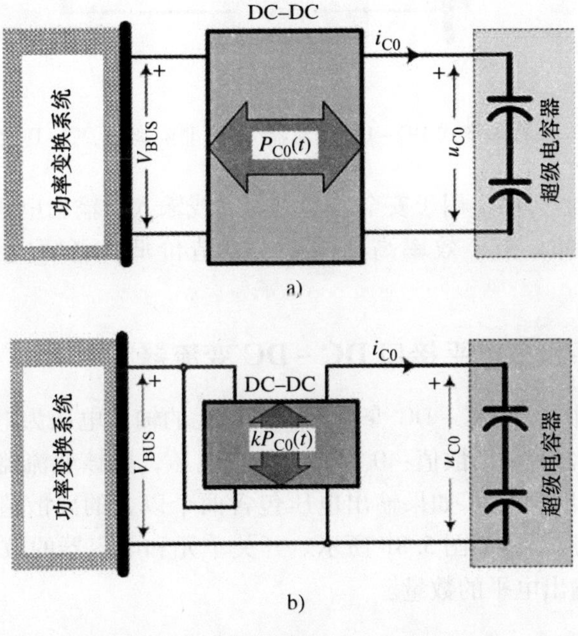

图 5.6　a）全功率 DC - DC 变流器　b）部分功率 DC - DC 变流器

5.2.3　隔离和非隔离式 DC - DC 变流器

接口 DC - DC 变流器可分为隔离式和非隔离式。如果变流器的输入与输出间有电气隔离，则该变流器为隔离式，如图 5.7a 所示。否则，该变流器为非隔离式，如图 5.7b 所示。

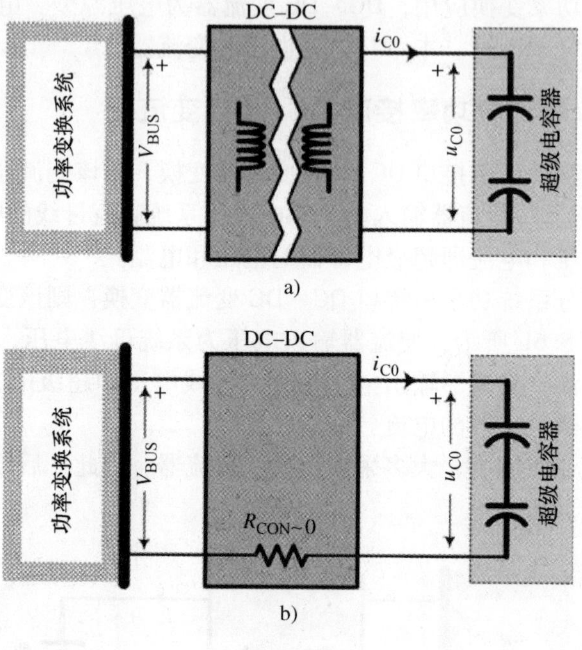

图 5.7 a）隔离式 DC－DC 变流器 b）非隔离式 DC－DC 变流器

隔离式变流器大多应用于安全、功能需求或输入和输出电压有较大差异的场合。除以上情况外，由于效率高、体积小且造价低，更倾向采用非隔离式变流器。

5.2.4 两电平和多电平接口 DC－DC 变流器

5.2.1.2 节中指出 DC－DC 变流器开关单元的输出电压为电压脉冲序列。如果该输出电压包含两个离散值：0 和直流母线电压，则该变流器为两电平电压源变流器，如图 5.8a 所示。如果输出电压包含两个以上的离散值，则该变流器为多电平电压源变流器，如图 5.8b 所示。开关单元和电容器的数量为 $N_C=(N_L-1)$，其中 N_L 为输出电平的数量。

5.2.5 单相和多相交错式接口 DC－DC 变流器

一般来说，接口 DC－DC 变流器包括一个或多个基本开关单元（见图 5.5）以及输入/输出滤波。如果变流器仅包含一个开关单元，则该变流器为一个两电平单相变流器，如图 5.9a 所示。如果变流器由 N 个基本开关单元并联组成，且各开关单元的驱动信号有一定延迟，则该变流器为两电平 N 相交错式变流器，

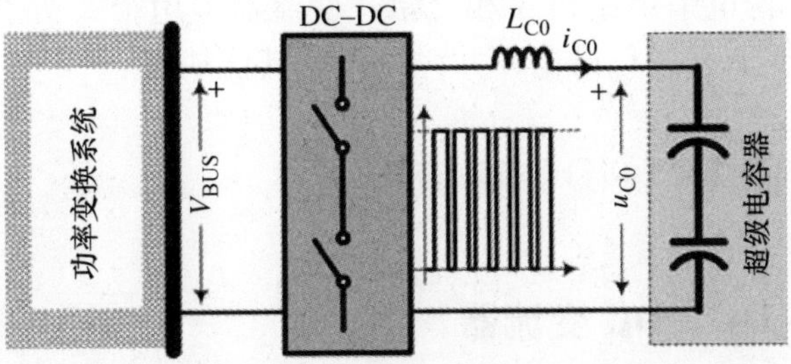

a)

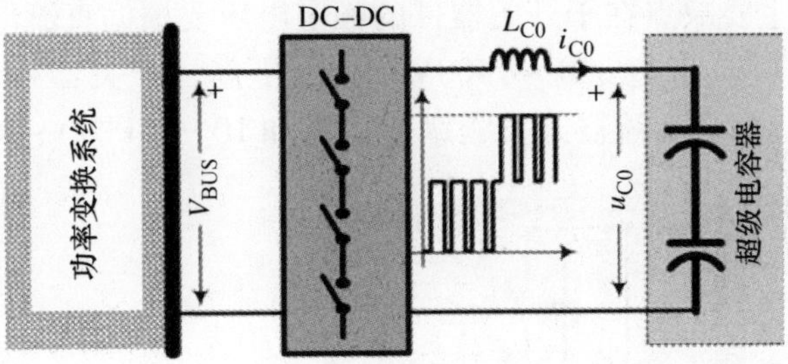

b)

图 5.8　a）两电平 DC－DC 变流器　b）多电平 DC－DC 变流器

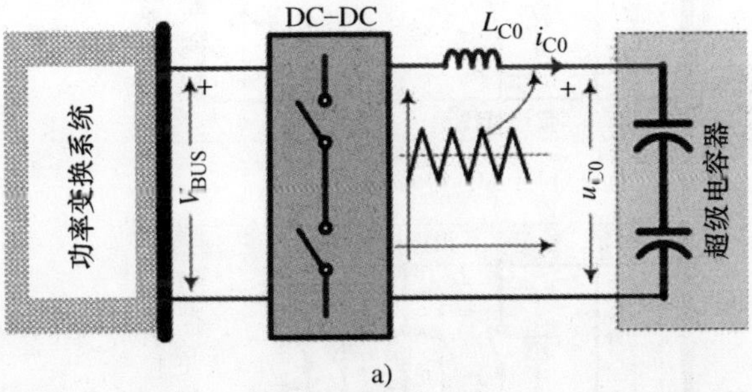

a)

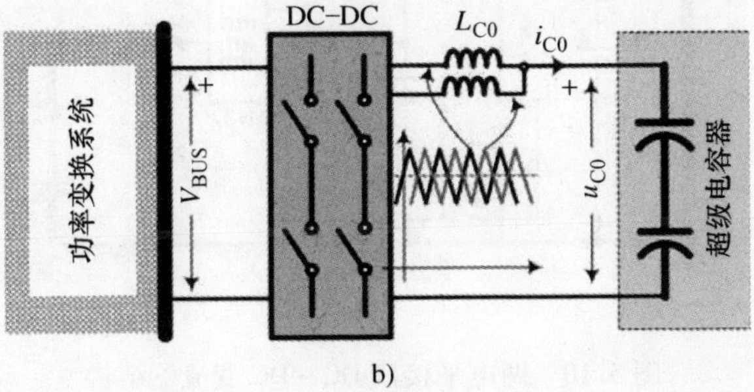

b)

图 5.9　a）单相 DC－DC 变流器　b）多相交错式 DC－DC 变流器

如图 5. 9b 所示。两电平单相和 N 相交错式变流器多用于大功率场合。本章中将主要对该类接口变流器进行讨论，并详细介绍其优缺点。

5. 3 常用接口 DC - DC 变流器

5. 3. 1 两电平 DC - DC 变流器

大多数接口 DC - DC 变流器拓扑基于常规两电平单相拓扑，如图 5. 10a 所示。这些拓扑的主要缺点在于开关器件的额定电压要根据直流母线电压选取。由于直流母线电压可能高达 800 ~ 1400V，甚至更高，开关器件的额定电压选为 1200V 或 1700V。如果变流器开关频率很高（如 10 ~ 15kHz），则很难选择开关。

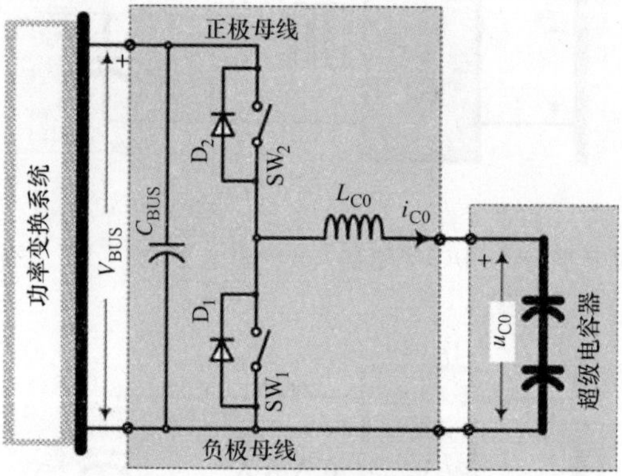

a)

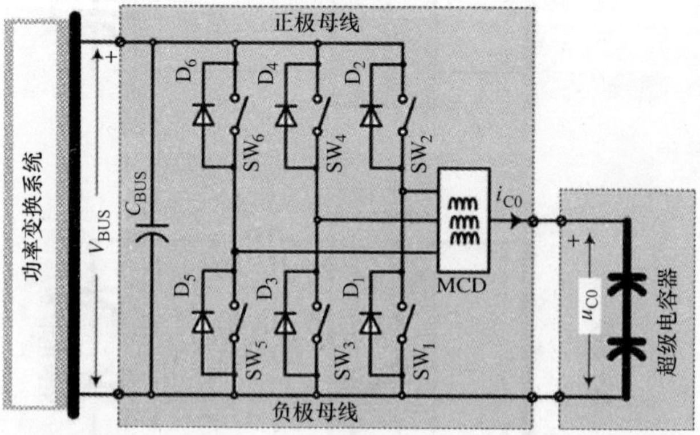

b)

图 5. 10　两电平接口 DC - DC 变流器结构
a）两电平单相 DC - DC 变流器　b）两电平三相交错式 DC - DC 变流器

此时，可选用两电平软开关DC - DC变流器，以减少开关损耗。然而由于变流器工作于断续模式（DCM），峰值电流和电流纹波高于连续模式（CCM），导致变流器损耗增加，尤其是电感铁心的损耗。另一个问题是输出电流纹波需要由额外的输出滤波电容器进行抑制。

并联功率变流器用于大功率应用场合。负载电流分配到各并联变流器，因此可选用额定电流较低的功率半导体器件。为了使电流在各单元间均匀分配，在此采用相间电感[3]。使得各并联变流器的驱动信号相差$2\pi/N$，从而可改善变流器的性能，这种方法被称为交错。采用交错技术可降低变流器的大小、损耗，减少输入/输出滤波器的费用，降低直流母线电容器的电流应力，更好地利用功率半导体开关器件，改善动态特性和可控性。

许多功率变换应用中可采用交错式DC - DC变流器，如电压调整模块(VRM)[4-6]、新能源应用[7]、汽车及牵引应用[8-11]、功率因数校正（PFC）以及电力供应[12,13]。

5.3.2 三电平DC - DC变流器

三电平变流器在高输入电压和高开关频率的场合得到广泛应用[14-16]。开关器件只需承受直流母线电压的1/2。与采用额定电压为全电压的开关器件相比，利用较低额定电压的器件可获得更好的开关和导通特性。因此，变流器的整体性能，包括成本和效率，较之两电平变流器，都有显著的提升，尤其当开关频率达20kHz以上以及采用MOSFET时。

图5.11给出了两种常用的三电平双向DC - DC变流器。图5.11a所示为浮动输出三电平DC - DC变流器[17]，而图5.11b所示为浮动电容器三电平DC - DC变流器。

浮动电容器和浮动输出三电平DC - DC变流器并没有显著区别。两者的有源/无源器件个数和额定值相同。浮动输出逆变器的最大缺陷在于输出电压浮动，因此超级电容器的共模电压相对较高，为直流母线电压的一半。为了避免潜在的EMC问题，需要较大的共模输出滤波器。相比之下，浮动电容器变流器没有上述问题，然而浮动电容器三电平变流器存在启动和浮动电容器电压控制的问题。

5.3.3 Boost - Buck和Buck - Boost DC - DC变流器

上述DC - DC变流器的共同特征是输入/输出电压比值小于或等于1，因此超级电容器电压u_{C0}应不超过直流母线电压V_{BUS}。在某些应用中，需要将超级电容器充电至直流母线电压以上或放电至直流母线电压以下。以上非隔离式变流器无法做到这一点。

图5.12展示了单相级联的Boost - Buck和Buck - Boost变流器。Boost - Buck

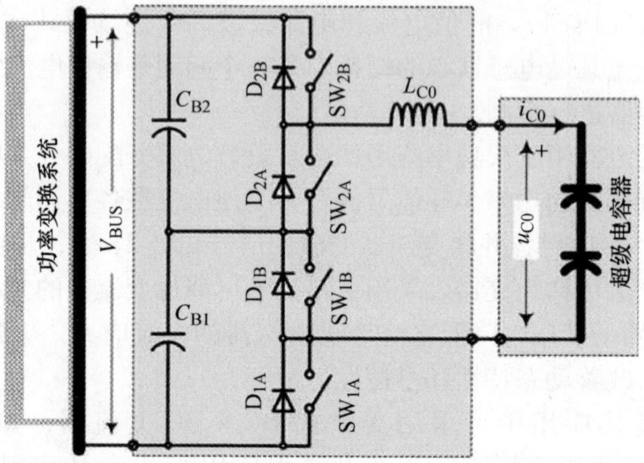

a)

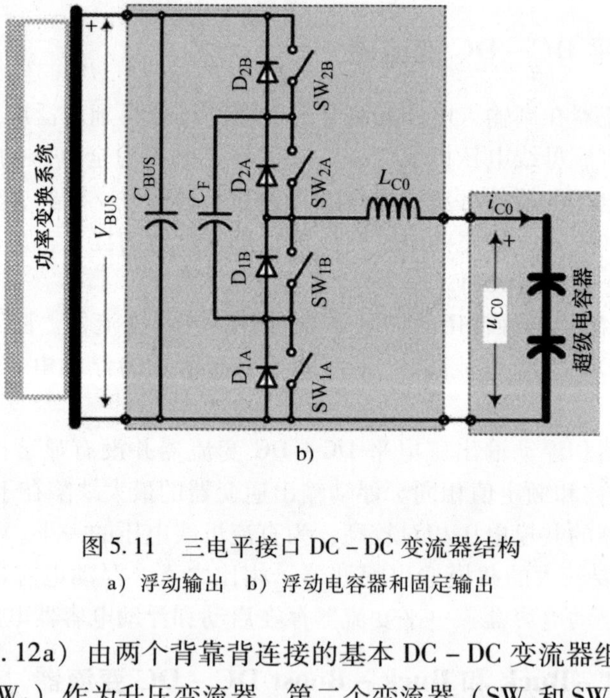

b)

图 5.11　三电平接口 DC－DC 变流器结构

a）浮动输出　b）浮动电容器和固定输出

变流器（见图 5.12a）由两个背靠背连接的基本 DC－DC 变流器组成。第一个变流器（SW_3 和 SW_4）作为升压变流器，第二个变流器（SW_1 和 SW_2）作为降压变流器。Buck－Boost 变流器（见图 5.12b）工作于相反的方式，第一个变流器（SW_3 和 SW_4）作为降压变流器，第二个变流器（SW_1 和 SW_2）作为升压变流器。Buck－Boost 变流器较之 Boost－Buck 变流器的优点是无源器件的数量和开关器件的额定值。Buck－Boost 变流器具有一个电感器和两个电容器，而 Boost－Buck 变流器包含两个电感器和一个电容器。考虑到电容器的能量密度比电感器的能量

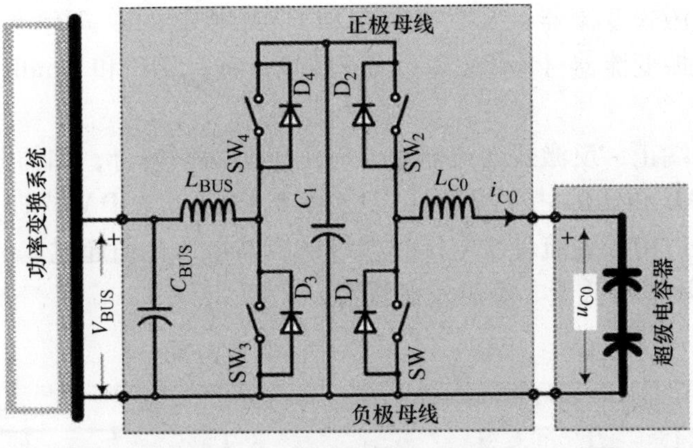

a)

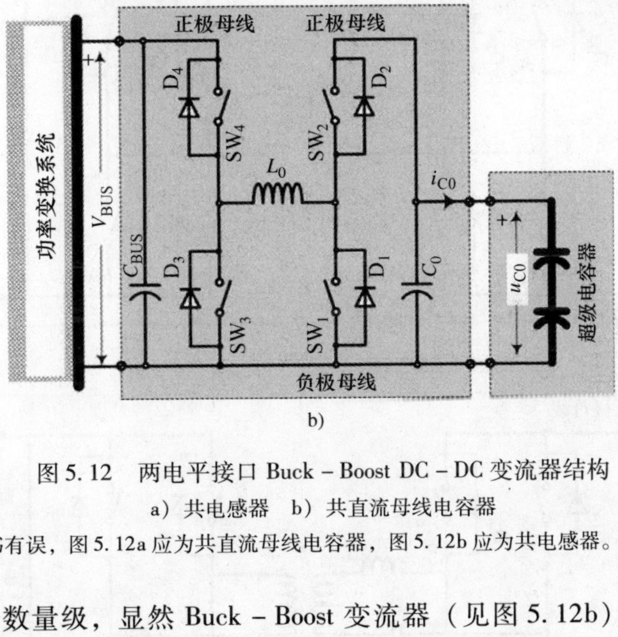

b)

图 5.12　两电平接口 Buck - Boost DC - DC 变流器结构

a）共电感器　b）共直流母线电容器

注：原书有误，图 5.12a 应为共直流母线电容器，图 5.12b 应为共电感器。——译者注

密度高出一个数量级，显然 Buck - Boost 变流器（见图 5.12b）比 Boost - Buck 变流器（见图 5.12a）体积更小、更便宜、效率更高。Buck - Boost 变流器的另一个优点是半导体开关器件的额定电压，SW_1 和 SW_2 依据超级电容器电压的最大值选择，而 SW_3 和 SW_4 依据直流母线电压选择。与此不同，Boost - Buck 变流器的 4 个开关全部依据超级电容器的最大电压进行选择。

5.3.4　隔离式 DC - DC 变流器

隔离式 DC - DC 变流器大多基于以下应用需求：①安全性及/或输入/输出的功能性隔离；②单输入多输出；③输入和输出电压之比较大。所有隔离式拓扑都可以分为以下4类：①单端和多端正－反激式变流器；②脉宽调制（PWM）的半桥或全桥正激式变流器；③只有移相和PWM控制的双向有源桥（DAB）；④串联和并联谐振变流器（Series Resonant Converter，SRC和Parallel Resonant Converter，PRC）。

单端和多端正－反激式变流器主要应用于小功率场合，如辅助电源。在中大功率场合，DAB和SRC占主导地位[18]。图5.13所示为DAB和SRC的简化电路图，这种拓扑适用于直流母线电压和超级电容器电压比值超过2的场合。如果比值低于2，其效率将低于非隔离式变流器。

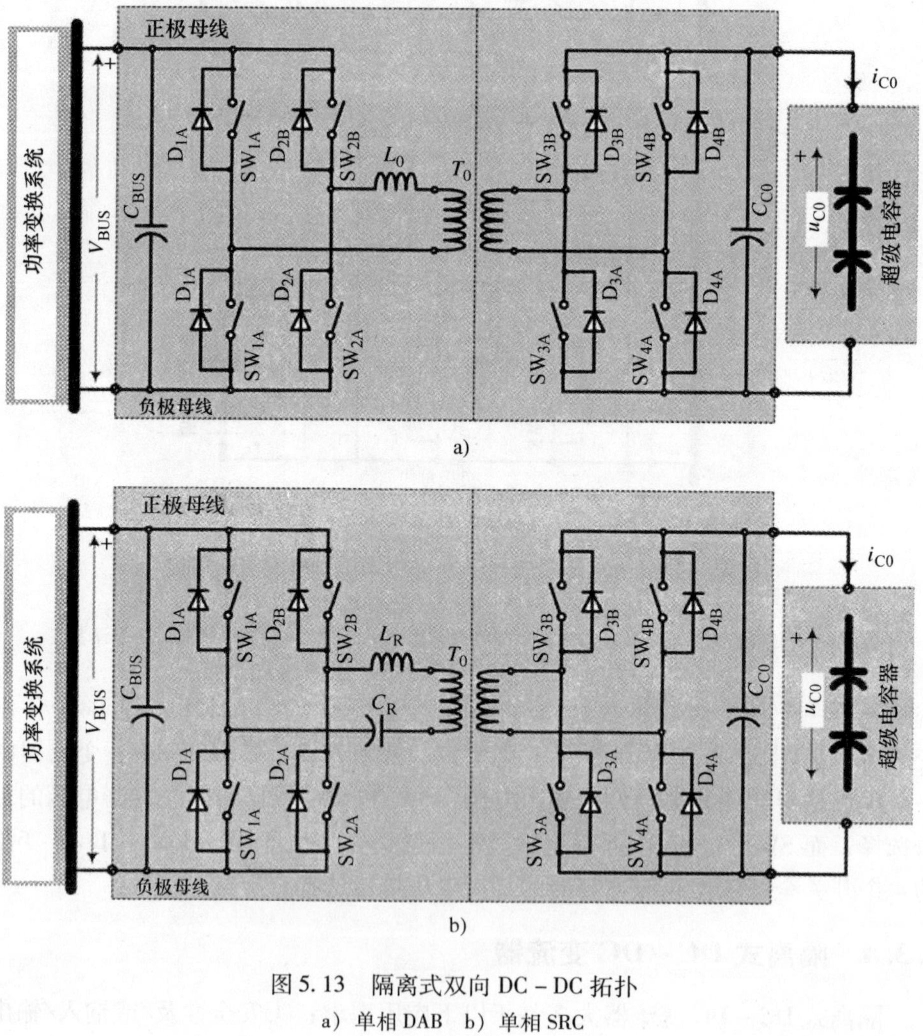

图5.13　隔离式双向DC－DC拓扑

a）单相DAB　b）单相SRC

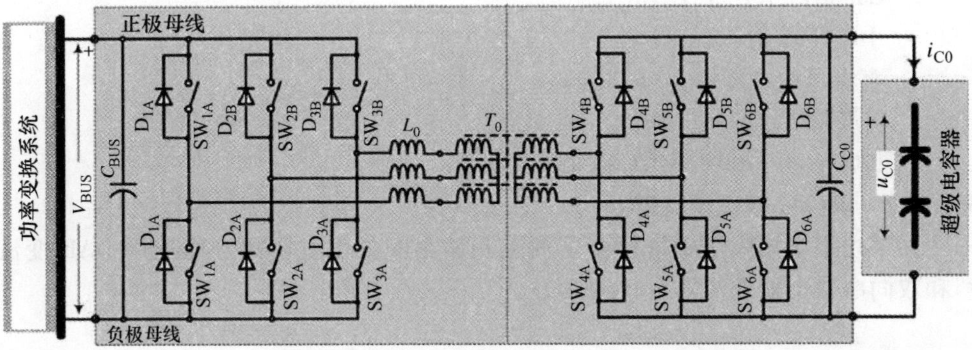

c)

图 5.13　隔离式双向 DC－DC 拓扑（续）

c）三相 DAB[18]

5.3.5　应用总结

表 5.1 总结了中大功率应用中所有常用的双向 DC－DC 变流器拓扑。

表 5.1　接口 DC－DC 变流器

非隔离式变流器		隔离式变流器	
两电平	三电平和多电平	DAB	B－SRC
所有拓扑可为单相或多相交错式			
单相		多相交错	

5.3.5.1　非隔离式接口变流器

如果功率变换应用没有特别要求输入和输出间的电气隔离，则两电平和三/多电平非隔离式 DC－DC 变流器都可用作超级电容器和功率变换系统的接口。

两电平单相和多相交错式变流器可用于以下场合：

- 中大功率应用。
- 低电压应用，直流母线电压 $V_{BUS} < 1400V$：
- 开关频率 $f_{SW} < 10kHz$；
- 应用 600V、1200V 和 1700V IGBT 和 PiN 二极管；
- CollMOS 只用于 DCM。

三电平和多电平变流器可应用于以下场合：

- 低电压应用，直流母线电压 $V_{BUS} < 1400V$：
- 低中功率；
- 高频和高功率密度应用；
- 开关频率 $f_{SW} > 10kHz$；
- 应用 600V 和 1200V IGBT 和 PiN 二极管；

- CollMOS 只用于 DCM。
- 中电压应用：
- 直流母线电压 $V_{BUS} > 1400V$；
- 开关频率 $f_{SW} < 10kHz$；
- 1200V 和 1700V IGBT 和 PiN 二极管。

5.3.5.2 隔离式接口变流器

如果功率变换应用中特别要求输入和输出间的电气隔离，则使用 DAB 变流器和双向串联谐振变流器（B－SRC）。

5.4 超级电容器的电压和电流定义

在对 DC－DC 变流器进行深入分析和讨论之前，首先简单推导在不同充/放电模式下的超级电容器电流和电压方程式。在本章的后续内容中将经常用到这些方程式。

超级电容器电流可以是恒定的也可以是随时间变化的，这取决于超级电容器的充/放电模式。在电流控制模式下，电流是常量：

$$i_{C0} = I_{C0(DCH)} = 常量$$
$$i_{C0} = I_{C0(CH)} = 常量 \tag{5.1}$$

在功率控制模式下，电流随时间有显著变化，2.5.3 节已讨论。充电和放电电流由式（2.68）和式（2.79）给出。表达式如下：

$$i_{C0} \cong -\frac{P_{C0(DCH)}}{U_{C(0)}}\sqrt{\frac{C_{C0}U_{C(0)}^2}{C_{C0}U_{C(0)}^2 - 2P_{C0(DCH)}t}}, P_{C0(DCH)} > 0$$
$$i_{C0} \cong -\frac{P_{C0(CH)}}{U_{C(0)}}\sqrt{\frac{C_{C0}U_{C(0)}^2}{C_{C0}U_{C(0)}^2 - 2P_{C0(CH)}t}}, P_{C0(CH)} < 0 \tag{5.2}$$

式中，$P_{C0(DCH)}$ 和 $P_{C0(CH)}$ 分别为放电和充电功率；$U_{C(0)}$ 为超级电容器的初始电压。

根据图 2.19 给出的功率方向，发出/吸收的功率可定义为

$$P_{C0} = -u_{C0}i_{C0} \tag{5.3}$$

式中，电源（放电）模式时，功率为正；耗散（充电）模式时，功率为负[⊖]。

超级电容器的电压和占空比随时间显著变化。2.5.2.1 节中分析了电流充/放电模式。电压由式（2.44）和式（2.53）给出。简便起见，假设超级电容器为线性电容器。因此，电压为

⊖ 原文为 drain（discharging）、source（charging）有误。——译者注

$$u_C(t)=U_{C(0)}-\frac{1}{C_{C0}}I_{0(DCH)}t$$

$$u_C(t)=U_{C(0)}+\frac{1}{C_{C0}}I_{0(CH)}t \tag{5.4}$$

式中，$I_{C0(DCH)}$ 和 $I_{C0(CH)}$ 分别为放电和充电功率；$U_{C(0)}$ 为超级电容器的初始电压。

在功率充/放电模式下，电压可由式（5.2）和式（5.3）计算得出：

$$u_{C0}(t)=-\frac{P_{C0(DCH)}}{i_{C0}(t)}=\sqrt{U_{C(0)}^2-\frac{2P_{C0(DCH)}t}{C_{C0}}},P_{C0(DCH)}>0$$

$$u_{C0}(t)=-\frac{P_{C0(CH)}}{i_{C0}(t)}=\sqrt{U_{C(0)}^2-\frac{2P_{C0(CH)}t}{C_{C0}}},P_{C0(CH)}<0 \tag{5.5}$$

式中，$P_{C0(DCH)}$ 和 $P_{C0(CH)}$ 分别为放电和充电功率；$U_{C(0)}$ 为超级电容器的初始电压。

5.5 多相交错式 DC－DC 变流器

5.5.1 交错式 DC－DC 变流器的背景知识

5.5.1.1 直接并联逆变器

并联功率变流器应用于大功率应用场合。电流分布于各变流器中，因此只需选择电流较小的半导体开关器件。图 5.14a 所示为功率半导体开关硬并联的 DC－DC 变流器的电路结构。该结构中各开关的电流分配是关键问题，开关应经过仔细选择，开关的驱动信号也应严格同步。开关微小的不一致性将导致很大的动态和静态不平衡电流。因此，开关不得不选择大一些，非优化的选型也不能有效降低成本。

为制造简便，大功率电感器通常由 N 个并联的绕组组成。由于大横截面积导线绕线较为困难，为了简化工艺，可将绕线分为 N 个细绕线，接入同一个输入节点和输出节点。对于多绕组线圈，可以将绕组从输入和输出节点分别接入相应的变流器单元，如图 5.14b 所示。由于电感的存在，开关间的电流分配和平衡相对容易得多。开关驱动信号的小偏移不会引起显著的电流不平衡。

5.5.1.2 交错式 DC－DC 变流器

交错驱动使各并联变流器驱动信号发生 $2\pi/N$ rad 的相移以达到附加的改进效果。采用交错技术可降低变流器的大小、损耗，减少输入/输出滤波器的费用，降低直流母线电容器的电流应力，更好地利用功率半导体开关器件，改善动态特性和可控性。

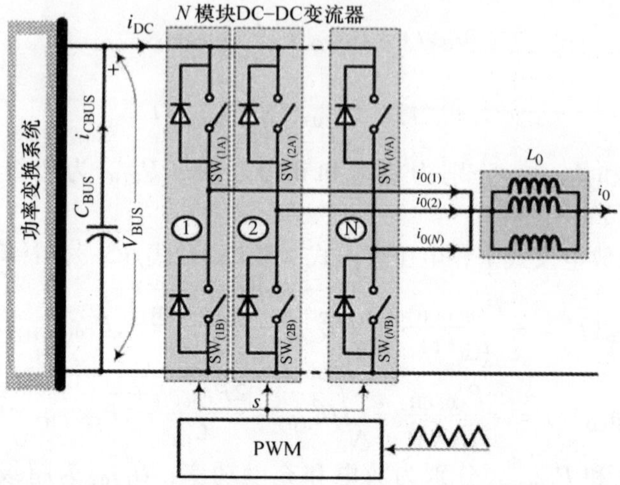

a)

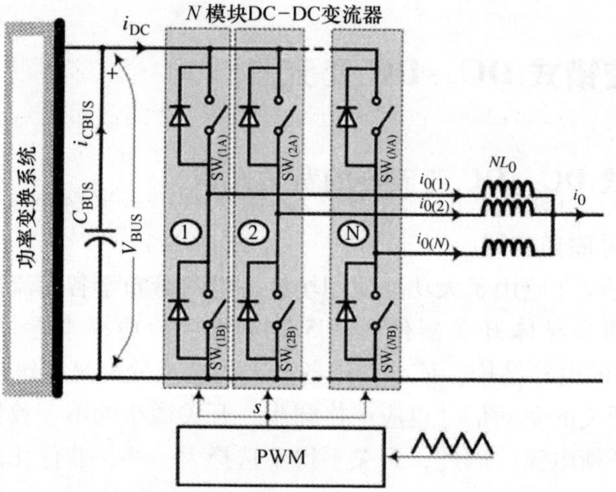

b)

图 5.14　大功率两电平 DC－DC 变流器

a）直接硬并联无均衡电感器　b）通过 NL_0 电感器并联

交错式 DC－DC 变流器可应用于多种功率变换应用，如 VRM[4-6]、新能源应用[7]、自动化及牵引应用[8-11]、功率因数校正（PFC）以及电力供应[12,13]。

交错式 DC－DC 变流器是由 N 个并联的 DC－DC 变流器单元组成的多相变流器。其基本单元可能为两电平或多电平 DC－DC 变流器。本章中，仅考虑由两个开关器件和两个续流二极管组成的两电平 DC－DC 单元。基本 DC－DC 单元由经过 $2\pi/N$ rad 相移的 PWM 脉冲驱动。图 5.15 所示为 N 单元交错式 DC－DC 变流器的电路示例。变流器左半部为高电压侧，后续将其记为直流母线；右半部分为低压侧，后续将其记为输出侧。

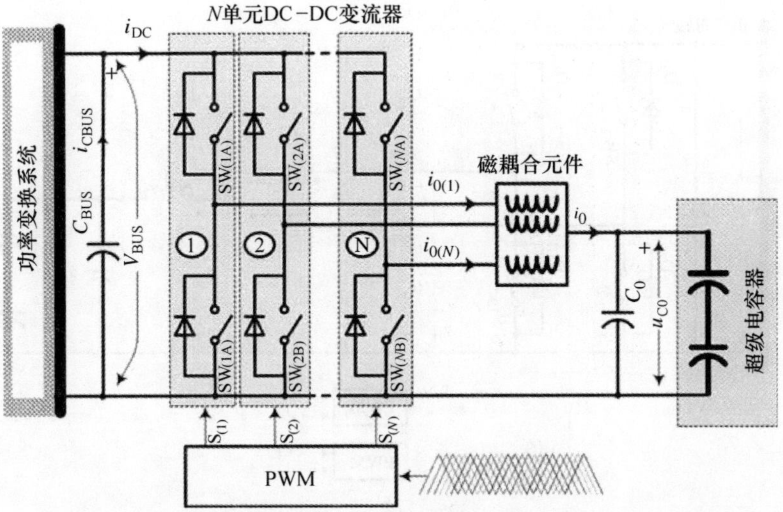

图 5.15　具有磁耦合元件的 N 相两电平交错式 DC - DC 变流器

开关单元输出侧连接于滤波电磁元件，记为“磁耦合元件”。此处引入了两个交错方式：第一为具有独立电感器的交错方式，磁耦合元件为一组单个电感为 L 的独立电抗器；第二为具有单元交互变压器（ICT）的交错方式，磁耦合元件为一组 ICT 和一个附加滤波电抗[19-21]。ICT 可能具有低漏抗或高漏抗。第一种情况下，需要附加电感 L_0；第二种情况下，ICT 的漏抗被当作输出滤波电抗[20,21]。简便起见，将以两相耦合交错的 DC - DC 变流器为例，后续将扩展至 N 相耦合 DC - DC 变流器，并统一分析。

5.5.2　两相交错式 DC - DC 变流器分析

图 5.16a 所示为两相耦合交错式 DC - DC 变流器的电路。变流器 ICT 为具有附加滤波电感 L_0 的理想变压器。变流器由两个开关单元组成，包括开关 SW_{1A} 到开关 SW_{2B}。每个开关具有续流二极管 D_{1A} 到 D_{2B}。开关 SW_{1A} 和 SW_{1B} 分别由开关信号 s_1 及其互补信号驱动，开关 SW_{2A} 和 SW_{2B} 分别由开关信号 s_2 及其互补信号驱动。开关信号 s_1 和 s_2 分别由 PWM_1 和 PWM_2 产生。调制器的输入为占空比 d_1、d_2 以及三角载波 v_{T1}、v_{T2}。

一个开关周期内的开关函数 $s_1(t)$ 和 $s_2(t)$ 定义如下：

$$s_1(t)=\begin{cases}1 & kT_{SW}\leqslant t\leqslant (k+d_1)T_{SW}\\ 0 & (k+d_1)T_{SW}\leqslant t\leqslant (k+1)T_{SW}\end{cases}$$

$$s_2(t)=\begin{cases}1 & \left(k-\dfrac{1}{2}\right)T_{SW}\leqslant t\leqslant \left(k-\dfrac{1}{2}+d_2\right)T_{SW}\\ 0 & \left(k-\dfrac{1}{2}+d_2\right)T_{SW}\leqslant t\leqslant \left(k-\dfrac{1}{2}+1\right)T_{SW}\end{cases}\tag{5.6}$$

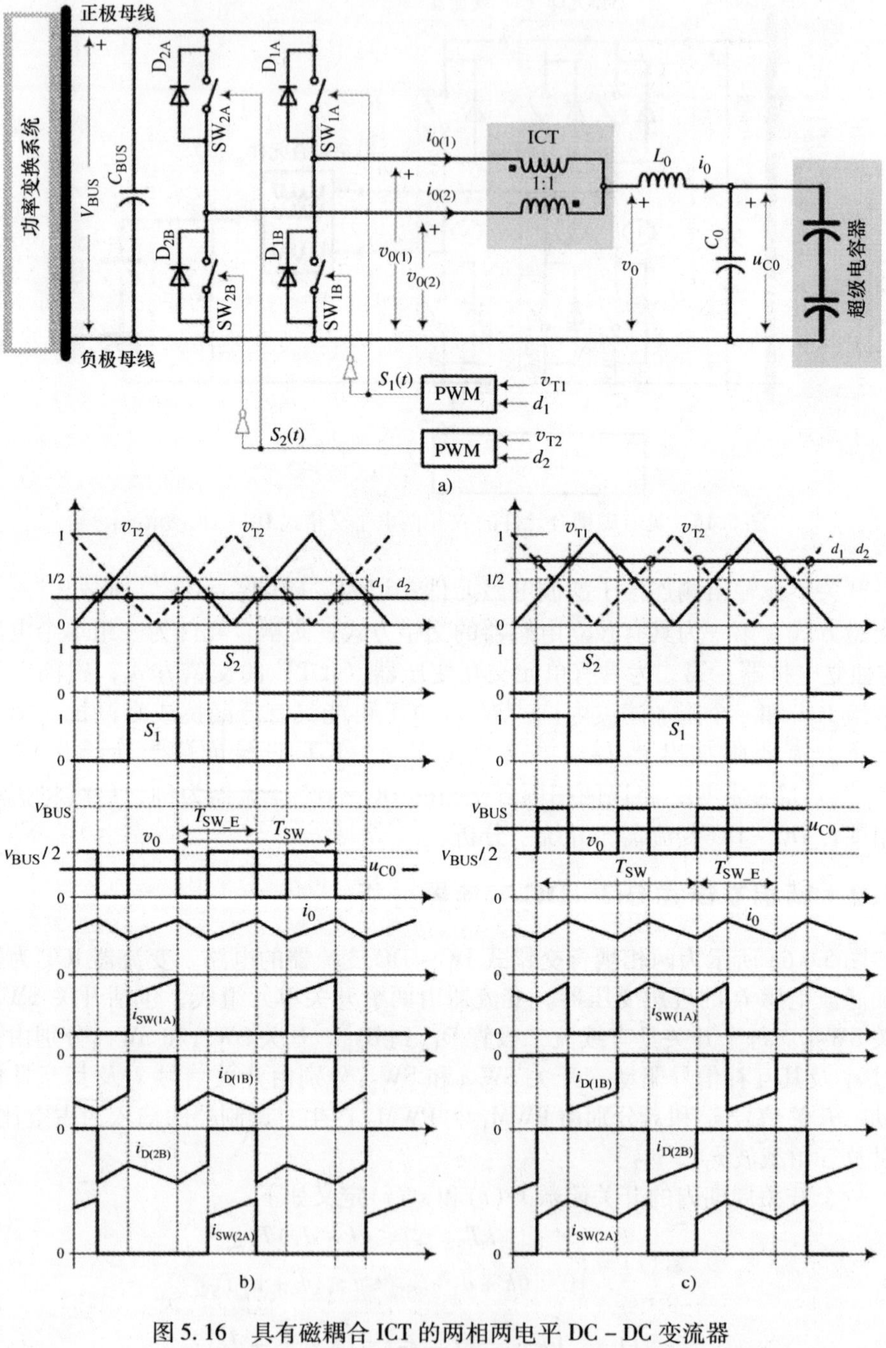

图 5.16 具有磁耦合 ICT 的两相两电平 DC - DC 变流器

a) 电路 b) $d<1/2$ 时的波形 c) $d>1/2$ 时的波形

式中，k 为整数；d_1、d_2 为占空比。

各单元的输出电压为开关频率为 f_{SW} 时的两电平电压，波形被相移了 π，见下式：

$$v_{0(1)}(t) = V_{BUS}s_1(t)$$
$$v_{0(2)}(t) = V_{BUS}s_2(t) = V_{BUS}s_1\left(t - \frac{T_{SW}}{2}\right) = v_{0(1)}\left(t - \frac{T_{SW}}{2}\right) \tag{5.7}$$

式中，$s_1(t)$ 和 $s_2(t)$ 为开关函数［式（5.6）］，图 5.16b 和图 5.16c 为其波形图。

图 5.17 所示为 ICT 的等效电路。ICT 为电压比为 1:1 的单相变压器。变压器励磁电感为 L_μ。简便起见，励磁电感 L_μ 可等效为变压器两侧的两个电感 $2L_\mu$，如图 5.17a 所示。

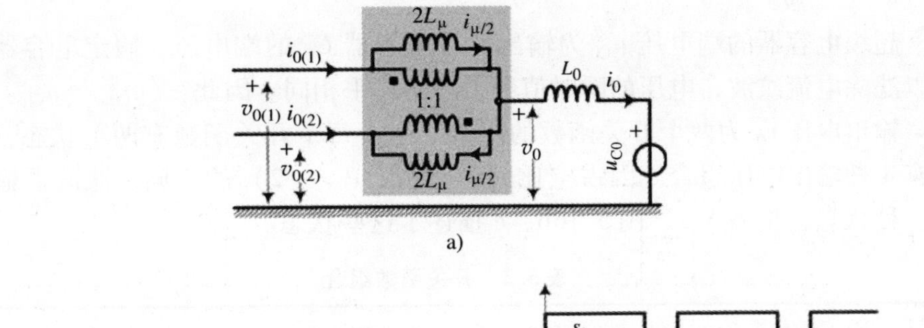

图 5.17　a）ICT 等效电路　b）输出电流波形　c）电压波形和磁通波形

ICT 输入电压为对应单元的输出电压 $v_{0(1)}(t)$ 和 $v_{0(2)}(t)$。由变压器方程和图 5.17a 所示的电路图可计算得出输出电压 v_0：

$$v_0(t)=\frac{v_{0(1)}(t)+v_{0(2)}}{2}=\frac{V_{\mathrm{BUS}}}{2}(s_1(t)+s_2(t)) \tag{5.8}$$

将式（5.6）代入式（5.8），并采用平均算子可得到平均输出电压：

$$<v_0>=\frac{V_{\mathrm{BUS}}}{2}\frac{1}{T_{\mathrm{SW}}}\int_0^{T_{\mathrm{SW}}}(s_1(t)+s_2(t))\mathrm{d}t=V_{\mathrm{BUS}}d \tag{5.9}$$

滤波电路可由以下微分方程给出：

$$L_0\frac{\mathrm{d}i_0}{\mathrm{d}t}=v_0(t)-u_{\mathrm{C0}} \tag{5.10}$$

对式（5.10）采用平均算子可得

$$\frac{1}{T_{\mathrm{SW}}}\int_0^{T_{\mathrm{SW}}}\left(L_0\frac{\mathrm{d}i_0}{\mathrm{d}t}\right)\mathrm{d}t=<v_0>-<u_{\mathrm{C0}}>=0\Rightarrow<u_0>=<u_{\mathrm{C0}}>=u_{\mathrm{C0}} \tag{5.11}$$

超级电容器的端电压 u_{C0} 为输出滤波电容器 C_0 的端电压。假定电容器足够大以滤除电流纹波，电压的瞬时值和平均值几乎相同。因此，$\langle u_{\mathrm{C0}}\rangle=u_{\mathrm{C0}}$。

输出电压 v_0 为两个开关函数的组合。由于每个开关函数有两个状态，因此共有 4 种输出电压组合。因占空比（$d<1/2$，$d>1/2$）的不同，滤波器输出具有多种状态，见表 5.2。图 5.16b、c 描述了这些状态。

表 5.2　开关函数组合

开关函数状态 s_1s_2	00	01	10	11
输出电压 v_0	0	$1/2V_{\mathrm{BUS}}$	$1/2V_{\mathrm{BUS}}$	V_{BUS}
$d<1/2$ 时的状态	A	B	B	X
$d>1/2$ 时的状态	X	C	C	D

状态 A

$$L_0\frac{\mathrm{d}i_0}{\mathrm{d}t}=0-u_{\mathrm{C0}} \tag{5.12}$$

由于 $\mathrm{d}i_0/\mathrm{d}t<0$，电流衰减。

状态 B

$$L_0\frac{\mathrm{d}i_0}{\mathrm{d}t}=\frac{V_{\mathrm{BUS}}}{2}-u_{\mathrm{C0}} \tag{5.13}$$

由于 $u_{\mathrm{C0}}<V_{\mathrm{BUS}}/2$，因此，$\mathrm{d}i_0/\mathrm{d}t>0$，电流增加。

状态 C

$$L_0\frac{\mathrm{d}i_0}{\mathrm{d}t}=\frac{V_{\mathrm{BUS}}}{2}-u_{\mathrm{C0}} \tag{5.14}$$

由于 $u_{\mathrm{C0}}>V_{\mathrm{BUS}}/2$，因此，$\mathrm{d}i_0/\mathrm{d}t<0$，电流衰减。

状态 D

由于 $u_{C0} < V_{BUS}$，因此，$di_0/dt > 0$，电流增加。

状态 X

该状态为不可能状态。

由式（5.10）和开关状态方程式（5.11）~式（5.14）可得电流表达式：

$$i_0(t) = I_0 + \Delta i_0(t) \tag{5.15}$$

式中，I_0 为稳态电流；$\Delta i_0(t)$为电流纹波。

电流纹波波形为三角波，该三角波的峰 - 峰值 Δi_0 可定义为

$$\Delta i_0(t) = \frac{\Delta i_0(d)}{2}\begin{cases} -1 + 2\dfrac{\Delta i_0(d)}{dT_{SW}}t & 0 \leqslant t \leqslant d\dfrac{T_{SW}}{2} \\ 1 - 2\dfrac{\Delta i_0(d)}{(1-d)T_{SW}}\left(t - d\dfrac{T_{SW}}{2}\right) & d\dfrac{T_{SW}}{2} \leqslant t \leqslant \dfrac{T_{SW}}{2} \end{cases} \tag{5.16}$$

纹波电流峰 - 峰值 Δi_0 可由式（5.6）、式(5.12) ~ 式(5.14)计算得出：

$$\Delta i_0(d) = \underbrace{\left[\frac{V_{BUS}}{16 f_{SW} L_0}\right]}_{\Delta i_{0\max}} 8\begin{cases} (1-2d)d & 0 \leqslant d \leqslant \dfrac{1}{2} \\ (1-d)(2d-1) & \dfrac{1}{2} \leqslant d \leqslant 1 \end{cases} \tag{5.17}$$

式中，$\Delta i_{0\max}$为电流纹波的最大值。

纹波电流的有效值（RMS）为

$$\Delta i_{0(RMS)} = \frac{2}{T_{SW}}\int_0^{T_{SW}/2} \Delta i_0^2(t)\,dt = \frac{\Delta i_0(d)}{2\sqrt{3}} \tag{5.18}$$

ICT 的端电压 $v_1(t)$、$v_2(t)$ 为

$$v_1(t) = v_2(t) = \frac{v_{0(1)}(t) - v_{0(2)}}{2} = \frac{V_{BUS}}{2}(s_1(t) - s_2(t)) \tag{5.19}$$

ICT 的总磁通可定义为

$$\frac{d\psi}{dt} = v_1(t) = \frac{V_{BUS}}{2}(s_1(t) - s_2(t)) \tag{5.20}$$

将式（5.6）中的开关函数替换到式（5.20）中，可得到一个开关周期内的总磁通变化值：

$$\Delta\psi = \frac{V_{BUS}}{2}\int_0^{T_{SW/2}}(s_1(t) - s_2(t))\,dt = \frac{V_{BUS}}{2}\frac{1}{f_{SW}}[d + (1-2d)\mathrm{floor}(2d)] \tag{5.21}$$

磁通密度峰值可由式（5.21）计算得出：

$$B_{peak} = \frac{\Delta\psi}{2nA_e} = \frac{V_{BUS}}{4nA_e}\frac{1}{f_{SW}}[d + (1-2d)\mathrm{floor}(2d)] = B_{max}2[d + (1-2d)\mathrm{floor}(2d)] \tag{5.22}$$

以 T_{SW}/N 为周期（电流纹波的基本周期）计算纹波的有效值为

$$\Delta i_{0(RMS)} = \frac{N}{T_{SW}}\int_0^{T_{SW}/N} \Delta i_0^2(t)\,dt = \frac{\Delta i_0(d)}{2\sqrt{3}} \tag{5.49}$$

5.5.3.3 直流母线电流分析

变流器可用图 5.23 中的等效模型表述。其中，每个单元用受控电压源表示，输入用受控电流源表示。输出电压源由直流母线电压 V_{BUS} 和开关函数 $s_{(k)}$ 控制，而输入电流源由输出电流 $i_{0(k)}$ 和开关函数 $s_{(k)}$ 控制。

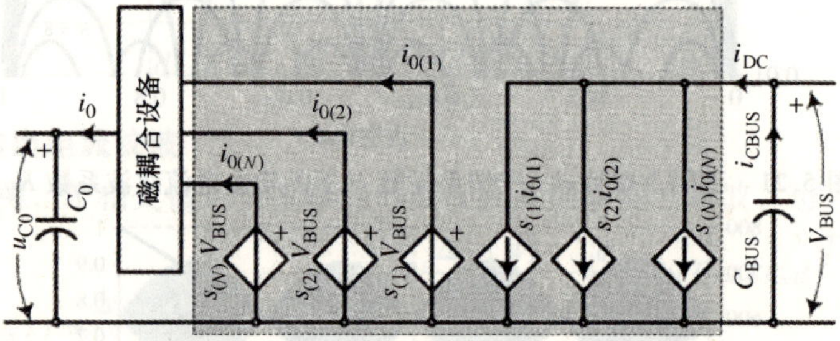

图 5.23 N 相交错式 DC - DC 变流器模型

直流输入电流 i_{DC} 是 N 个变流器单元电流的总和。其中，各相电流由输出电流 $i_{0(k)}$ 和开关函数 $s_{(k)}$ 定义：

$$i_{DC}(t) = \sum_{k=1}^{N} s_{(k)}(t)\, i_{0(k)}(t) \tag{5.50}$$

式（5.30）的开关函数可用傅里叶级数展开为如下一般形式：

$$s_{(k)}(t) = d + \frac{2}{\pi}\sum_{p=1}^{\infty}\frac{1}{p}\sin(pd\pi)\cos\left(p\omega_{SW}t + \frac{2\pi}{N}(k-1)\right),\ k = (1, 2, \cdots, N) \tag{5.51}$$

式中，N 是交错式变流器的数量；k 是第 k 个变流器的标号。

对一个四相耦合交错式 DC - DC 变流器在如下条件下进行仿真：开关频率 $f_{SW} = 4.5\text{kHz}$，直流母线电压 $V_{BUS} = 700\text{V}$，滤波电感 $L_0 = 10\mu\text{H}$，输出电流 $I_{C0} = 600\text{A}$。图 5.24 所示是直流母线电流 i_{DC} 随占空比 d 变化的仿真波形。图 5.25 所示为四相耦合交错式 DC - DC 变流器的输出电流 i_0、直流母线电流 i_{DC} 以及单相输出电压 u_{01} 波形。

一般地，第 k 个变流器单元的输出电流为

$$i_{0(k)}(t) = I_{0(k)} + \Delta i_{0(k)}(t) \tag{5.52}$$

式中，$I_{0(k)}$ 是平均输出电流；$\Delta i_{0(k)}$ 为电流纹波。

将式（5.51）和式（5.52）代入式（5.50）可得

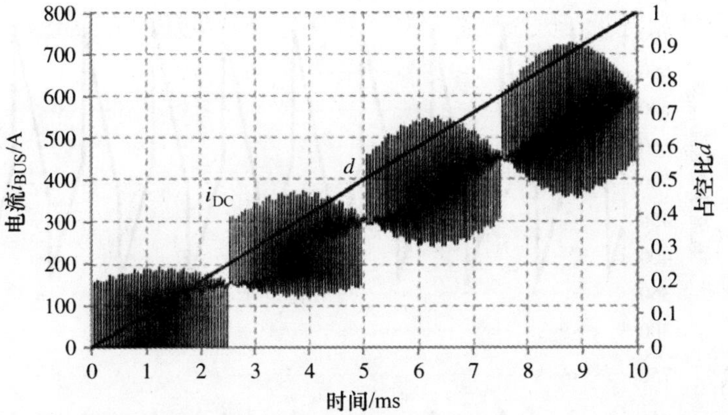

图 5.24　直流母线电流 i_{DC} 随占空比 d 变化的仿真波形（四相耦合交错式 DC - DC 变流器，开关频率 $f_{SW}=4.5\text{kHz}$，直流母线电压 $V_{BUS}=700\text{V}$，滤波电感 $L_0=10\mu\text{H}$，输出电流 $I_{C0}=600\text{A}$）

$$
\begin{aligned}
i_{DC}(t) = & \sum_{k=1}^{N} d_{(k)} I_{0(k)} + \sum_{k=1}^{N} I_{0(k)} \frac{2}{\pi} \sum_{p=1}^{\infty} \frac{1}{p} \sin(pd\pi) \cos\left(p\omega_{SW} t + \frac{2\pi}{N}(k-1)\right) \\
& + \sum_{k=1}^{N} d_{(k)} \Delta i_{0(k)}(t) + \underbrace{\sum_{k=1}^{N} \Delta i_{0(k)}(t) \frac{2}{\pi} \sum_{p=1}^{\infty} \frac{1}{p} \sin(pd\pi) \times \cos\left(p\omega_{SW} t + \frac{2\pi}{N}(k-1)\right)}_{\cong 0}
\end{aligned} \tag{5.53}
$$

输出电流纹波的有效值一般较低，为额定输出电流的 10% ~20%。因此，该电流对直流母线电流有效值的影响不显著。但在某些条件下，如轻载或具有多个交错单元时，输出电流纹波对直流母线电流纹波有显著影响。因此，应适当考虑输出电流纹波。

简便起见，可假设各变流器单元相同（电感器和开关器件都相同）。因此，平均电流和占空比相同：

$$
\begin{aligned}
d_{(1)} = d_{(2)} = \cdots = d_{(N)} = d \\
I_{0(1)} = I_{0(2)} = \cdots = I_{0(N)} = \frac{I_0}{N}
\end{aligned} \tag{5.54}
$$

各单元的电流纹波取决于输出滤波器的结构。当通过具有大励磁电感的 ICT 进行交错时，单个单元的电流纹波为

$$
\Delta i_{0(1)}(t) = \Delta i_{0(2)} = \cdots = \Delta i_{0(N)}(t) = \frac{\Delta i_0(t)}{N} \tag{5.55}
$$

从式（5.54）可以得出，式（5.53）的第三项为各单元电流纹波的总和：

$$
\sum_{k=1}^{N} d_{(k)} \Delta i_{0(k)}(t) = \mathrm{d}\Delta i_0(t) \tag{5.56}
$$

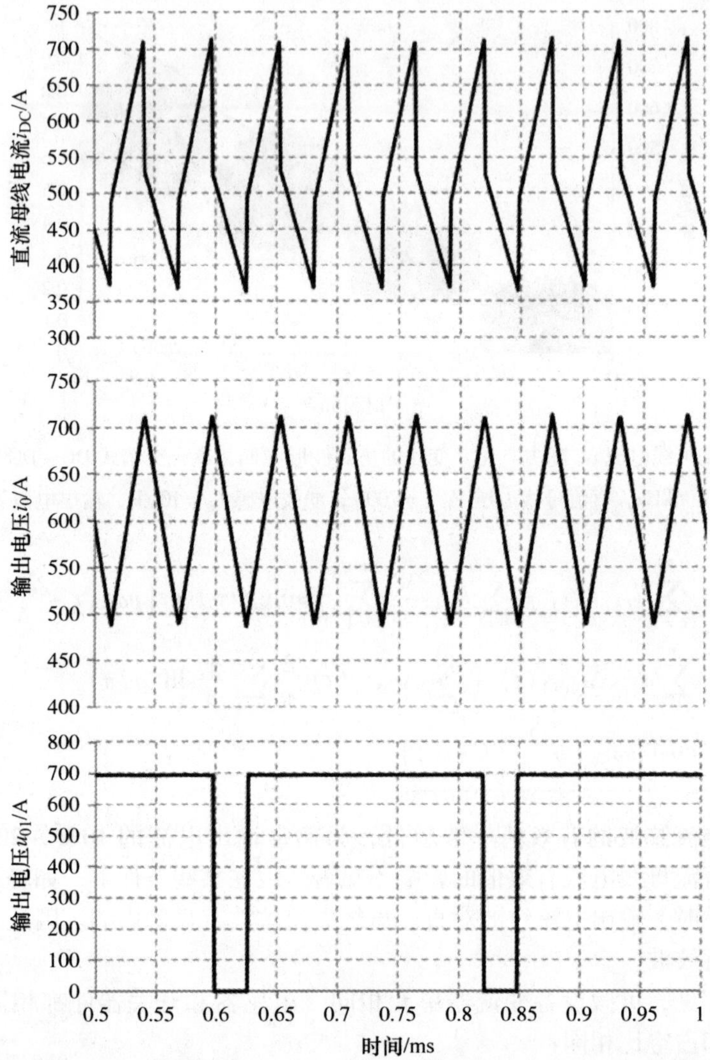

图 5.25　输出电流 i_0、直流母线电流 i_{DC} 以及单个单元输出电压 u_{01} 的仿真波形（四相耦合交错式 DC - DC 变流器，开关频率 $f_{SW}=4.5\text{kHz}$，直流母线电压 $V_{BUS}=700\text{V}$，滤波电感 $L_0=10\mu\text{H}$，输出电流 $I_{C0}=600\text{A}$）㊀

基于上述结果，可给出直流母线电流：

$$i_{DC}(t) \cong dI_0 - I_0\frac{2}{\pi}\sum_{p=1}^{\infty}\left[\frac{1}{p}\sin(pd\pi)\sum_{k=1}^{N}\cos\left(p\omega_{SW}t+\frac{2\pi}{N}(k-1)\right)\right]+d\Delta i_0(t) \tag{5.57}$$

㊀ 原书中间图纵坐标为“output voltage”（输出电压），有误，应为输出电流。——译者注

对式（5.57）应用式（5.58）的三角函数等式：

$$\cos(\alpha+\beta)=\cos(\alpha)\cos(\beta)-\sin(\alpha)\sin(\beta) \tag{5.58}$$

并应用下式：

$$\sum_{i=1}^{N}\cos p\frac{2\pi}{N}(k-1)=\begin{cases}1 & p=iN\\0 & p\neq iN\end{cases}\quad i=(1,\infty)$$

$$\sum_{k=1}^{N}\sin\frac{2\pi}{N}(k-1)=0 \tag{5.59}$$

可得到直流母线电流：

$$i_{\mathrm{DC}}(t)\cong dI_0+\underbrace{\frac{I_0}{N}\frac{2}{\pi}\sum_{i=1}^{\infty}\left[\frac{1}{i}\sin(iNd\pi)\cos(iN\omega_{\mathrm{SW}}t)\right]+d\Delta i_0(t)}_{i_{\mathrm{CBUS}}(t)} \tag{5.60}$$

从式（5.60）表述的直流母线电流可以看出，非变流器交错相数（N）整数倍的谐波分量在电流频谱中被消除了。在总直流电流中，首次谐波频率为基本开关频率的 N 倍。

从式（5.60）还可计算出直流母线电容器电流：

$$i_{\mathrm{CBUS}}(t)\cong\frac{I_0}{N}\frac{2}{\pi}\sum_{i=1}^{\infty}\left[\frac{1}{i}\sin(iNd\pi)\cos(iN\omega_{\mathrm{SW}}t)\right]+d\Delta i_0(t)=i_1(t)+i_2(t) \tag{5.61}$$

直流母线电容器电流由两部分组成，即 $i_1(t)$ 和 $i_2(t)$：第一部分记为 $i_1(t)$，为与输出平均电流 I_0 和等效开关函数相关的表达式；第二部分 $i_2(t)$ 为与平均占空比 m[⊖]和输出电流纹波 $\Delta i_0(t)$ 相关的表达式。

假设输出滤波电感器的电阻可忽略，可以证明，电流 $i_1(t)$ 和 $i_2(t)$ 为正交函数，因此满足：

$$\int_t^{t+T}i_1(t)i_2(t)\mathrm{d}t=0 \tag{5.62}$$

直流母线电容器电流的这一特点将用于以下部分中超级电容器电流有效值的计算。

根据式（5.60）和式（5.62），可以计算得到直流母线电容器电流有效值：

$$I_{\mathrm{CBUS(RMS)}}=\sqrt{\frac{1}{T}\int_0^T i_1^2(t)\mathrm{d}t+\frac{1}{T}\int_0^T i_2^2(t)\mathrm{d}t+\frac{1}{T}\underbrace{\int_0^T i_1i_2(t)\mathrm{d}t}_{=0}} \tag{5.63}$$

式（5.63）中的电流有效值可用两种方法计算。第一种方法为直接使用 i_{CBUS} 的时域波形进行计算。对于单相变流器这样做很容易，然而对于 N 相交错

⊖ 原书有误，应为 d。——译者注

式变流器该方法并不实用。第二种方法是利用式（5.60）中的电流频谱。对式（5.60）应用 Parseval 定理[22]，并利用式（5.62），可以计算得到电容器电流的有效值：

$$I_{CBUS(RMS)} = \sqrt{\left(\frac{I_0}{N}\frac{\sqrt{2}}{\pi}\right)^2 \sum_{i=1}^{\infty} \frac{1}{i^2}\sin^2(iNd\pi) + d^2 \Delta i_{0(RMS)}^2} \tag{5.64}$$

利用等式

$$\sin^2\alpha = \frac{1}{2}\ (1-\cos 2\alpha) \tag{5.65}$$

可以得出

$$\sum_{i=1}^{\infty} \frac{1}{i^2}\sin^2(iNd\pi) = \frac{1}{2}\left(\sum_{i=1}^{\infty}\frac{1}{i^2} - \sum_{i=1}^{\infty}\frac{\cos(iNd2\pi)}{i^2}\right) \tag{5.66}$$

式（5.66）的两项级数，可以用封闭式表示：

$$\sum_{i=1}^{\infty}\frac{1}{i^2} = \frac{\pi^2}{6} \tag{5.67}$$

$$\sum_{i=1}^{\infty}\frac{\cos(iNd2\pi)}{i^2} = \frac{\pi^2}{6}\,\frac{3(2Nd)^2 - 6(2Nd) + 2}{2}, 0 \leqslant 2Nm \leqslant 2 \tag{5.68}$$

式（5.68）中的参数被限制在 0 ~ 2 的范围中。实际上由于 N 的不同，该参数在较大范围变化。因此，式（5.68）不可以直接使用。由于余弦函数是以 2π 为周期的周期性函数，可以将该参数重新定义为

$$y = 2(Nd - \mathrm{floor}(Nd)) \tag{5.69}$$

将式（5.69）代入式（5.68）和式（5.67）可得㊀

$$\sum_{i=1}^{\infty}\frac{1}{i^2}\sin^2(iNd\pi) = \frac{\pi^2}{2}[(Nd - \mathrm{floor}(Nd)) - (Nd - \mathrm{floor}(Nd))^2] \tag{5.70}$$

为了计算式（5.64）的第二项，应首先计算输出电流纹波有效值。输出电流纹波有效值可由式（5.45）计算得出：

$$\Delta i_{0(RMS)} = \Delta i_{0(mas)}\frac{2}{\sqrt{3}}[(Nd - \mathrm{floor}(Nd)) - (Nd - \mathrm{floor}(Nd))^2] \tag{5.71}$$

式中，d 是占空比；N 是单元数量。

输出电流恒定

将式（5.70）、式（5.71）代入式（5.64）可得直流母线电容器电流的有效值：

㊀ 原书此处有误，应为代入式（5.68）和式（5.66）。——译者注

$$I_{\mathrm{CBUS(RMS)}} = I_0\sqrt{\frac{1}{N^2}[(Nd-\mathrm{floor}(Nd))-(Nd-\mathrm{floor}(Nd))^2]+\left(\frac{\Delta i_{0(\max)}}{I_0}d\frac{2}{\sqrt{3}}\right)^2[(Nd-\mathrm{floor}(Nd))-(Nd-\mathrm{floor}(Nd))^2]^2}$$
$$= I_0K_{\mathrm{RMS}(I)} \tag{5.72}$$

电流纹波系数 $K_{\mathrm{RMS}(I)}$ 随占空比 d 以及变流器交错相数的变化如图 5.26 所示。请注意，图中占空比达 $1/N$ 的整数倍时，电流纹波为零，其中，N 为交错式变流器单元数量。这是由于在占空比等于 $1/N$ 时，输入/输出电流的所有谐波被消除。还应注意到，在式（5.46）给出的极值时的占空比下，最大纹波电流有效值随占空比的增加而增加。该增量由输出电流纹波对直流母线电容器电流有效值的影响造成。可以看出，随交错相数的增加，输出电流纹波的影响变得更加明显。当交错式变流器单元数量较大时，电容器电流主要取决于输出电流纹波。在很大的交错单元数量下，可以得到电容器电流有效值的最小值：

$$\lim_{N\to\infty} I_{\mathrm{CBUS(RMS)}} = \Delta i_{0(\max)}\frac{d}{2\sqrt{3}} \tag{5.73}$$

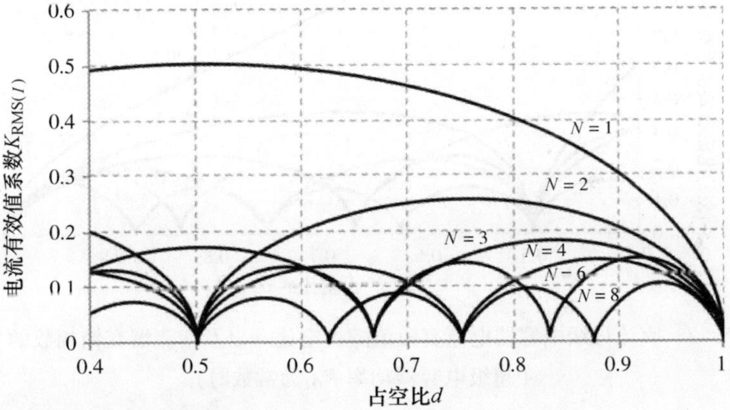

图 5.26　电流纹波系数 $K_{\mathrm{RMS}(I)}$ 随占空比 d 以及变流器交错相数的变化（超级电容器电流 I_{C0} 为常数时）

恒定功率运行

在之前的分析中，输出电流 I_0 是恒定的。然而在大多数功率变换应用中，输出电流不恒定，而输出功率是恒定的。因此，输出电流随占空比（输出电压）的降低而增加。典型的应用如电池和超级电容器的放电设备和不间断电源（UPS）系统。

使变流器功率 P_{C0} 和直流母线电压 V_{BUS} 恒定，输出电流 I_0 可由式（5.41）计算得到：

$$I_0 = i_0(d) = \left(\frac{P_{C0}}{V_{BUS}}\right)\frac{1}{d} \tag{5.74}$$

将式（5.74）代入式（5.72）可得电容器电流的有效值：

$$I_{CBUS(RMS)} - \frac{P_{C0}}{V_{BUS}} \times \sqrt{\frac{[(Nd-\text{floor}(Nd))-(Nd-\text{floor}(Nd))^2]}{(Nd)^2} + \left(\frac{V_{BUS}}{P_{C0}}\Delta i_{0(\max)} d \frac{2}{\sqrt{3}}\right)^2 [(Nd-\text{floor}(Nd))-(Nd-\text{floor}(Nd))^2]^2}$$

$$= \frac{P_{C0}}{V_{BUS}} K_{RMS(P)} \tag{5.75}$$

直流母线电容器电流有效值随占空比 d 以及交错相数的变化如图 5.27 所示。请注意，电容器电流随占空比的降低而增加。

与式（5.72）中电流恒定时相同，当交错单元数量很大时，可以得到电流有效值的最小值。

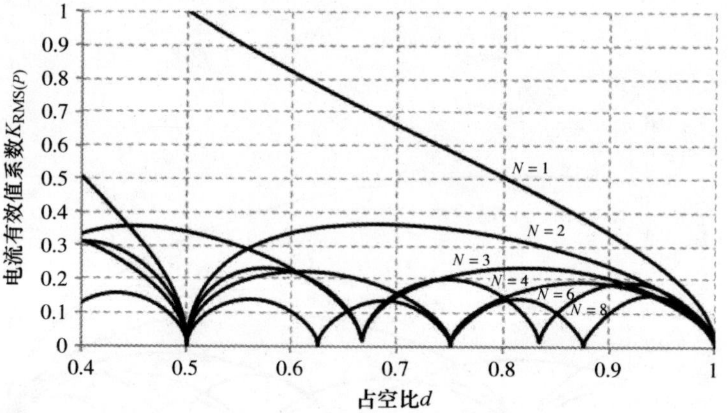

图 5.27　直流母线电容器电流有效值随占空比 d 以及变流器交错相数的变化（超级电容器功率 P_{C0} 为常数时）

5.5.3.4　直流母线电容器损耗

5.8.4.1 节中将详细讨论直流母线电容器的损耗。5.8.4.1 节将推导直流母线电容器的平均损耗［式（5.250）］。对于 N 相交错 DC－DC 变流器，直流母线电容器的损耗为

$$P_{\xi(CBUS)} = \sum_{k=1}^{+\infty} \text{ESR}(kNf_{SW}) \cdot I^2_{C(RMS)(k)} \tag{5.76}$$

式中，$I_{C(RMS)(k)}$是直流母线电容器电流第 k 次谐波的有效值（A）；N 是交错变流器单元数量；f_{SW}是开关频率（Hz）；ESR(kNf_{SW})，等效串联电阻，是 N 倍开关频率的第 k 次谐波下的电容器电阻（Ω）。

当频率超过几千赫时，电容器电阻不变，因此损耗为

$$P_{\xi(\mathrm{CBUS})} = \mathrm{ESR}(Nf_{\mathrm{SW}})I^2_{\mathrm{CBUS(RMS)}} \tag{5.77}$$

其中，电容器电流有效值由式（5.72）或式（5.75）给出，取决于变流器的负荷特性（恒电流或恒功率）。

5.5.3.5　直流母线电压纹波

直流母线纹波电压峰 - 峰值可根据式（5.61）中的时域电流和电容器电荷进行精确计算：

$$\Delta v_{\mathrm{BUS}} = \frac{1}{C_{\mathrm{BUS}}}\Delta q = \frac{1}{C_{\mathrm{BUS}}}\int_{t_1}^{t_2} i_{\mathrm{CBUS}}(t)\,\mathrm{d}t \tag{5.78}$$

但上式需要准确获得电流波形以及 t_1、t_2 时刻，在交错相数较多的情况下将十分复杂，母线电容器的内阻较大时分析也将更为复杂。

为快速简化计算母线电压纹波，可采用正弦波有效值近似。将直流母线电容器电流用等效正弦波电流近似：

$$i_{\mathrm{CBUS}}(t) = \sqrt{2}I_{\mathrm{CBUS(RMS)}}\sin(N\omega_{\mathrm{SW}}t + \psi) \tag{5.79}$$

式中，$I_{\mathrm{CBUS(RMS)}}$ 为式（5.72）和式（5.75）中的电容器电流有效值；N 为交错相数；ω_{SW} 为开关角频率；ψ 为等效电流相位。

直流母线电压纹波峰 - 峰值可由式（5.78）和式（5.79）得到

$$\Delta v_{\mathrm{BUS}} = \frac{\sqrt{2}}{C_{\mathrm{BUS}}N\pi f_{\mathrm{SW}}}\sqrt{1 + (C_{\mathrm{BUS}}N\omega_{\mathrm{SW}}\mathrm{ESR})^2}I_{\mathrm{CBUS(RMS)}} \tag{5.80}$$

图 5.28 所示为直流母线电压纹波 Δv_{BUS} 和电流 i_{DC} 波形。电压纹波 Δv_{BUS} 为真实纹波，而 $\Delta v_{\mathrm{BUS\_sin}}$ 为式（5.80）的正弦波近似。根据以下条件对四相耦合交错式 DC - DC 变流器进行仿真：开关频率 $f_{\mathrm{SW}} = 45\mathrm{kHz}$，占空比 $d = 0.75$，直流母线电压 $V_{\mathrm{BUS}} = 700\mathrm{V}$，滤波电抗 $L_0 = 10\mu\mathrm{H}$，直流母线电容 $C_{\mathrm{BUS}} = 2350\mu\mathrm{F}$，恒定输出电流 $I_{\mathrm{C0}} = 600\mathrm{A}$。

将式（5.72）和式（5.75）代入式（5.80）可得到在恒定输出电流下的直流母线电压波纹：

$$\Delta v_{\mathrm{BUS}} = \frac{\sqrt{2}}{C_{\mathrm{BUS}}\pi f_{\mathrm{SW}}}\sqrt{1 + (C_{\mathrm{BUS}}N\omega_{\mathrm{SW}}\mathrm{ESR})^2}I_{\mathrm{C0}}K_{\Delta V(i)} \tag{5.81}$$

或恒定输出功率 P_{C0} 下的直流母线电压纹波：

$$\Delta v_{\mathrm{BUS}} = \frac{\sqrt{2}}{C_{\mathrm{BUS}}\pi f_{\mathrm{SW}}}\sqrt{1 + (C_{\mathrm{BUS}}N\omega_{\mathrm{SW}}\mathrm{ESR})^2}\frac{P_{\mathrm{C0}}}{V_{\mathrm{BUS}}}K_{\Delta V(p)} \tag{5.82}$$

电压纹波系数 $K_{\Delta V(i)}$ 和 $K_{\Delta V(p)}$ 为

$$K_{\Delta V(i)} = \frac{K_{\mathrm{RMS}(i)}}{N},\ K_{\Delta V(p)} = \frac{K_{\mathrm{RMS}(p)}}{N} \tag{5.83}$$

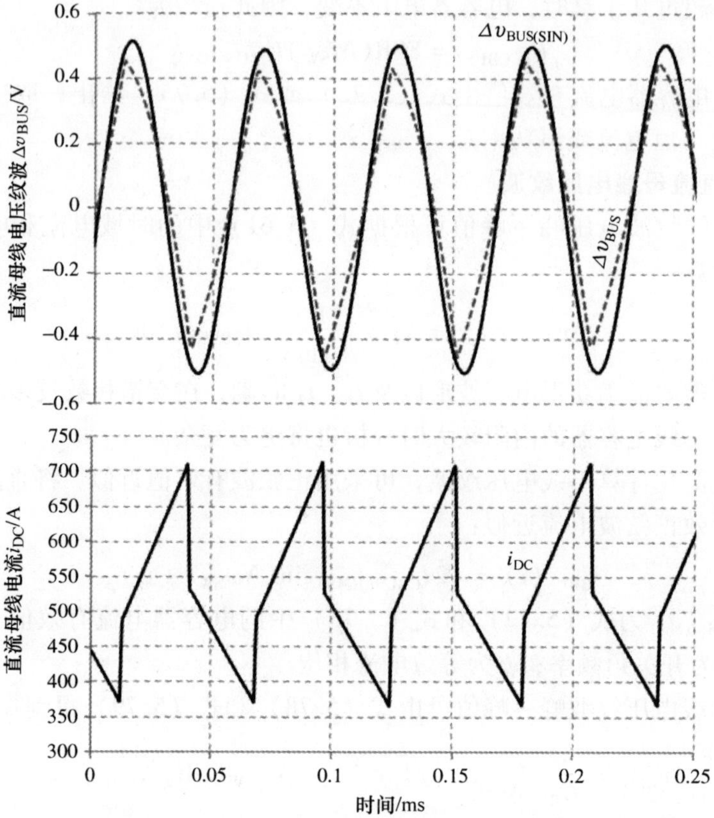

图 5.28　直流母线电压纹波和电流的仿真波形

电流有效值系数 $K_{RMS(i)}$ 和 $K_{RMS(p)}$ 由式（5.72）和式（5.75）定义。

电压纹波系数 $K_{\Delta V(i)}$ 和 $K_{\Delta V(p)}$ 随占空比和交错单元数量 N 的变化在图 5.29 中绘出。

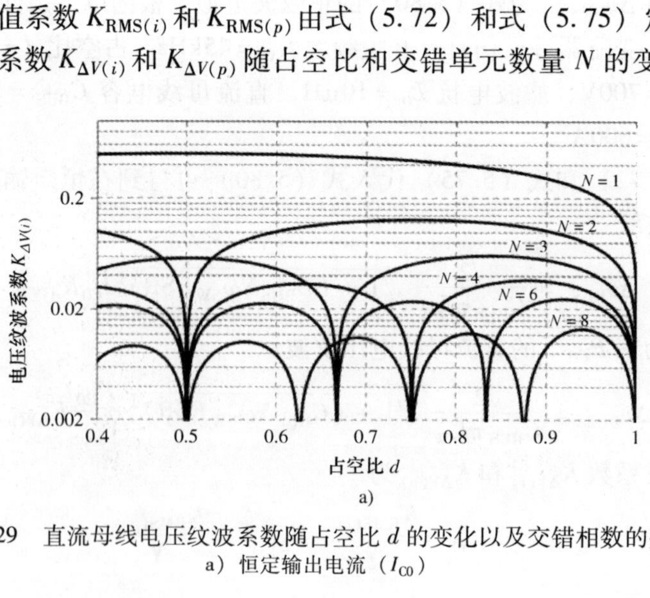

图 5.29　直流母线电压纹波系数随占空比 d 的变化以及交错相数的变化

a）恒定输出电流（I_{C0}）

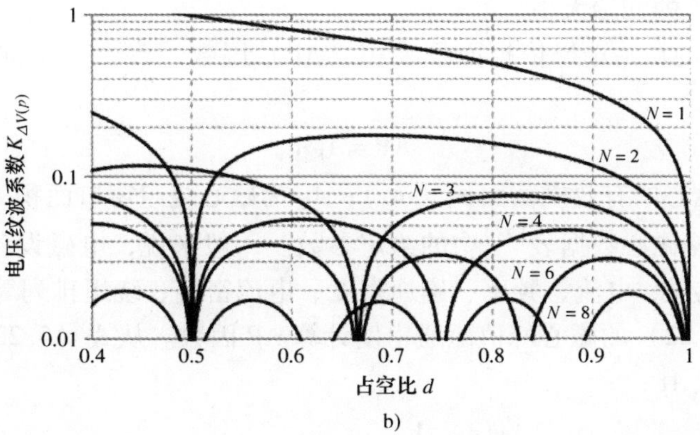

b)

图 5.29　直流母线电压纹波系数随占空比 d 的变化以及交错相数的变化（续）
b）恒定输出功率（P_{C0}）

5.6　两电平 N 相交错式 DC - DC 变流器设计

本节将介绍 N 相交错式 DC - DC 变流器无源和有源元件的设计和选型方法。由于对电磁元件如 ICT 和电感器进行完全优化设计是一项十分复杂的工作，在此对于该问题不进行深入探讨，而给出一些 ICT 和滤波电感器的电磁参数选择的指导意见。本节也将对直流母线电容器的设计步骤进行介绍。最后，将给出功率半导体器件（开关和二极管）的选型方法。

5.6.1　ICT 设计：两相交错式示例

5.6.1.1　设计目标

本部分中主要以两相 ICT 的设计为例。典型大功率两单元 ICT 如图 5.30 所示。

ICT 的设计是一个多步迭代过程：第一步为 ICT 的初始大小设计；第二步为损耗计算；第三步为 ICT 温度计算。如果必要，可根据热点温度更改磁心的大小。具体步骤将在后续内容中进行介绍。

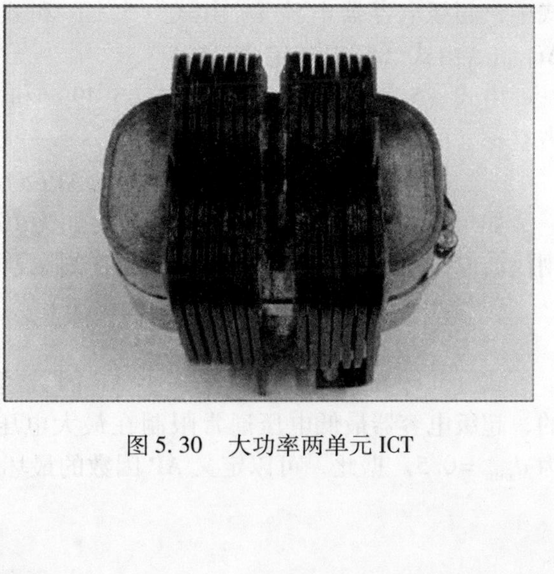

图 5.30　大功率两单元 ICT

5.6.1.2 ICT 的初始大小

ICT 磁心的初始选择依据面积乘积（AP）因数[21,23,24]。磁心的 AP 因数可定义为

$$AP = A_E A_W \tag{5.84}$$

式中，A_E是磁心的有效横截面积（m^2）；A_W为磁心绕组窗口面积（m^2）。

AP 因数是磁心数据表[25]中的给定参数。一般来说，电磁设备的 AP 因数取决于设备的电压、电流、频率、磁通密度、电流密度、绕组排列等。

由式（5.22）的磁心峰值磁通密度计算 AP 因数。从式（5.22）可计算出磁心的横截面积A_E：

$$A_E = \frac{V_{BUS}}{4nB_{peak}} \frac{1}{f_{SW}} [d + (1-2d)\text{floor}(2d)] \tag{5.85}$$

式中，n 为匝数；f_{SW}为开关频率（kHz）；B_{peak}为磁心磁通密度（T）；d 为占空比。

磁心的绕组窗口为

$$A_w = \frac{2nI_{RMS}}{Jk_{FL}} \tag{5.86}$$

式中，I_{RMS}为绕组电流的有效值（A）；J为电流密度（A/m^2）；k_{FL}为绕组系数。

k_{FL}取决于绕线形状和绕线技术。如果绕组使用 litz 线，系数k_{FL}将非常低，为 0.2～0.4。如果 ICT 绕组选用扁线或金属箔，系数k_{FL}将大很多，为 0.6～0.8。

将式（5.25）、式（5.85）、式（5.86）代入式（5.84）可得到 AP 因数：

$$AP = \frac{V_{BUS}}{4B_{peak} f_{SW} J k_{FL}} \sqrt{i_{C0}^2 + \Delta i_{0(RMS)}^2} [d + (1-2d)\text{floor}(2d)] \tag{5.87}$$

式中，超级电容器电流 i_{C0} 由式（5.1）和式（5.2）给出；电流纹波有效值 $\Delta i_{0(RMS)}$由式（5.49）定义。

由式（5.1）、式（5.2）、式（5.49）和式（5.87）可以看出，AP 因数为占空比 d 的函数：

$$AP = AP(d) \tag{5.88}$$

如果纹波电流有效值相对较低，比如为 10%～20% 超级电容器电流有效值，则纹波电流对 AP 的影响可以忽略。在该假设下，可以证明：

$$\frac{\partial AP(d)}{\partial d} < 0 \tag{5.89}$$

式（5.89）表明，占空比越小 AP 因数越大。正如第 2 章和第 4 章所讨论的，超级电容器最低电压通常限制在最大电压的 50% 以上。因此，占空比限制为 $d_{min} = 0.5$。据此，可以定义 AP 因数的最坏情况：

$$AP_{max} \cong \frac{V_{BUS} i_{C0(d=0.5)}}{8B_{peak} f_{SW} J k_{FL}} \tag{5.90}$$

现在，基本上给出了 ICT AP 因数的定义，还需对电流密度和峰值磁通密度进行定义。

电流密度 J 影响铜损和温升。对于温升，电流密度取决于绕组的大小，设备越大，允许的电流密度越小，详细分析见文献［23］。可以证明电流密度为[23,24]

$$J = 4.5(AP)^{-0.125} 10^5 \tag{5.91}$$

式中，AP 为电磁设备面积乘积因数（m^4）；J 为电流密度（A/m^2）。

如文献［23］中所述，式（5.91）的电流密度方程在温升 $\Delta\theta = 30K$ 和自然空气冷却的条件下给出。如果允许更高的温升或使用强迫空气冷却，可选用高于式（5.91）的电流密度。

磁心磁通密度的选择要遵从两项准则：第一是磁心饱和磁通密度；第二是给定频率和磁心材料的磁心损耗。表 5.3 对不同频率和材料的磁心进行了总结。

磁心损耗 p_ξ 与磁通密度和频率的关系可用 Steinmez 方程表述：

$$P_{\xi(core)} = m_{core} k_p B_{peak}^{\alpha} (f_{SW} 10^{-3})^{\beta} \tag{5.92}$$

式中，B_{peak} 为磁通密度峰值（T）；k_p、α 和 β 为磁心制造商提供的系数；f_{SW} 为开关频率（Hz）；m_{core} 为磁心质量（kg）。

表 5.3　不同频率和磁心材料下的磁心磁通密度峰值

运行频率	低	中	高	超高
	<1kHz	1 ~ 15kHz	15 ~ 100kHz	>100kHz
磁心材料	——	铁粉 非晶 纳米晶	铁氧体	铁氧体
B_{peak}	损耗	损耗	饱和	损耗
	$B_{peak} = B_{peak}(p_\xi)$	$B_{peak} = B_{peak}(p_\xi)$	$B_{peak} = B_{sat}$	$B_{peak} = B_{peak}(p_\xi)$

磁心损耗受到磁心温度的限制。如果磁心经自然空气冷却，损耗和磁心温度的关系为

$$P_{\xi(core)max} = A\Delta\theta^{1.1} 10 \tag{5.93}$$

式中，$P_{\xi(core)max}$ 为最大损耗（W）；A 为磁心表面积（m^2）；$\Delta\theta$ 为磁心温升（K）。

在强迫风冷条件下，磁心功率损耗可估计为

$$P_{\xi(core)max} = A \frac{(5 + (v + 0.1)^{0.66})}{1.7} \Delta\theta^{1.1} \tag{5.94}$$

式中，v 为冷却风速（m/s）。

磁心质量 m_{core} 和表面积 A 之间是否有所联系？是的，质量和表面积间有特定的关联关系。图 5.31 展示了一个 C 形非晶磁心[25]的磁心质量和表面积。对于任何磁心形状和材料都可以导出相似的特性。

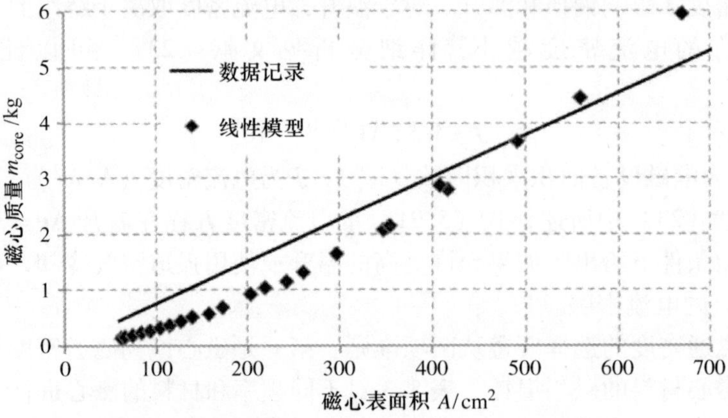

图 5.31 磁心质量 m_{core} 和表面积 A 之间的关系㊀

m_{core} 对 A 的函数可近似为

$$m_{core} \cong k_m A \tag{5.95}$$

式中，k_m 为一个系数（kg/m²）。

将式（5.95）代入式（5.92）和式（5.94）可得到峰值磁通密度：

$$B_{peak} = \left(\frac{\dfrac{(5 + (v + 0.1)^{0.66})}{1.7} \Delta\theta^{1.1}}{k_m k_p \ (f_{SW} 10^{-3})^{\beta}} \right)^{\frac{1}{\alpha}} \tag{5.96}$$

$$AP_{max} \cong \left[\frac{V_{BUS} i_{C0(d=0.5)} (k_m k_p (f_{SW} 10^{-3})^{\beta})^{\frac{1}{\alpha}}}{36 \left(\dfrac{(5 + (v + 0.1)^{0.66})}{1.7} \Delta\theta^{1.1} \right)^{\frac{1}{\alpha}} f_{SW} k_{FL}} 10^{-5} \right]^{1.43} \tag{5.97}$$

式中，AP 因数的单位为 m⁴。

现在，将从可用磁心列表对磁心进行预选。根据磁心选择参数和式（5.85）可以计算得到匝数：

$$n = \frac{V_{BUS}}{2 B_{peak} A_E f_{SW}} \tag{5.98}$$

以及绕线的横截面积：

$$A_{cu} = \frac{A_w k_{FL}}{2n} \tag{5.99}$$

㊀ 原书标注有误，“——”应为“线性模型”，“◆”为数据记录。——译者注

5.6.1.3　磁心和绕组损耗

磁心损耗为

$$P_{\xi(\mathrm{core})}=m_{\mathrm{core}}k_{\mathrm{p}}B_{\mathrm{peak}}^{\alpha}(f_{\mathrm{SW}}10^{-3})^{\beta} \tag{5.100}$$

式中，B_{peak} 为磁通密度峰值（T）；k_{p}、α 和 β 为磁心制造商提供的系数；f_{SW} 为开关频率（Hz）；m_{core} 为磁心质量（kg）。

ICT 的损耗为绕组电流 $i_{0(1)}(t)$ 流过非理想绕组的电阻 R_0 时产生的焦耳损失。电阻 R_0 随频率变化，因此与时间相关。这与在 2.6 节和式（2.97）所讨论的情况类似。单边绕组的功率损耗可以表达为以下一般形式：

$$P_{\xi(\mathrm{cu})}=\frac{1}{T}\int_{t}^{t+T}t_{0(1)}^{2}(\tau)R_{0}(\tau)\mathrm{d}\tau \tag{5.101}$$

式中，T 是滑动平均周期。

在 2.6.1 节中计算了超级电容器与频率相关的损耗，按照所使用的方法，即式(2.102) ~ 式(3.109)[⊖]，可以计算绕组的平均损失。

ICT 绕组电流为式（5.23）定义的周期性电流。将电流纹波 $\Delta i_0(t)$ 展开为傅里叶级数，并将其代入式（5.23）可得

$$I_{0(1)}(t)=i_{0(2)}(t)=\frac{i_{\mathrm{C0}}}{2}+\frac{1}{2}\left[\sqrt{2}\sum_{t=1}^{\infty}I_{0(\mathrm{RMS})(k)}\sin(kN\omega_{\mathrm{SW}}t+\phi_{(kN\omega_{\mathrm{SW}})})\right] \tag{5.102}$$

式中，$I_{0(\mathrm{RMS})(k)}$ 为电流纹波 $\Delta i_0(t)$ 的第 k 次谐波的有效值；i_{C0} 为式（5.1）和式（5.2）所示的超级电容器电流。

将式（5.102）代入式（5.101）中，并应用 Parseval 定理[22]可得到铜损：

$$P_{\xi(\mathrm{cu})}=\frac{i_{\mathrm{C0}}^{2}}{4}R_{0(\mathrm{DC})}+\frac{1}{4}\sum_{k+1}^{n}I_{0(\mathrm{RMS})(k)}^{2}R_{0(k)} \tag{5.103}$$

式中，$R_{0(k)}$ 为 ICT 绕组的电阻，阻值与频率相关。

绕组的电阻应依据绕组的几何形状和匝数进行计算[24]。ICT 的总损耗为

$$P_{\xi(\mathrm{ICT})}=P_{\xi(\mathrm{core})}+2P_{\xi(\mathrm{cu})}=V_{\mathrm{core}}\rho(k_{\mathrm{p}}B_{\mathrm{peak}}^{\alpha}f_{\mathrm{SW}}^{\beta})+\frac{i_{\mathrm{C0}}^{2}}{2}R_{0(\mathrm{DC})}+\frac{1}{2}\sum_{k=1}^{n}I_{0(\mathrm{RMS})(k)}^{2}R_{0(k)} \tag{5.104}$$

在给定磁心和绕组形状时，式（5.22）中峰值磁通密度以及绕组电阻为匝数的函数。因此，总损耗也为匝数的函数：

$$P_{\xi(\mathrm{ICT})}=P_{\xi(\mathrm{core})}(n)+2P_{\xi(\mathrm{cu})}(n) \tag{5.105}$$

按照式（5.98）计算所得到的匝数是否损耗最小？大多数情况下答案是否定的！通常需要对匝数进行优化。理论上，可从下式进行推导：

$$\frac{\partial P_{\xi(\mathrm{ICT})}(n)}{\partial(n)}=0,\rightarrow\frac{\partial P_{\xi(\mathrm{core})}(n)}{\partial(n)}=-2\frac{\partial P_{\xi(\mathrm{cu})}(n)}{\partial(n)} \tag{5.106}$$

⊖　原书此处有误，应为式（2.109）。——译者注

由式（5.106）的解可得到最优匝数：

$$n = n_{\mathrm{opt}} \tag{5.107}$$

式（5.106）不能得到解析解，在此可以利用数值工具如 Excel 求解器对该式进行求解。找到最优匝数的更简易方法是利用式（5.105）绘制总损耗随匝数变化的曲线，从曲线图中查找最小损耗 $P_{\xi(\mathrm{ICT})\min}$ 对应的最优匝数 n_{opt}。

注：最优目标不局限于总损耗最小。可以为满载下最高绕组温度时的磁心损耗最小，也可为对应某负载特性时的损耗最小等。

5.6.1.4 ICT 温度估计

选定了 ICT 磁心和绕组后，下一步将确定不同运行条件下的温升。ICT 的温度由 ICT 产生的热量和散热能力决定。热量的产生包括两项机制：磁心损耗和绕组损耗。损耗机制在前面已讨论过。

ICT 磁心和绕组稳态温度可估计为

$$\begin{aligned} \theta_{\mathrm{core}} &= R_{\mathrm{cc}} P_{\xi(\mathrm{core})} + R_{\mathrm{wc}} P_{\xi(\mathrm{w})} + \theta_{\mathrm{amb}} \\ \theta_{\mathrm{w}} &= R_{\mathrm{ww}} P_{\xi(\mathrm{cw})} + R_{\mathrm{wc}} P_{\xi(\mathrm{core})} + \theta_{\mathrm{amb}} \end{aligned} \tag{5.108}$$

式中，R_{cc} 和 R_{ww} 为 ICT 自热阻（K/W）；R_{wc} 为互热阻（K/W）。

ICT 自热阻决定了磁心损耗对磁心温度的贡献以及绕组损耗对绕组温度的贡献。而互热阻决定了磁心损耗对绕组温度的贡献以及绕组损耗对磁心温度的贡献。热阻很大程度上取决于 ICT 磁心和绕组的几何形状、冷却方式和温度[24]。该内容已超出本节的范畴，故不做详细论述。假定热阻 R_{cc}、R_{ww} 和 R_{wc} 为已知的设计参数。将在 5.8.3 节中更详细地介绍电磁设备的热模型。

5.6.1.5 ICT 设计总结

图 5.32 所示的流程总结了 ICT 的设计步骤。

5.6.2 滤波电抗器设计

5.6.2.1 电抗器初始大小

滤波电抗器的初步选型基于 AP 因数［式（5.84）］[23,24]。步骤基本与 ICT 的设计步骤相同。为了得到电抗器的 AP 因数，首先计算磁心磁通密度峰值。电抗器的磁通密度为

$$B_{\mathrm{peak}} = \frac{L_0\left(i_{0(\mathrm{peak})}\right) i_{0(\mathrm{peak})}}{n A_{\mathrm{E}}} \tag{5.109}$$

式中，$i_{0(\mathrm{peak})}$ 为电感器的峰值电流；$L_0\left(i_{0(\mathrm{peak})}\right)$ 为该峰值电流下的电感。

由式（5.110）可以得到磁心的横截面积 A_{E}：

$$A_{E}=\frac{L_{0}(i_{0(\text{peak})})i_{0(\text{peak})}}{nB_{\text{peak}}} \tag{5.110}$$

式中，n 为匝数。

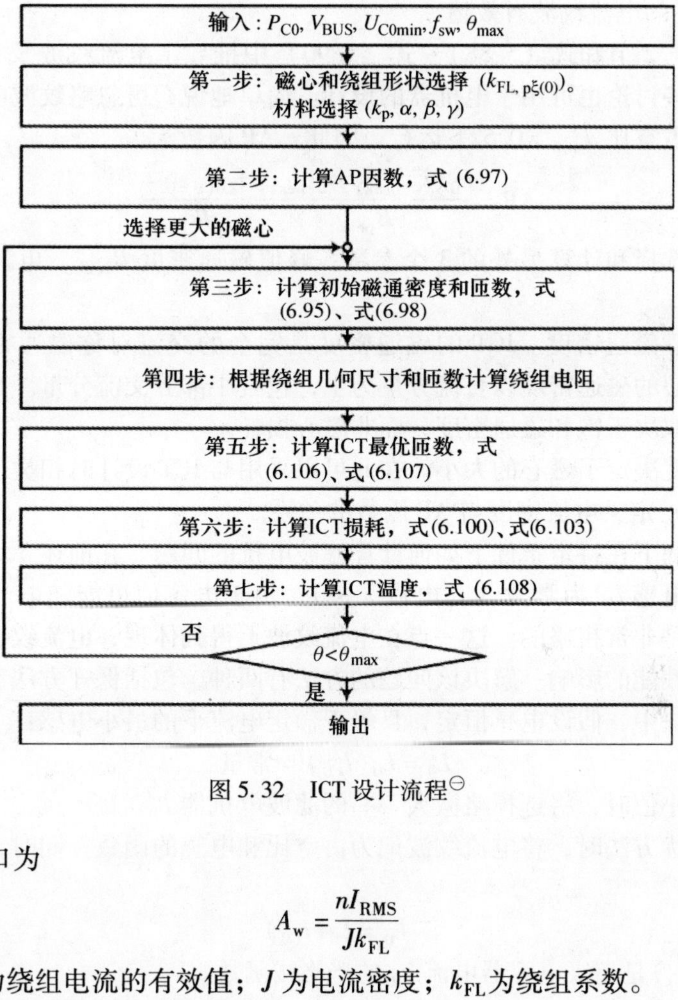

图 5.32　ICT 设计流程[⊖]

绕组窗口为

$$A_{w}=\frac{nI_{RMS}}{Jk_{FL}} \tag{5.111}$$

式中，I_{RMS}为绕组电流的有效值；J 为电流密度；k_{FL}为绕组系数。

系数 k_{FL}由绕线的形状和绕线技术决定。如果绕组采用 litz 线，系数 k_{FL}将非常低，为0.2～0.4。如果电感器绕组选用扁线或金属箔，系数 k_{FL}将大很多，为0.6～0.8。

将式（5.26）、式（5.110）和式（5.111）代入式（5.84）可得电抗器的 AP 系数：

⊖　原书图中公式的标号为式（6.××），有误，均应为式（5.××）。——译者注

$$\mathrm{AP}=\frac{L_0(i_{0(\mathrm{peak})})i_{0(\mathrm{peak})}}{B_{\mathrm{peak}}}\frac{\sqrt{i_{\mathrm{C0}}^2+\Delta i_{0(\mathrm{RMS})}^2}}{Jk_{\mathrm{FL}}} \tag{5.112}$$

式中，i_{C0}为式（5.1）和式（5.2）描述的超级电容器电流；$\Delta i_{0(\mathrm{RMS})}$是式（5.18）描述的电流纹波有效值。

在5.6.1.2节和式（5.88）~式（5.90）中推导了电流纹波及其对AP因数的影响，这些讨论也可用于电抗器的设计。简单地说，可忽略纹波电流并假定变流器在最小占空比$d_{\min}=0.5$下运行。因此，AP因数为

$$\mathrm{AP}=\frac{L_0(i_{0(\mathrm{peak})})i_{0(\mathrm{peak})}}{B_{\mathrm{peak}}}\frac{i_{\mathrm{C0}(d=0.5)}}{Jk_{\mathrm{FL}}} \tag{5.113}$$

现在，选择和计算另外的3个参数：峰值磁通密度B_{peak}、电流密度J以及电感L_0。

首先计算磁通密度。ICT的磁通密度是完全的交流对称磁通密度，与此不同，电感磁心的磁通密度以直流分量为主，包含小部分交流分量。因此，磁通密度峰值主要取决于饱和磁通密度，而非磁心损耗。

电流密度决定了磁心的大小。在此可以采用与ICT设计时相类似的方法，按照式（5.91）定义电流密度与AP因数的关系。

这时只剩下在特定条件下如何计算滤波电抗的问题。在前述5.5.3.2节的分析中，假定电感L_0为常数（与电流无关）。由于电感值可能随电流有较大的变化，该假定是非常粗略的。这一点在电流纹波上得到体现，电流纹波更易受到滤波器设计和性能的影响。解决该问题的方法有两种，包括保守方法和最优方法。

保守方法中，假设电感恒定，且等于额定电流下的最小电感：

$$L_0=L_0(I_{\mathrm{C0}})=\text{常量} \tag{5.114}$$

取该最小值时，将选择略微大一些的滤波电抗器L_0。

采用最优方法时，将电流纹波记为占空比和电感的函数。同时，令电感为电流相关电感：

$$L_0=L_0(i_{\mathrm{C0}}) \tag{5.115}$$

式中，$L_0(i_{\mathrm{C0}})$是超级电容器电流i_{C0}的严格减函数。

图5.33所示为典型铁粉磁心电抗器电感随电流的变化。

与电流相关的电感可用线性方程近似：

$$L_0=L_{\max}\left(1-\frac{k}{I_{\mathrm{C0}(n)}}|i_0|\right) \tag{5.116}$$

式中，$L_{\max}$是无电流时的最大电感；k为一个系数；$I_{\mathrm{C0}(n)}$为额定电流。

假定额定电流下的电感为无负载时电感的70%，可在该条件下计算k。因此，$k=0.3$。

超级电容器额定电流可定义为最低电压U_{C0min}下的充/放电电流：

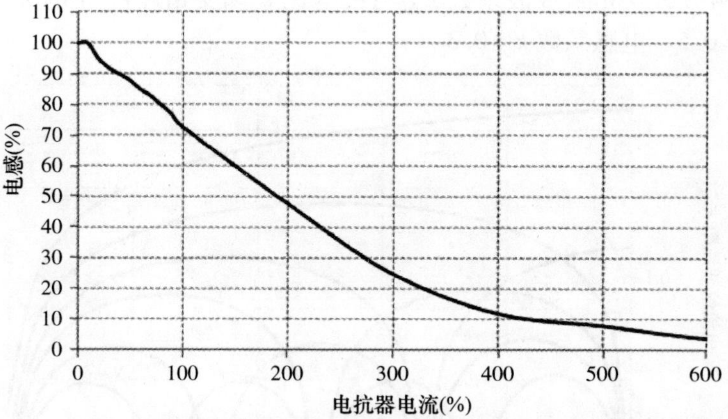

图 5.33　典型铁粉磁心电抗器电感随电流的变化

$$I_{C0(n)}=\frac{P_{C0}}{u_{C0\min}}=\frac{P_{C0}}{V_{BUS}d_{\min}} \tag{5.117}$$

将式（5.116）代入式（5.45）和式（5.47）中可得

$$\Delta i_0(d)=\left(\frac{V_{BUS}}{4f_{SW}L_{\max}\left(1-\frac{k}{I_{C0(n)}}\left|i_0\right|\right)}\right)\frac{1}{N^2}\times 4[(Nd-\mathrm{floor}(Nd))-(Nd-\mathrm{floor}(Nd))^2] \tag{5.118}$$

如果变流器为恒定电流负载，即 i_{C0} = 常量，显然，在最大电流和式（5.46）中的占空比下，电流纹波达到最大。但变流器负载为恒功率 P_{C0} 时，并没有明显的临界运行点。

将式（5.74）和式（5.117）代入式（5.118）中可得到电流纹波与变流器功率 P_{C0}、占空比以及交错相数 N 的关系：

$$\Delta i_0(d)=\left(\frac{V_{BUS}}{4f_{SW}L_{\max}}\right)\frac{4}{N^2}\left(\frac{d}{d-k\frac{P_{C0}}{P_{C0(n)}}d_{\min}}\right)\times[(Nd-\mathrm{floor}(Nd))-(Nd-\mathrm{floor}(Nd))^2]$$
$$\left(\frac{V_{BUS}}{4f_{SW}L_{\max}}\right)K_{\Delta i}(d) \tag{5.119}$$

式中，纹波系数考虑了电感的变化：

$$K_{\Delta i}(d)=\frac{4}{N^2}\left(\frac{d}{d-k\frac{P_{C0}}{P_{C0(n)}}d_{\min}}\right)[(Nd-\mathrm{floor}(Nd))-(Nd-\mathrm{floor}(Nd))^2] \tag{5.120}$$

图 5.34 所示为电流纹波系数 $K_{\Delta i}$ 与占空比 d 和交错相数 N 的关系。最小占空比 $d_{min}=0.5$，电感系数 $k=0.3$。

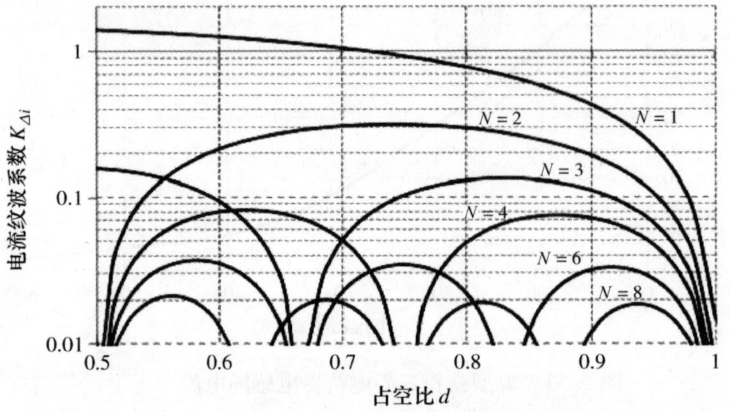

图 5.34　电流纹波系数与占空比 d 和交错单元数 N 的关系。滤波器电感器为非线性电感器。最小占空比 $d_{min}=0.5$，式（5.116）中的电感系数 $k=0.3$

最大电流纹波对应的占空比是什么？对于线性电感器 L_0，式（5.47）给出了最大电流纹波，对应占空比由式（5.46）给出。考虑非线性电感器时，没有明显的临界运行点。

利用条件：

$$\frac{\partial \Delta i_0(d)}{\partial d}=\left(\frac{V_{BUS}}{\Delta f_{SW}L_{max}}\right)\frac{\partial K_{\Delta i}(d)}{\partial d}=0 \tag{5.121}$$

求解式（5.121）可得到最大电流纹波对应的占空比。但是求解（5.121）很困难也不现实。

可以证明，式（5.121）的解和式（5.46）的解之间的差别不大。因此，假定电抗器是具有恒定电感的理想电抗器，由式（5.46）计算临界占空比：

$$d_{CR}\cong\frac{1}{N}\left(\mathrm{floor}\left(\frac{1}{d_{min}}\right)+\frac{1}{2}\right) \tag{5.122}$$

式中，d_{min}是最小工作占空比。

将式（5.122）的解代入式（5.119）可得到最大电流纹波：

$$\Delta i_{0max}=\left(\frac{V_{BUS}}{4f_{SW}L_{max}}\right)K_{\Delta i}(d_{CR}) \tag{5.123}$$

现在计算电感 L_{max}：

$$L_{max}=\left(\frac{V_{BUS}}{4f_{SW}\Delta i_{0max}}\right)K_{\Delta i}(d_{CR}) \tag{5.124}$$

但是，如何选择最大电流纹波？这是一个系统多目标优化问题。由于该目标超出了本书的范畴，此处不对其进行讨论。经验上，电流纹波通常为额定电流 $I_{C0(n)}$ 的 20% ~40%。

将式（5.91）、式（5.116）和式（5.124）代入式（5.113）可得到电抗器的 AP 因数：

$$AP = 10^8\left[\frac{\left(\dfrac{V_{BUS}}{\Delta f_{SW}\Delta i_{0\max}}\right)K_{\Delta i}(d_{CR})\left(1-\dfrac{k}{I_{C0(n)}}i_{0(peak)}\right)i_{0(peak)}i_{C0(d=0.5)}}{B_{sat}k_{FL}4.5}10^{-6}\right]^{1.43} \tag{5.125}$$

式中，AP 因数单位为 cm^4。

已知磁心 AP 因数，可以从列表中选择磁心。匝数可计算为

$$n = \sqrt{\frac{L_{\max}}{A_L}} \tag{5.126}$$

式中，$L_{\max}$ 为无负载条件下的最大电感；A_L 为所选磁心的特征电感，称为 Al 因数（nH/n^2）。

A_L 因数基本上为单线圈电抗器的电感。绕线的横截面积为

$$A_{cu} = \frac{A_w k_{FL}}{n} \tag{5.127}$$

5.6.2.2　电抗器损耗

电抗器的总损耗包括铜（绕组）损耗和磁心损耗。两者均取决于电抗器的瞬时电流：

$$i_0(t) = I_{C0} + \frac{i_{C0}}{2} + \sqrt{2}\sum_{k=1}^{\infty} I_{0(RMS)(k)}\sin(kN\omega_{SW}t + \varphi_{(kN\omega_{SW})}) \tag{5.128}$$

式中，$\omega_{SW} = 2\pi f_{SW}$。

变流器开关频率为 f_{SW}，k 为谐波阶次。铜损耗可用以下一般形式表示：

$$P_{\xi(cu)} = \sum_{k=O}^{n} I_{0RMS(k)}^2 R_{0(k)} \tag{5.129}$$

式中，$R_{0(k)}$ 为电感与频率相关的绕组电阻。

可按相似方法定义磁心损耗：

$$P_{\xi(core)} \cong \sum_{k=0}^{\infty} I_{0RMS(k)}^2 R_{C(k)} \tag{5.130}$$

式中，$R_{C(k)}$ 为磁心等效电阻，其将磁心损耗以频率的函数建模[17,42]。

此处必须强调式（5.130）建立的磁心损耗模型是真实磁心损耗的近似。

式（5.129）和式（5.130）建立的电抗器损耗模型考虑了电抗器电流的谐波。为了简化计算，同时不忽略高次谐波的影响，可将纹波电流替换为具有相同有效值和频率的等效正弦电流。这样的方法并不完全正确，但满足所需的简化

计算：

$$i_0(t) = i_{C0} + \Delta i_0(t) \cong i_{C0} + \sqrt{2}\Delta I_{0(RMS)}\sin(N\omega_{SW}t + \psi) \tag{5.131}$$

等效正弦电流纹波的有效值可由式（5.49）给出：

$$\Delta I_{0(RMS)} = \frac{\Delta i_0}{2\sqrt{3}} \tag{5.132}$$

将式（5.119）代入式（5.132）可得

$$\Delta I_{0(RMS)} = \left(\frac{V_{BUS}}{4f_{SW}L_{max}}\right)\frac{1}{2\sqrt{3}}K_{\Delta i}(d) \tag{5.133}$$

电抗器平均电流（直流分量）由式（5.74）给出。将式（5.74）和式（5.133）代入式（5.129）和式（5.130）可得电抗器的总损耗：

$$P_{\xi(L0)} \cong R_{0(DC)}\left(\frac{P_{C0}}{V_{BUS}d}\right)^2 + (R_{0(Nf_{SW})}) + R_{C(Nf_{SW})}\left(\frac{V_{BUS}}{4f_{SW}L_{max}}\right)^2\frac{1}{12}[K_{\Delta i}(d)]^2 \tag{5.134}$$

式中，$R_{0(DC)}$为磁心在低频下的电阻；$R_{0(Nf_{SW})}$和$R_{C(Nf_{SW})}$为电感绕组电阻和N倍开关频率下的磁心等值电阻。

关于磁心等值电阻$R_{C(Nf_{SW})}$选择的详细说明，请参见文献［17，42］。

5.6.2.3 电抗器温度估计

一旦选择了电抗器磁心和绕组，下一个设计步骤为确定不同运行条件下的温升。电抗器温度由电抗器产生和散出的热量决定。热量的产生包括两项机制：磁心损耗和绕组损耗。损耗机制在前面已讨论过。

电抗器磁心和绕组稳态温度可估计为

$$\begin{aligned}\theta_{core} &= R_{cc}P_{\xi(core)} + R_{wc}P_{\xi(w)} + \theta_{amb}\\ \theta_{w} &= R_{ww}P_{\xi(cw)} + R_{wc}P_{\xi(core)} + \theta_{amb}\end{aligned} \tag{5.135}$$

式中，R_{cc}和R_{ww}为电抗器自热阻（K/W）；R_{wc}为电抗器互热阻（K/W）。

电抗器自热阻决定了磁心损耗对磁心温度的贡献以及绕组损耗对绕组温度的贡献。而互热阻决定了磁心损耗对绕组温度的贡献以及绕组损耗对磁心温度的贡献。热阻很大程度上取决于电抗器磁心和绕组的几何形状、冷却方式和温度[24]。该内容已超出本节的范畴，故不做详细论述。假定热阻R_{cc}、R_{ww}和R_{wc}为已知的设计参数。将在5.83节中更详细地介绍电磁设备的热模型。

5.6.2.4 电抗器设计总结

电抗器的设计总结的流程如图5.35所示。

5.6.3 直流母线电容器选择

直流母线电容器的选择依据三项准则：①电容器电流有效值和寿命区间；

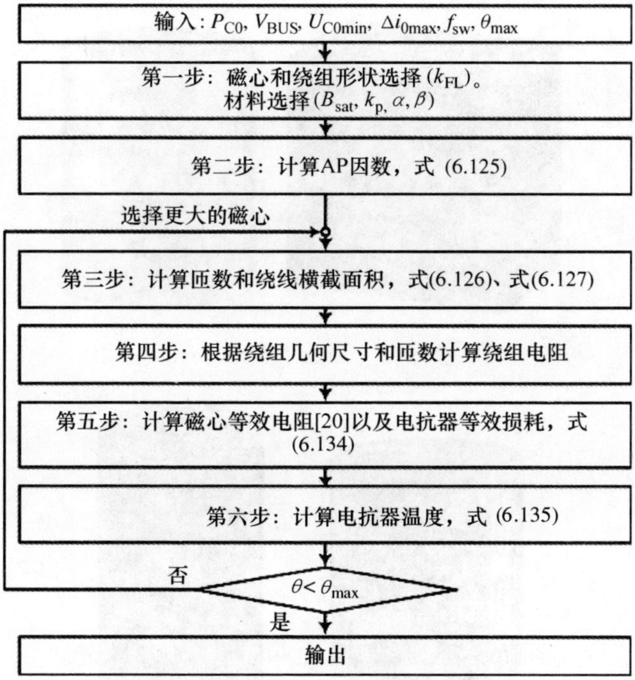

图 5.35　电抗器设计流程㊀

②直流母线电压纹波；③直流母线电压的可控性。

5.6.3.1　电流有效值和寿命

直流母线电容器电流有效值由式（5.72）和式（5.75）定义。计算出电流有效值，可选择具有足够电流承载能力的电容器。

选型步骤取决于电容器的技术类型。当前，功率变换应用中使用两种电容器技术：塑胶薄膜电容器和电解液电容器（见图 5.36）。

塑胶薄膜电容器的特点为大电流承受能力和长运行寿命。选型准则为 $I_{CBUS(RMS)} < I_N$，其中 I_N 为电容器厂商[27]给出的额定电流。如果所选电容器的额定电流不够大，需将 M_{BUS} 个电容器并联，其中 M_{BUS} 为

$$M_{BUS} = 1 + \mathrm{floor}\left(\frac{I_{CBUS(RMS)}}{I_N}\right) \tag{5.136}$$

电解液电容器的情况稍微复杂一些。事实上，电解液电容器的特点是运行寿命与工作电流有效值及工作温度强关联[28]。因此，电容器的额定电流应依据其期望寿命进行选择。选型步骤逐步描述如下：

㊀ 原书图中公式的标号为式（6. × ×），有误，均应为式（5. × ×）。——译者注

a)

a)

图 5.36 a）直流母线大电流塑胶薄膜电容器

b）高功率电解液电容器[27,28]（版权许可 EPCOS AG 2013）

步骤 1：电容器电流有效值

假定直流母线电容器电流是下式定义的周期性电流：

$$i_{\mathrm{CBUS}(t)} = \sum_{n=1}^{\infty} \sqrt{2} I_n \sin(n\omega t + \psi_n) \tag{5.137}$$

电容器等效电流有效值可计算为

$$I_{\mathrm{CBUS(RMS)}} = \sqrt{\sum_{n=1}^{\infty} \left(\frac{I_n}{k_n}\right)^2} \tag{5.138}$$

式中，I_n为 n 次谐波电流有效值；k_n为电容器厂商[28]给出的系数。

从图 5.37 可以看出，当频率达几 kHz 以上时，频率尺度系数几乎不变。因此，假设直流母线电容器电流是 N 倍开关频率的单次谐波，有效值可按式（5.72）和式（5.75）计算。将式（5.72）或式（5.75）代入式（5.138）可得

$$I_{CBUS(RMS)} = I_0 \frac{K_{RMS(I)}}{k_{(Nf_{SW})}} \text{或} I_{CBUS(RMS)} = \frac{P_{C0}}{V_{BUS}} \frac{K_{RMS}(P)}{k_{(Nf_{SW})}} \tag{5.139}$$

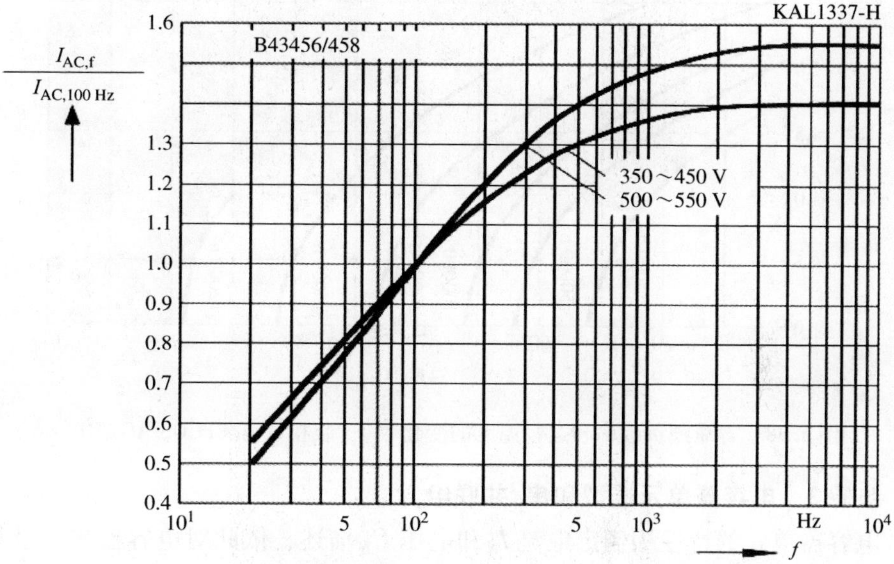

图 5.37　大型 EPCOS 电解液电容器的尺度系数[28]（版权许可 EPCOS AG 2013）

步骤 2：电容器寿命和负载率

直流母线电容器寿命由 3 项参数决定，即环境温度、电容器损耗以及应用电压[28]。期望寿命可定义为

$$\lambda_T = \lambda_{T0} 2^{\frac{T_0 - T_a}{10K}} A^{(1-K_L^2)\frac{\Delta T_0}{10K}} \left(\frac{U_C}{U_N}\right)^{-n} \tag{5.140}$$

式中，λ_{T0}是参考条件下的寿命；T_0是最大额定温度；T_a是电容器环境温度；ΔT_0是电容器磁心温升；A 为一个系数。系数 K_L是电容器负载率：

$$K_L = \frac{I_{CBUS(RMS)}}{I_N} \tag{5.141}$$

式中，$I_{CBUS(RMS)}$为式（5.139）中折合到参考频率下的电容器电流有效值；I_N是电容器额定电流。

电容器寿命特性通常表示为负载率随电容器温度和预期寿命变化的一簇曲线，例如图 5.38 中的曲线。纵轴为负载率 K_L。对两个值进行说明：第一个记为 $I_{AC}/I_{AC,R}$为电容器空气冷却时的系数；第二个记为 $I_{AC}/I_{AC,R(B)}$ 为强迫基本冷却时的系数。

令电容器的预期寿命按照设计准则给出。则电容器的温度和冷却也给定。根据曲线可以对系数 K_L进行定义。

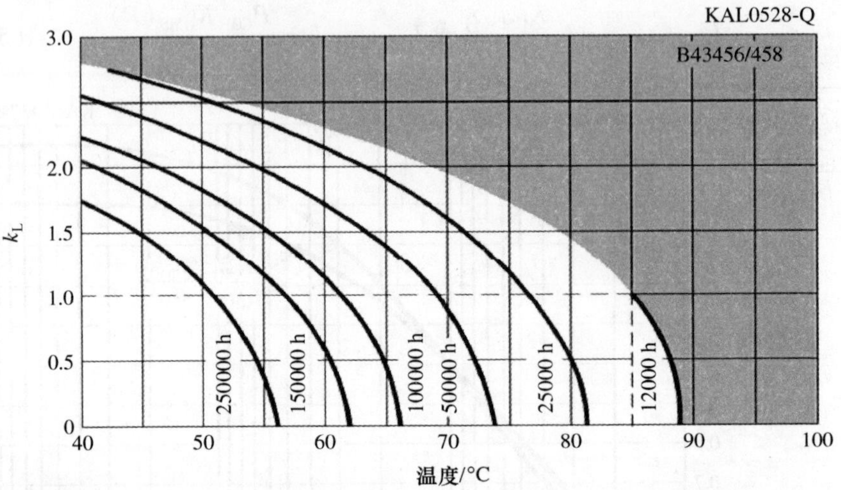

图 5.38 寿命随负载率和运行温度的变化[28]（版权许可 EPCOS AG 2013）

步骤 3：电容器单元选型和串/并联组合

电容器单元的特性用额定电流 I_N 和电压 U_N 描述，依此对电容器单元进行选型。已计算出负载率并且对电容器单元进行了选择，现在可以计算并联单元的数量：

$$M_{BUS} = 1 + \text{floor}\left(\frac{I_{CBUS(RMS)}}{I_N K_L}\right) \tag{5.142}$$

当直流母线电压高于单元的额定电压时，需 N_{BUS} 个单元串联以达到需要的额定电压。串联单元的数量为

$$N_{BUS} = 1 + \text{floor}\left(\frac{V_{BUS}}{U_N}\right) \tag{5.143}$$

设所选单元的电容为 $C_{BUS(cell)}$，则直流母线总电容为

$$C_{BUS} = C_{BUS(cell)}\frac{M_{BUS}}{N_{BUS}} \tag{5.144}$$

5.6.3.2 直流母线电压纹波

设变流器负载为恒功率 P_{C0}，则直流母线电压纹波可由式（5.82）定义。利用条件：

$$\frac{\partial \Delta v_{BUS}(d)}{\partial d} = \left(\frac{\sqrt{2}}{C_{BUS}\pi f_{SW}}\frac{P_{C0}}{V_{BUS}}\right)\frac{\partial K_{\Delta V(P)}(d)}{\partial d} = 0 \tag{5.145}$$

可以计算得出最大纹波电压对应的临界占空比 d_{CR}。但式（5.145）无法得到封闭形式的解析解，因此，必须采用近似。假设临界占空比由式（5.46）定义。因此，最大电压纹波下的临界占空比为

$$d_{CR} \cong \frac{1}{N}\left(\text{floor}\left(\frac{1}{d_{min}}\right) + \frac{1}{2}\right) \tag{5.146}$$

式中，d_{min}是最小工作占空比。

将式（5.146）代入式（5.82）可得

$$\Delta v_{BUS\,max} = \frac{\sqrt{2}}{C_{BUS}\pi f_{SW}} \frac{P_{C0}}{V_{BUS}} K_{\Delta V(p)}(d_{CR}) \tag{5.147}$$

纹波系数 $K_{\Delta V(P)}$ 为

$$K_{\Delta V(P)}(d) = \frac{K_{RMS(p)}(d)}{N} \tag{5.148}$$

式中，$K_{RMS(p)}$ 为式（5.75）定义的电流有效值系数。

此时，可选择直流母线电容：

$$C_{BUS} = \frac{\sqrt{2}}{\Delta v_{BUS\,max}\pi f_{SW}} \frac{P_{C0}}{V_{BUS}} K_{\Delta V(P)}(d_{CR}) \tag{5.149}$$

并联单元的数量为

$$M_{BUS} = 1 + \text{floor}\left(N_{BUS}\frac{C_{BUS}}{C_{BUS(cell)}}\right) \tag{5.150}$$

通常，由电流有效值准则和直流电压纹波准则得出的并联电容器数量是不同的，即式（5.142）≠式（5.150）。为选择满足两者的直流母线电容器，并联电容器的数量可计算为

$$M_{BUS} = \max\left\{\left[1 + \text{floor}\left(N_{BUS}\frac{C_{BUS}}{C_{BUS(cell)}}\right)\right], \left[1 + \text{floor}\left(\frac{I_{CBUS(RMS)}}{I_N K_L}\right)\right]\right\} \tag{5.151}$$

5.6.3.3　直流母线电容器损耗和温度

5.5.3.4 节中已讨论了直流母线电容器损耗。式（5.152）表述的直流母线电容器损耗是在恒定电流和恒功率条件下给出的：

$$P_{\xi(CBUS)} = \text{ESR}(f_B)\left(I_0 \frac{K_{RMS(i)}}{k_{(Nf_{SW})}}\right)^2$$

$$P_{\xi(\mathrm{CBUS})}=\mathrm{ESR}(f_{\mathrm{B}})\left(\frac{P_{\mathrm{C0}}}{V_{\mathrm{BUS}}}\frac{K_{\mathrm{RMS(p)}}}{k_{(Nf_{\mathrm{SW}})}}\right)^{2} \tag{5.152}$$

电流纹波系数 $K_{\mathrm{RMS(i)}}$ 和 $K_{\mathrm{RMS(p)}}$ 分别由式（5.72）和式（5.75）给出。$k_{(Nf_{\mathrm{SW}})}$为电流尺度系数，图 5.37 对其进行了示例。要了解更多电流尺度系数的内容，请参见本章末的 5.8.4.1 节。

设直流母线电容器由 N_{BUS}个串 M_{BUS}个并单元组成。直流母线电容器的内阻为

$$\mathrm{ESR}=\mathrm{ESR}_{(\mathrm{cell})}\frac{N_{\mathrm{BUS}}}{M_{\mathrm{BUS}}} \tag{5.153}$$

式中，$\mathrm{ESR}_{(\mathrm{cell})}$为单元的内阻。

将式（5.152）代入式（5.259）可计算得出电容器芯体和外壳的温度：

$$\theta_{\mathrm{case}}=\mathrm{ESR}(f_{\mathrm{B}})\left(\frac{P_{\mathrm{C0}}}{V_{\mathrm{BUS}}}\frac{K_{\mathrm{RMS(p)}}}{k_{(Nf_{\mathrm{SW}})}}\right)^{2}R_{\mathrm{ca\_amb}}+\theta_{\mathrm{amb}}$$

$$\theta_{\mathrm{core}}=\mathrm{ESR}(f_{\mathrm{B}})\left(\frac{P_{\mathrm{C0}}}{V_{\mathrm{BUS}}}\frac{K_{\mathrm{RMS(p)}}}{k_{(Nf_{\mathrm{SW}})}}\right)^{2}(R_{\mathrm{co\_ca}}+R_{\mathrm{ca\_amb}})+\theta_{\mathrm{amb}} \tag{5.154}$$

式中，$R_{\mathrm{ca_amb}}$为式（5.257）所表述的外壳至外界环境的热阻。

电解液电容器的热模型在 5.8.4 节中有完整的描述。

5.6.3.4 直流母线电压的可控性

直流母线电压的可控性是选择直流母线电容器的另一项重要准则。

5.6.3.5 电容器选型总结

直流母线电容器的选型步骤总结如图 5.39 所示。

5.6.4 输出滤波电容器选择

输出滤波电容器 C_0的作用是什么？其是可选的还是必需的？滤波电容器的作用是分流部分纹波电流 Δi_0以防止超级电容器流过过大的纹波电流。严格意义上，滤波电容器并不是必需的。但由于超级电容器的内阻 R_{C0}可能较大，导致超级电容器的损耗和发热问题。为减少超级电容器纹波电流，可将滤波电容器 C_0并联于变流器的输出端。

图 5.40 所示为超级电容器和输出滤波的电路图。电感 $L_{0\zeta}$为超级电容器的杂散电感。超级电容器的内阻为 R_{C0}。第 2 章已讨论过，超级电容器电阻与频率强

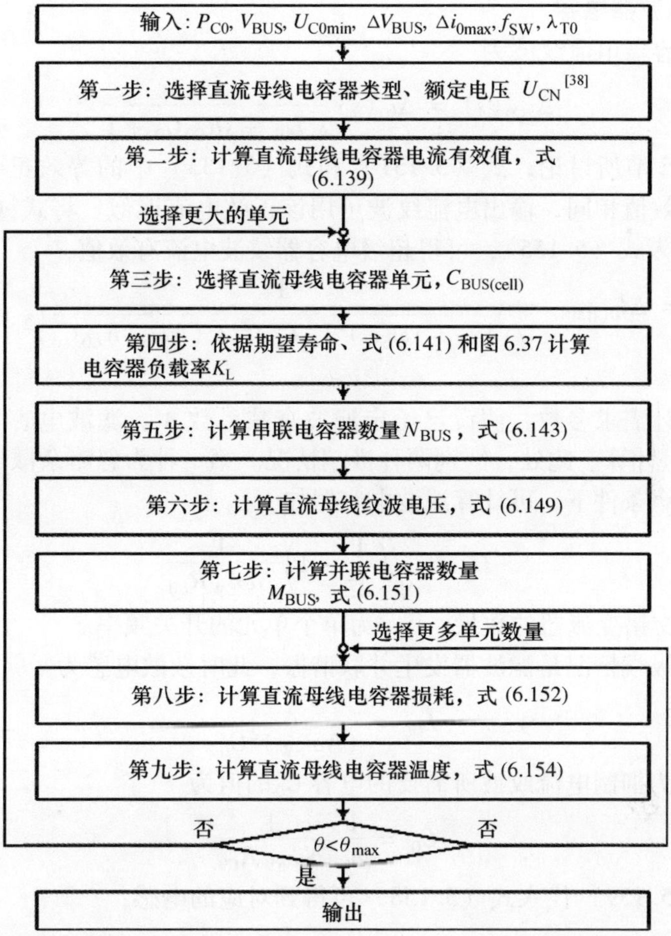

图 5.39 直流母线电容器选型流程㊀

相关，该频率为开关频率的 N 倍。因此，超级电容器的内阻为该频率下的内阻。

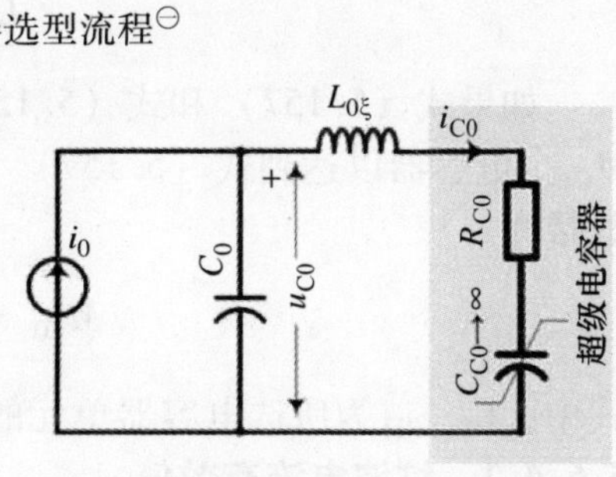

图 5.40 输出滤波器等效电路

超级电容器的电容有多大？有人曾指出 $C_{C0}\rightarrow\infty$。该假设正确与否取决于超级电容器的大小。应用中可能需要一个较小的超级电容器。从超级电容器侧看，所关注频率非常高，此时电容可取较低的值。

㊀ 原书图中公式和图的标号为式（6. × ×）和图 6. × ×，有误，均应为式（5. × ×）和图 5. × ×。——译者注

5.6.4.1 滤波器电容

超级电容器电流纹波为

$$\Delta i_{C0}(s) = \Delta i_0(s)\frac{1}{s^2 L_{0\xi} + sR_{C0}C_0 + 1} \tag{5.155}$$

如5.6.2节所讨论，式（5.131）和式（5.133）中的等效正弦电流波与总纹波电流有效值相同，输出电流纹波可用该正弦电流近似。将式（5.131）和式（5.133）代入式（5.155），可得超级电容器纹波电流有效值：

$$\Delta I_{C0(RMS)} = \Delta I_{0(RMS)}\frac{1}{\sqrt{(1-(N\omega_{SW})^2 L_{0\xi}C_0)^2 + (N\omega_{SW}R_{C0}C_0)^2}} = \Delta I_{0(RMS)}A_t \tag{5.156}$$

作为设计需求参数，假设已给定滤波衰减系数A_t。滤波电容器的电容可由式（5.162）计算。此处，区别两种极端情况。第一种为忽略杂散电抗$L_{0\xi}\cong 0$的理想情况。该条件下，可计算滤波电容器如下：

$$C_0 = \sqrt{\left(\frac{1}{A_t^2}-1\right)}\frac{1}{N\omega_{SW}R_{C0}} \tag{5.157}$$

式中，N为交错变流器的数量，ω_{SW}为单个单元的开关频率。

第二种极端情况是滤波器发生并联谐振，此时杂散电感为

$$L_{0\xi} = \frac{1}{(N\omega_{SW})^2 C_0} \tag{5.158}$$

此时，为抑制电流纹波所需要的电容C_0的值为

$$C_0 = \frac{1}{A_t}\frac{1}{N\omega_{SW}R_{C0}} \tag{5.159}$$

将式（5.159）代入式（5.158）可得到对应的电感：

$$L_{0\xi(CR)} = \frac{A_t R_{C0}}{N\omega_{SW}} \tag{5.160}$$

如果式（5.157）和式（5.159）的电容超出了可选电容器的范围，应并联M_{C0}个电容器以达到式（5.157）和式（5.159）中所需要的电容。并联电容器的数量为

$$M_{C0} = 1 + \text{floor}\left(\frac{C_0}{C_{0(cell)}}\right) \tag{5.161}$$

式中，$C_{0(cell)}$为所选电容器单元的电容。

5.6.4.2 纹波电流有效值

根据图5.40可计算滤波电容器纹波电流的有效值：

$$\Delta I_{C(RMS)} = \Delta I_{0(RMS)}\frac{N\omega_{SW}R_{C0}C_0}{\sqrt{1+(N\omega_{SW}R_{C0}C_0)^2}} - \Delta I_{0(RMS)}\sqrt{1-(A_t(\omega))^2} \tag{5.162}$$

其中，输出电流纹波有效值由式（5.119）和式（5.133）给出。现在可根据式（5.162）选择具有一定电流承受能力的电容器，应并联 M_{C0} 个电容器以达到所需要的电流承受能力。并联电容器的数量为

$$M_{C0} = 1 + \mathrm{floor}\left(\frac{\Delta I_{C(RMS)}}{I_N}\right) \tag{5.163}$$

式中，I_N 为电容器额定电流。

最后，由式（5.161）和式（5.163）下的最坏场景确定并联电容器的数量：

$$M_{C0} = \max\left\{\left[1 + \mathrm{floor}\left(\frac{C_0}{C_{0(cell)}}\right)\right], \left[1 + \mathrm{floor}\left(\frac{\Delta I_{C(RMS)}}{I_N}\right)\right]\right\} \tag{5.164}$$

5.6.5　功率半导体器件选择

5.6.5.1　设计和选型目标

完成了变流器无源元件（ICT，电抗器，电容器）的选型后，下一步将选择功率半导体器件。该设计步骤的目标是选择满足变流器指标的功率半导体器件，包括半导体技术类型和系列的选择、额定电压和电流，以及冷却系统的设计。在低功率范围考虑单独的开关/二极管，中/大功率范围考虑双开关/二极管模块。图 5.41 所示为现阶段的单独（低功率）和双（高功率）IGBT/FWD 器件。

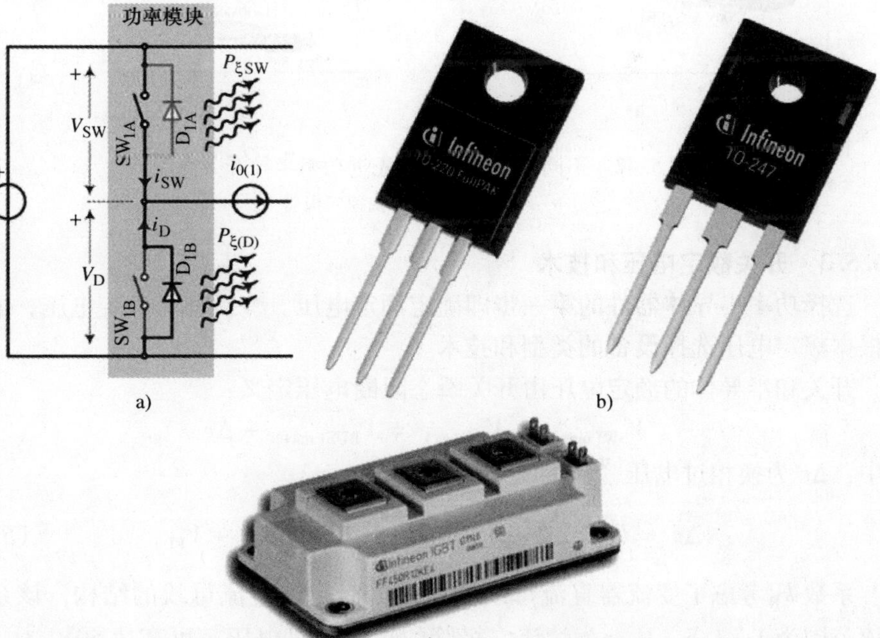

图 5.41　a）构成接口 DC - DC 变流器的双开关单元 b）低功率应用中的单个 IGBT/FWD[29] c）高功率应用中的双 IGBT/FWD 模块（版权许可 Infineon Technologies AG）

5.6.5.2 关于半导体开关和二极管

图 5.42 对比了几种最常用的功率半导体开关。在 600V 和 1200V 两个额定电压下，对比了三类有源开关 Si IGBT、Si MOSFET 以及 SiC JFET 的导通损耗（通态电压降 V_{CON}）以及开关损耗。综合开关、导通总体性能，在两类电压等级下，SIC JFET 的表现是最好的。600V 的 MOSFET 和 IGBT 有着相似的导通特性，而在开关特性上 MOSFET 更具优势。在 1200V 等级下，与 IGBT 相比，MOSFET 具有优越的开关特性，而在导通特性方面相反 IGBT 更好。此处，需强调 600V 和 1200V 的 MOSFET 技术是不同的。在 600V 等级下，MOSFET 以超级结技术为主导[30]，该技术有效改善了开关的导通性能。然而在 1200V 等级下，不可能采用超级结技术。

在 600V 和 1200V 额定电压下，对比 Si PiN 和 SiC SBD 两种开关二极管。SiC SBD 的开关损耗比 Si PiN 要低，两者通态电压的差别不大。由于 SiC PiN 二极管通常应用于高电压而非低电压场合，在此不对其进行讨论。

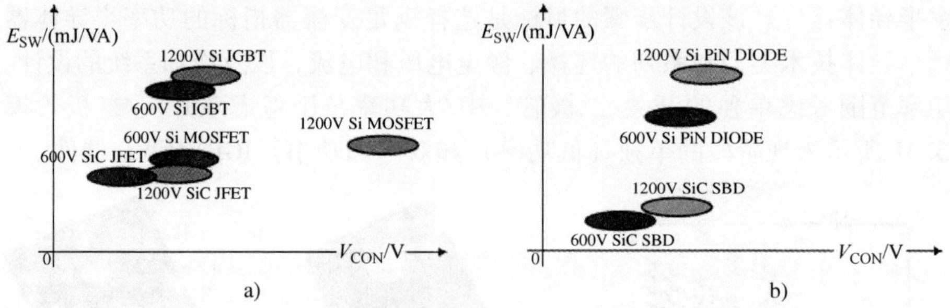

图 5.42 不同电压等级下的先进功率半导开关性能

a）有源开关 b）快速二极管

5.6.5.3 开关额定电压和技术

选择功率半导体器件的第一步即确定额定电压。一旦确定额定电压，下一步将根据额定电压选择设备的类型和技术。

开关和半导体的额定电压由开关瞬态阻断电压定义：

$$V_{SW(max)} = V_{D(max)} = V_{BUS(max)} + \Delta v \tag{5.165}$$

其中，Δv 为换相过电压[30]：

$$\Delta v = k_R L_\xi \frac{di_{SW}}{dt} + V_{FDY} \cong k_R L_\xi \frac{0.8 I_{SW}}{t_F} + V_{FDY} \tag{5.166}$$

系数 k_R 考虑了变流器直流母线的谐振。取决于直流母线的结构，该系数的取值范围为 1 ~ 1.5。V_{FDY} 为续流二极管的正向恢复电压，可高达 50V[30]。L_ξ 为互感，t_F 为开关电流的下降时间[30]。

在低于 250V 的低电压范围内，应选择超级结 MOSFET 开关，二极管为其寄生体二极管。

在 250～450V 范围内，可应用两类开关。可以为 600～700V 额定电压的超级结 MOSFET 或 600～650V 额定电压的 IGBT。与 IGBT 相比，超级结 MOSFET 提供了更好的开关性能，并具有相似的导通特性[30]。但超级结 MOSFET 中寄生二极管的特性不如 IGBT 模块使用的 PiN 二极管。这个问题可以通过某种复杂的拓扑解决，但将造成额外的损耗和费用。因此，宜选择 600～650V 的 IGBT。二极管为快速软恢复的 PiN 二极管（见表 5.4）。

在 450V 以上的电压范围，很明确应选择 IGBT 开关。二极管选用快速软恢复的 PiN 二极管。

表 5.4　不同直流母线电压下半导体技术的选择　　（单位：V）

直流母线电压	250V 以下	250～450	450～900	900～1400
开关	MOSFET	600～650 IGBT 600～650 超级结 MOSFET①	1200 IGBT	1700 IGBT
二极管	寄生体二极管	600～650 600～650①	1200	1700

① 由于是体二极管，其特性受到制约。

5.6.5.4　额定电流

超级电容器的最大电流和纹波电流决定了设备电流的额定值。从式（5.34）可得到开关/二极管的最大电流：

$$i_{\mathrm{SW\,max}}(d) = i_{\mathrm{D\,max}}(d) = \frac{i_{\mathrm{C0}}(d)}{N} + \frac{1}{2}\,\frac{\Delta i_0(d)}{N} \tag{5.167}$$

式中，N 为交错单元的数量；i_{C0}（d）和 Δi_0（d）是超级电容器的电流和输出电流纹波，两者均为占空比的函数。

将式（5.74）和式（5.119）代入式（5.167）可得

$$\begin{aligned} i_{\mathrm{SW\,max}}(d) = i_{\mathrm{D\,max}}(d) &= \frac{1}{N}\left[\frac{P_{\mathrm{C0}}}{V_{\mathrm{BUS}}d} + \frac{1}{2}\left(\frac{V_{\mathrm{BUS}}}{4f_{\mathrm{SW}}L_{\mathrm{max}}}\right)K_{\Delta i}(d)\right] \\ &= \frac{1}{N}I_{\mathrm{C0}(n)}\left[\frac{d_{\mathrm{min}}}{d} + \frac{1}{2}\,\frac{\Delta i_{0\,\mathrm{max}(0)}}{I_{\mathrm{C0}(n)}}N^2K_{\Delta i}(d)\right] \end{aligned} \tag{5.168}$$

式中，$K_{\Delta i}$ 为式（5.120）定义的电流纹波系数；$I_{\mathrm{C0}(n)}$ 为式（5.117）中超级电容器的额定电流；$\Delta i_{0\mathrm{max}(0)}$ 为最大电感 L_{max} 下峰－峰电流的最大值：

$$\Delta i_{0\,\mathrm{max}(0)} = \frac{V_{\mathrm{BUS}}}{4f_{\mathrm{SW}}L_{\mathrm{max}}}\,\frac{1}{N^2} \tag{5.169}$$

由函数的极值条件：

$$\frac{\partial i_{\mathrm{SW\,max}}(d)}{\partial d}=0 \tag{5.170}$$

可得

$$\frac{2d_{\min}I_{\mathrm{C0}(n)}}{\Delta i_{0\,\max(0)}N^2}=d^2\,\frac{\partial K_{\Delta i}(d)}{\partial d} \tag{5.171}$$

式（5.171）的解为器件最大电流对应的占空比 d_{CR}。将式（5.171）的解代入式（5.168）中可得到器件的最大电流：

$$i_{\mathrm{SW\,max}}=\frac{1}{N}I_{\mathrm{C0}(n)}\left[\frac{d_{\min}}{d_{\mathrm{CR}}}+\frac{1}{2}\,\frac{\Delta i_{0\,\max(0)}}{I_{\mathrm{C0}(n)}}N^2K_{\Delta i}(d_{\mathrm{CR}})\right] \tag{5.172}$$

至此定义了器件（开关和二极管）的最大额定电流。

选型过程是否结束？是否可以用式（5.172）直接选取设备额定电流呢？答案是否定的。由式（5.172）仍无法确定器件的额定电流。在此只能用其进行初步选型。在最不利条件下器件的结温是器件额定电流选择的主要原则。根据经验，器件额定电流可以初步选择为

$$\begin{aligned}I_{\mathrm{SW}(n)}&=2i_{\mathrm{SW\,max}}\\I_{\mathrm{D}(n)}&=2i_{\mathrm{D\,max}}\end{aligned} \tag{5.173}$$

假设单元输出电流 $I_{0(1)}$ 为正，如图5.41a所定义。同时，简单起见，假设输出电流平稳没有纹波，则由式（5.34）可得

$$i_{0(1)}(t)=\frac{i_0(t)}{N}=\frac{i_{\mathrm{C0}}(t)}{N}+\overbrace{\frac{\Delta i_0(t)}{N}}^{\cong 0}\cong\frac{i_{\mathrm{C0}}(t)}{N} \tag{5.174}$$

式中，N 为交错单元数量；电流纹波 Δi_0 在分析中被忽略不计。

假设直流母线电压 V_{BUS} 为恒定值或缓慢变化。上开关 $\mathrm{SW_{1A}}$ 和下二极管 $\mathrm{D_{1B}}$ 周期性的导通输出电流 $i_{0(1)}$。开关函数 $s(t)$ 为

$$\begin{aligned}i_{\mathrm{SW1A}}(t)&=i_{0(1)}(t)\cdot s(t),i_{\mathrm{SW1B}}=0\\i_{\mathrm{D1A}}&=0,i_{\mathrm{D1B}}(t)=i_{0(1)}(t)\cdot(1-s_1(t))\end{aligned} \tag{5.175}$$

5.6.5.5 变流器损耗

5.7节中将集中讨论损耗的来源以及不同条件下损耗的计算方法。下面的讨论中将引入5.7节所推导的一些方程式。

由式（5.6）和式（5.224）可计算开关和二极管的滑动平均和有效值（RMS）电流：

$$\begin{aligned}I_{\mathrm{SW(AV)}}&=\frac{1}{T_{\mathrm{SW}}}\int_t^{t+T_{\mathrm{SW}}}i_{\mathrm{SW1A}}(t)\mathrm{d}t=i_{0(1)}(t)\cdot\mathrm{d}(t)\\I_{\mathrm{SW(RMS)}}&=\sqrt{\frac{1}{T_{\mathrm{SW}}}\int_t^{t+T_{\mathrm{SW}}}i^2_{\mathrm{SW1A}}(t)\mathrm{d}t}=i_{0(1)}(t)\cdot\sqrt{d(t)}\end{aligned} \tag{5.176}$$

$$I_{D(AV)} = \frac{1}{T_{SW}}\int_{t}^{t+T_{SW}} i_{D1A}(t)\,dt = i_{0(1)}(t)\cdot(1-d(t))$$

$$I_{D(RMS)} = \sqrt{\frac{1}{T_{SW}}\int_{t}^{t+T_{SW}} i_{D1A}^{2}(t)\,dt} = i_{0(1)}(t)\cdot\sqrt{1-d(t)} \tag{5.177}$$

将式（5.176）和式（5.177）代入式（5.217）可得开关和二极管的导通损耗为

$$P_{SW(CON)} = \left[V_{SW(0)}\frac{i_{C0}(t)}{N} + r_{SW}\frac{i_{C0}^{2}(t)}{N^{2}}\right]\cdot d(t)$$

$$P_{D(CON)} = \left[V_{D(0)}\frac{i_{C0}(t)}{N} + r_{D}\frac{i_{C0}^{2}(t)}{N^{2}}\right]\cdot(1-d(t)) \tag{5.178}$$

式中，单元电流 i_{C0} 由式（5.1）和式（5.2）定义；占空比由式（5.42）和式（5.43）定义。

各开关器件的开关损耗为

$$P_{SW(SW)} \cong f_{SW}\frac{(E_{ON}+E_{OFF})}{V_N I_N}V_{BUS}\frac{i_{C0}(t)}{N} \tag{5.179}$$

式中，E_{ON} 和 E_{OFF} 为额定电压 U_N 和额定电流 I_N 下的交换能量。电流 $i_{C0}(t)$ 由式（5.1）和式（5.2）定义。

二极管的换相损耗为

$$P_{D(SW)} \cong f_{SW}\frac{E_Q}{V_N I_N}V_{BUS}i_{C0}(t) \tag{5.180}$$

式中，E_Q 为额定电压 U_N 和额定电流 I_N 下的换相能量。

5.6.5.6　热模型和温升

5.8.2 节中将集中讨论功率半导体的热模型和温度管理。下面的讨论中将引入 5.8.2 节中所推导的一些方程式以计算设备的结温。

在计算结温之前，首先简单描述功率半导体设备及其热模型。在此考察的是一个基本的开关单元，其电路如图 5.43a 所示。该单元可为两个单独的开关和二极管，也可为集成的双功率模块。设备的结温取决于设备损耗产生的热量和设备的散热能力。前述内容已对损耗进行了介绍。

图 5.43b 描述了一个基本开关单元的简化热模型。设备损耗由电流源 $P_{\xi(SWA)}$ 至 $P_{\xi(DB)}$ ㊀产生，结至外壳、外壳至散热器、散热器至环境的热阻抗分别为 $Z_{j\_c(sw)}$、$Z_{j\_c(D)}$、Z_{c_hs}、Z_{c_hs}。更详细内容请参见 5.8.2 节。

设备结到外壳的温差为

$$\Delta\theta_{j\_c}(s) = P_{\xi}(s)Z_{j\_c}(s) = P_{\xi}(s)\sum_{k=1}^{\infty}\frac{R_{j\_c(k)}}{1+s\tau_{(k)}} \tag{5.181}$$

式中，P_{ξ} 为设备损耗（W）；Z_{j_c} 为设备结到外壳的热阻抗，（K/W）。

㊀ 原书有误，应为 $P_{\xi(DB)}$。——译者注

此处，损耗 P_{ξ} 为阶跃函数（损耗不随时间变化），结至外壳的温度响应为一系列指数函数：

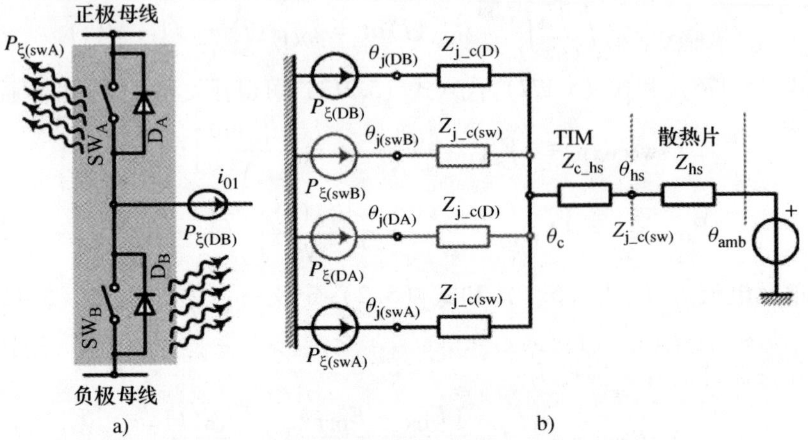

图 5.43 a）功率半导体双模块 b）简化热模型

$$\Delta\theta_{j\_c}(t) = P_{\xi}\sum_{k=1}^{\infty} R_{j\_c(k)}(1 - e^{-\frac{t}{\tau(k)}}) \tag{5.182}$$

如果损耗在一个远大于设备时间常数的时段内维持不变，则结至外壳的温差为稳态温度，可由损耗以及结至外壳的总热阻定义：

$$\Delta\theta_{j\_c} = P_{\xi}\sum_{k=1}^{\infty} R_{j\_c(k)} = P_{\xi}R_{j\_c} \tag{5.183}$$

由式（5.183），开关和二极管的最大允许损耗可计算为

$$P_{\xi(sw)max} = \frac{\Delta\theta_{j\_c(sw)max}}{R_{j\_c(sw)}} \text{ 和 } P_{\xi(D)max} = \frac{\Delta\theta_{j\_c(D)max}}{R_{j\_c(D)}} \tag{5.184}$$

式中，$\Delta\theta_{j_c(sw)max}$和 $\Delta\theta_{j_c(D)max}$为由设备循环能力所决定的最大允许开关和二极管结至外壳温差。

若设备最大允许损耗值比式（5.178）~式（5.180）计算的实际值低，则应重新选择开关和二极管或降低开关频率。由于需重新设计 ICT 和电容器，降低开关频率是不得已的选择。

外壳至散热器的温差取决于模块损耗以及外壳至散热器的热阻：

$$\Delta\theta_{c\_hs}(s) = P_{\xi(MOD)}(s)Z_{c\_hs}(s) = (P_{\xi(sw)}(s) + P_{\xi(D)}(s))\sum_{k=1}^{\infty}\frac{R_{c\_hs(k)}}{1 + s\tau_{(k)}} \tag{5.185}$$

损耗为恒定值时，外壳至散热器的温度响应为一系列指数函数的和：

$$\Delta\theta_{c\_hs}(t) = (P_{\xi(sw)} + P_{\xi(D)})\sum_{k=1}^{\infty} R_{c\_hs(k)}(1 - e^{-\frac{t}{\tau_{c\_hs(k)}}}) \tag{5.186}$$

外壳至散热器的稳态温差可由模块损耗以及外壳至散热器的总热阻计算：

$$\Delta_{c\_hs} = (P_{\xi(sw)} + P_{\xi(D)})\sum_{k=1}^{\infty} R_{c\_hs(k)} = (P_{\xi(sw)} + P_{\xi(D)})R_{c\_hs} \quad (5.187)$$

散热器至环境的温差可由总损耗以及散热器至环境的热阻定义：

$$\Delta\theta_{hs\_amb}(s) = N_M(P_{\xi(sw)}(s) + P_{\xi(D)}(s))\sum_{k=1}^{\infty}\frac{R_{hs\_amb(k)}}{1 + s\tau_{hs\_amb(k)}} \quad (5.188)$$

式中，N_M 为附着在同一散热器的模块数量；R_{hs_amb} 为散热器的热阻（K/W）；τ_{hs_amb} 为散热器的热时间常数（s）。

大功率散热器可由热阻的二次函数描述。时间常数通常在 $\tau_1 = 5 \sim 10s$ 或 $\tau_2 = 50 \sim 100s$。

损耗为恒定值时，散热器至环境的温度响应为一系列指数函数的和：

$$\Delta\theta_{hs\_amb}(t) = N_M(P_{\xi(sw)} + P_{\xi(D)})\sum_{k=1}^{2} R_{hs\_amb(k)}\left(1 - e^{-\frac{t}{\tau_{hs\_amb(k)}}}\right) \quad (5.189)$$

如果损耗在一个远大于设备时间常数的时段内维持不变，则外壳至环境的温差为稳态温度，可由损耗和外壳至环境的总热阻定义：

$$\Delta\theta_{hs\_amb} = N_M(P_{\xi(sw)} + P_{\xi(D)})R_{hs\_amb} \quad (5.190)$$

开关和二极管的绝对温度可由式（5.183）、式（5.187）和式（5.190）计算如下：

$$\begin{aligned}\theta_{j(sw)} &= \Delta\theta_{j\_c(sw)} + \Delta\theta_{c\_hs} + \Delta\theta_{hs\_amb} + \theta_{amb} \\ &= P_{\xi(sw)}R_{j\_c(sw)} + (P_{\xi(sw)} + P_{\xi(D)})(R_{c\_hs} + N_M R_{hs\_amb}) + \theta_{amb}\end{aligned} \quad (5.191)$$

$$\begin{aligned}\theta_{j(D)} &= \Delta\theta_{j\_c(D)} + \Delta\theta_{c\_hs} + \Delta\theta_{hs\_amb} + \theta_{amb} \\ &= P_{\xi(D)}R_{j\_c(D)} + (P_{\xi(sw)} + P_{\xi(D)})(R_{c\_hs} + N_M R_{hs\_amb}) + \theta_{amb}\end{aligned} \quad (5.192)$$

最终，可由式（5.191）和式（5.192）得到散热器的热阻：

$$R_{hs\_amb} = \min\begin{cases}\left(\dfrac{\theta_{j(sw)max} - \theta_{amb} - P_{\xi(sw)}R_{j\_c(sw)}}{(P_{\xi(sw)} + P_{\xi(D)})} - R_{c\_hs}\right)\dfrac{1}{N_M} \\ \left(\dfrac{\theta_{j(D)max} - \theta_{amb} - P_{\xi(D)}R_{j\_c(D)}}{(P_{\xi(sw)} + P_{\xi(D)})} - R_{c\_hs}\right)\dfrac{1}{N_M}\end{cases} \quad (5.193)$$

通常，散热器选型完毕热设计工作也就完成了。如果散热器的热阻太低，散热器的设计不理想，则应重新选择功率半导体或降低开关频率，由于需重新设计 ICT 和电容器，后者是不得已选择。

5.6.5.7 设计和选型总结

功率半导体的设计和选型步骤可概括为图 5.44 所示的流程。

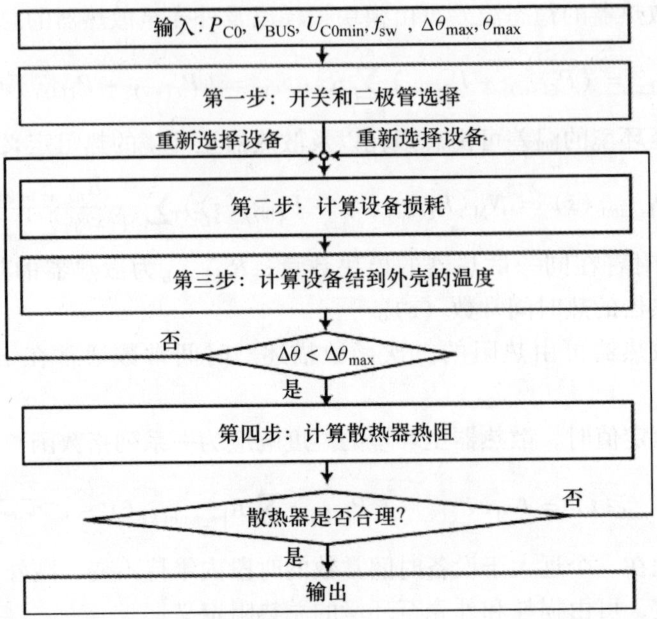

图 5.44　开关/二极管的选型和热设计流程

5.6.6　习题

习题 5.1

一个具有超级电容器储能的变流器，参数如下：额定功率 $P_{C0}=100\text{kW}$，额定直流母线电压 $V_{BUS}=750\text{V}$，直流母线最高电压 $V_{BUSmax}=800\text{V}$，超级电容器最高电压 $U_{C0max}=750\text{V}$，最低运行电压 $U_{C0min}=400\text{V}$。

1）计算接口 DC－DC 变流器的额定电流。

2）假设该 DC－DC 变流器为两电平四相交错变流器，计算功率半导体开关的额定电压和初始额定电流。输出电流纹波为平均额定电流的 30%，假设关断过电压 $\Delta v \leqslant 200\text{V}$。

解：

1）接口 DC－DC 变流器的额定电流由变流器功率和超级电容器的最低运行电压决定，见 4.2.3 节式（4.12）。因此，变流器的额定电流为

$$I_{C0(n)} = \frac{P_{C0}}{U_{C0min}} \tag{5.194}$$

将数据代入式（5.194）可得 $I_{C0(n)}=250\text{A}$。

2）变流器的开关和二极管应能承受全部的直流母线电压。在直流母线电压以上，设备还应承受关断过电压 $\Delta v \leqslant 200\text{V}$。因此，设备的最大电压为

$V_{SW}=1000V$。

器件电压的额定值应选择为 1200V，该值为标准的设备额定电压。器件的最大电流近似为

$$i_{SWmax}\cong\frac{1}{N}I_{C0(n)}\left[1+\frac{1}{2}\ \frac{\Delta i_{0\ max(0)}}{I_{C0(n)}}\right] \tag{5.195}$$

将数据代入式（5.195）可得 $i_{SWmax}=71.9A$。设备的初始选型额定电流为 $I_{SW(n)}=I_{D(n)}=143.8A$。据此，可选择尺寸为 34mm 的 1200V/150A 双 IGBT 模块，FF150R12RT4[29]。IGBT 模块的最终选型应依据结温完成。

习题 5.2

习题 5.1 中设计了接口 DC - DC 变流器。该变流器的拓扑为两电平四相交错式。开关频率为 $f_{SW}=6kHz$。

1）计算最坏情况下直流母线电容器的有效值电流。

2）按照如下目标设计直流母线电容器：期望寿命为 $\lambda_{BUS}=100000h$，直流母线电压纹波为 $\Delta V_{BUS}=1V$。电容器为自然导热下的空气冷却。环境温度为 $\theta_{amb}=60℃$。

3）计算直流母线电容器损耗和电容器表面温度。

解：

1）直流母线电容器电流有效值为

$$I_{CBUS(RMS)}=\frac{P_{C0}}{V_{BUS}}K_{RMS(p)} \tag{5.196}$$

式中，$k_{RMS(p)}$ 为有效值电流纹波系数，其为占空比、交错相数以及输出电流纹波的函数，见式（5.75）。输出电流纹波是给定的设计参数：

$$\Delta i_{0\ max(0)}=0.3I_{C0(n)} \tag{5.197}$$

将数据代入式（5.197）可得 $\Delta i_{0\ max}=75A$。

为得到最坏条件下的有效值电流，可用解析方法从式（5.75）获得最大纹波电流系数 $k_{RMS(p)}$，但并不实用。实际中更容易绘制系数 $k_{RMS(p)}$ 对占空比的变化曲线，找出最大值。图 5.45 计算并绘制了系数 $k_{RMS(p)}$，从该图中可注意到系数近似为

$$k_{RMS(p)}=0.225$$

将该系数代入式（5.196）可得到直流母线电容器的最大电流有效值：

$$I_{CBUS(RMS)}=30A$$

直流母线电容器的首次谐波电流频率为开关频率的 N 倍，其中 N 为交错单元数。本算例中，$N=4$，$f_{SW}=5kHz$，因此直流母线电容器电流的主导频率为 20kHz。

2）首先选择直流母线电容器的额定电压。因为直流母线最大电压为 800V，

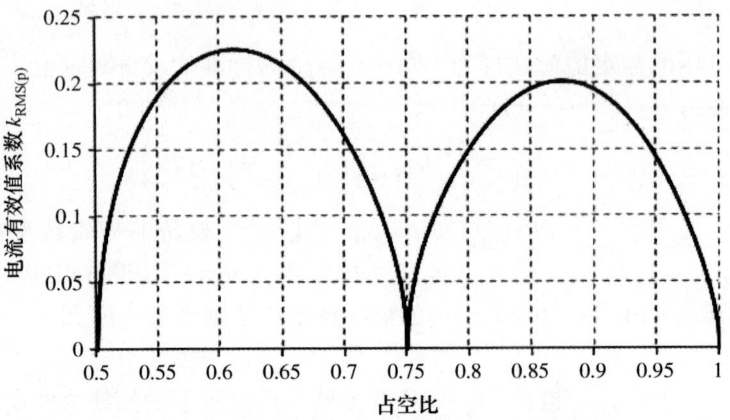

图 5.45　直流母线电容器纹波电流有效值系数

很明显应使用几个串联的电容器。高功率电解电容器的标准额定电压为350V、400V、450V、500V 和550V。首先选择400V 电容器。从式（5.143）可计算串联电容器的数量：

$$N_{BUS} = 2$$

但是所选择的电容器受到额定电压的限制，并没有设计裕度。因此，该选型并不合适。应选择450V 的电容器。本习题中，每个电容器有 50V 的裕度，为12.5%的运行电压。从电容器数据表中将选择大型螺栓端子式电解电容器1500μF/450V[28]。所选择电容器的额定电流为 $I_N = 6.5A$。

现在计算归算至电容器基本频率的电容器等效电流。图 5.37 描述了所选择电容器的尺度系数。从图中，可找到在频率 $Nf_{SW} = 20kHz$ 下，尺度系数为$K = 1.4$。

将尺度系数代入式（5.139）可得到直流电容器等效有效值电流为 $I_{CBUS(RMS)} = 21.43A$。

下一步计算一定预期寿命、冷却方式及环境温度下电容器的负载率。从图5.46 所示的电容器寿命，可找出负载率 $K_L = 1.15$。

将负载率、等效有效值电流和电容器额定电流代入式（5.142）可得到并联电容器的数量 $M_{BUS} = 3$。

电容器选择的最后步骤是根据直流电压纹波要求计算直流母线电容器。可从式（5.148）和式（5.149）计算直流母线电容：

$$C_{BUS} = \frac{\sqrt{2}}{\Delta v_{BUS\,max} \pi f_{SW}} \frac{P_{C0}}{V_{BUS}} \frac{K_{RMS(p)}}{N} \tag{5.198}$$

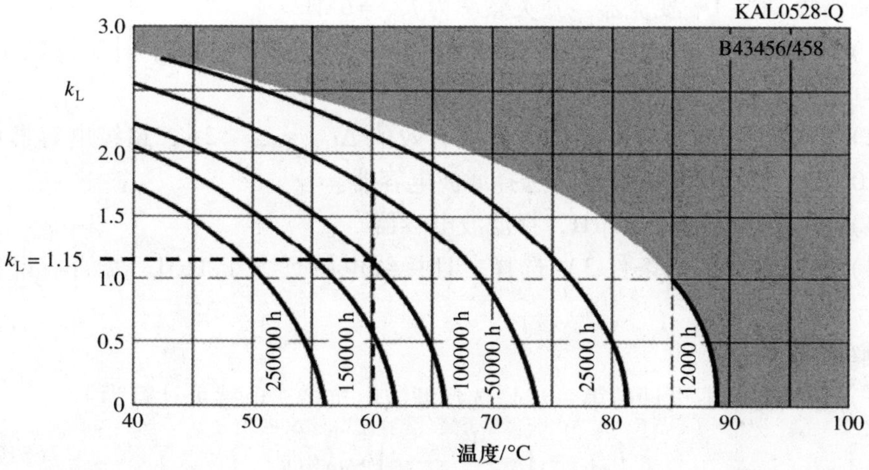

图 5.46　直流母线电容器纹波电流有效值系数（版权许可 EPCOS AG 2013）

最坏条件下纹波电流有效值系数 $k_{RMS(p)}$ 在本习题的 1）中给出。将数据代入式（5.198）中可得到直流母线电容为 $C_{BUS} = 673\mu F$。

根据直流母线电压纹波准则，并联电容器的数量为 $M_{BUS} = 1$。

由于纹波电流有效值和寿命对于电容器的选型更为重要，直流母线电容器的最终选型为两串（$N_{BUS} = 2$）三并（$M_{BUS} = 3$）B43456、B43458 系列 1500μF/450V EPCOS 电解电容器。

3）所选电容器的 ESR 为 100Hz 下 ESR = 120mΩ。由式（5.153）可得，直流母线等效电阻为 ESR = 80mΩ。

总的直流母线电容器损耗和单个电容器损耗为 $P_{\xi(BUS)} = 38.37W$，$P_{\xi(cell)} = 6.39W$。

为计算电容器表面温度，需要利用式（5.257）计算热阻。因为电容器为自然空气冷却，热阻为

$$R_{ca\_amb} = \frac{1}{17.13A} \tag{5.199}$$

式中，A 为电容器面积。从电容器的尺寸可得 $A = 176\ cm^2$。

可得到表面到环境的热阻为 $R_{ca\_amb} = 3.31K/W$。

式（5.259）给出了电容器的表面温度。将损耗和热阻代入式（5.259）可得外壳温度为 $\theta_{case} = 21.19℃ + 60℃ = 81.19°C$。

习题 5.3

上述习题对 DC - DC 变流器的输出滤波器进行了设计。变流器拓扑为两电平

四相交错式 DC-DC 变流器。开关频率为 $f_{SW}=6kHz$。

1）若最大峰-峰电流纹波为超级电容器最大电流的 30%，计算滤波电感。假设电感为系数 $k=0.25$ 的非线性电感器。

2）若超级电容器的最大纹波电流有效值 $\Delta i_{C0(RMS)}<2A$，超级电容器电阻 $R_{C0}=0.1\Omega$，接线电感可忽略，选择滤波电容器。

3）若接线电感 $L_{0\xi}\geqslant 1\mu H$，择滤波电容器。

4）若电容器依据条件 3）选择，且接线电感远大于 1μH，是否有谐振的风险？

解：

1）输出滤波器设计的第一步是选择滤波电抗器，电感可计算为

$$L_{\max}=\left(\frac{V_{BUS}}{4f_{SW}\Delta i_{0\max}}\right)K_{\Delta i}(d_{CR}) \tag{5.200}$$

式中，纹波函数 $k_{\Delta i}$（d_{CR}）由式（5.120）给出，而临界占空比 d_{CR} 可由式（5.122）给出。由交错单元数 $N=4$ 和电感特性系数 $k=0.25$ 可计算得出 $d_{CR}=0.625$，$k_{\Delta i}$（d_{CR}）$=0.078$。

可由式（5.197）计算最大峰-峰电流纹波为 $\Delta i_{0\max}=75A$。

将上述计算参数代入式（5.200）可得零负载电感为 $L_{\max}=39\mu H$。

2）首先重新计算滤波器增益。滤波器增益 A_T 为

$$A_T=\frac{\Delta i_{C0(RMS)}}{\Delta i_{0(RMS)}}=\frac{\Delta i_{C0(RMS)}}{\dfrac{\Delta i_{0\max}}{2\sqrt{3}}} \tag{5.201}$$

式中，$\Delta i_{0\max}$ 为电抗器最大峰-峰电流纹波；$i_{C0(RMS)}$ 为超级电容器纹波电流有效值。

计算得到滤波器增益为 $A_T=0.0922$。

由式（5.157）和滤波器增益 A_T 可得到滤波器电容为 $C_0=868\mu F$。

3）上述练习中，在接线电感为零的假设下选择滤波电容器。但是超级电容器和 DC-DC 接口变流器通过一组电缆连接。若连接电缆为非低电感绞线，电感值将不能忽略。基于此，同样必须考虑超级电容器模块的电感，其值也可能比较大。总之，假设接线电感大于 1μH。

接线电感也可能对滤波器性能产生显著影响。由式（5.156）可计算对应接线电感下的电容，如图 5.47 所示。

利用图 5.47，可得到输出滤波电容为 $C_0=400\mu F$。

请注意所需电容为忽略接线电感的理想情况下电容的两倍。

4）利用上述计算选择滤波电容。由式（5.158）可得到临界电感

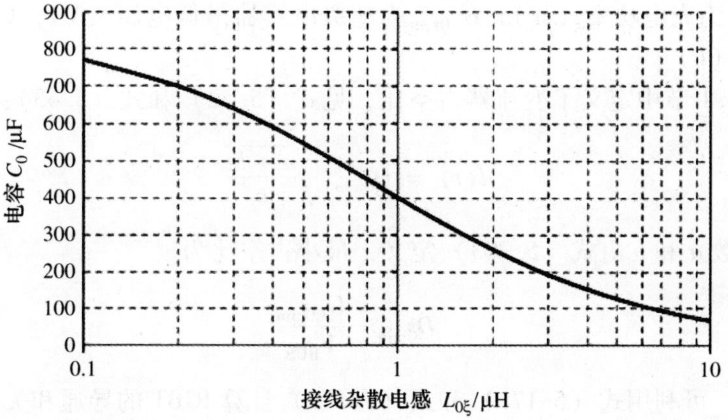

图 5.47　同接线杂散电感下的输出滤波电容，$A_T = 0.0922$，$Nf_{SW} = 20kHz$，$R_{C0} = 0.1\Omega$

为$L_{0\xi}(CR) = 0.158\mu H$。

由于该电感远低于预期杂散电感，滤波电容器和接线杂散电感间并无谐振风险。

习题 5.4

习题 5.1 中已设计接口 DC－DC 变流器，该变流器拓扑为两电平四相交错式 DC－DC 变流器。开关频率为 $f_{SW} = 6kHz$。超级电容器 $C_{C0} = 10F$，在恒定功率 $P_{C0} = 100kW$ 下从最低电压 $U_{C0min} = 400V$ 充电至最高电压 $U_{C0max} = 750V$。

1）计算 IGBT 和 FWD 的导通和关断损耗。所选择 IGBT/FWD 具有如下参数：$V_{CE0} = 0.75V$，$r_{CE} = 8m\Omega$，在 $V_N = 600V$ 和 $I_N = 150A$ 下（$E_{ON} + E_{OFF}$）$= 30mJ$，$V_{D0} = 0.9V$，$r_D = 5m\Omega$，在 $V_N = 600V$ 和 $I_N = 150A$ 下 $E_Q = 10mJ$。

2）当超级电容器从最低电压 U_{C0min} 充电至最高电压 U_{C0max} 时，计算变流器的效率。

3）计算 IGBT 和 FWD 结至外壳、外壳至散热器的温度。IGBT 和 FWD 的热阻为 $R_{j\_case(IGBT)} = 0.19K/W$，$R_{j\_case(D)} = 0.31K/W$，$R_{case\_hs} = 0.1K/W$。

4）若最高结温 $\theta_{jmax} = 150℃$，计算散热器最高温度。

解：

1）在计算 IGBT 和 FWD 损耗之前，需要先确定电流和占空比。超级电容器电流为变流器的输出电流，可用 5.3.5.2 节中式（5.1）和式（5.2）定义：

$$i_{C0} \cong I_{C0max}\sqrt{\frac{a}{a + bt}} \tag{5.202}$$

超级电容器最大电流以及系数 a 和 b 为

$$I_{C0max} = \frac{P_{C0}}{U_{C0min}},\ a = C_{C0}U_{C0min}^2,\ b = 2P_{C0} \tag{5.203}$$

式中，P_{C0}为充电功率（W）；U_{C0min}为超级电容器最低电压（V）；C_{C0}为超级电容器电容（F）。

5.5.3.1 节中定义了变流器占空比，见式（5.42）和式（5.43）：

$$d(t)=D_{0min}\sqrt{\frac{a+bt}{a}} \tag{5.204}$$

式中，系数 a 和 b 由式（5.203）定义，最小占空比为

$$D_{0min}=\frac{U_{C0min}}{V_{BUS}} \tag{5.205}$$

此时，可利用式（5.178）和式（5.179）计算 IGBT 的导通和关断损耗：

$$P_{IGBT}=\frac{P_{C0}}{NV_{BUS}}V_{CE0}+\frac{P_{C0}}{NU_{C0min}}\left(f_{SW}\frac{(E_{ON}+E_{OFF})}{V_NI_N}V_{BUS}+r_{CE}\frac{P_{C0}}{NV_{BUS}}\right)\times\sqrt{\frac{a}{a+bt}} \tag{5.206}$$

将式（5.202）~式（5.205）及系统参数代入式（5.206）可得

$$P_{IGBT}=25+110.42\sqrt{\frac{a}{a+bt}} \tag{5.207}$$

式（5.178）和式（5.180）定义了 FWD 损耗：

$$P_{WFD}=-\frac{P_{C0}}{NV_{BUS}}V_{D0}+\frac{P_{C0}}{NU_{C0min}}\times\left(V_{D0}+f_{SW}\frac{E_Q}{V_NI_N}V_{BUS}-r_D\frac{P_{C0}}{NV_{BUS}}\right)\sqrt{\frac{a}{a+bt}}+r_D\left(\frac{P_{C0}}{NU_{C0min}}\right)^2\frac{a}{a+bt} \tag{5.208}$$

将式（5.202）~式（5.205）和系统参数代入式（5.208）可得

$$P_{FWD}=-30+77.1\sqrt{\frac{a}{a+bt}}+19.5\frac{a}{a+bt} \tag{5.209}$$

IGBT、FWD 损耗以及模块损耗绘制于图 5.48 中。

2）模块损耗为 IGBT 和 FWD 损耗之和：

$$P_{MOD}=-5+177.52\sqrt{\frac{a}{a+bt}}7+19.5\frac{a}{a+bt} \tag{5.210}$$

变流器（只考虑半导体器件）效率为

$$\eta = \frac{P_{C0}}{P_{C0} + NP_{MOD}} = \frac{P_{C0}}{P_{C0} - 20 + 710.08\sqrt{\frac{a}{a+bt}}7 + 78\frac{a}{a+bt}} \quad (5.211)$$

变流器效率随时间的变化绘制于图 5.49 中。

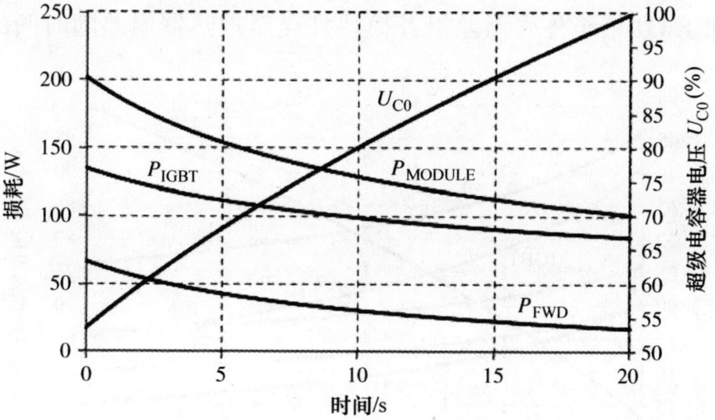

图 5.48　IGBT、FWD 和 IGBT 模块损耗随时间的变化

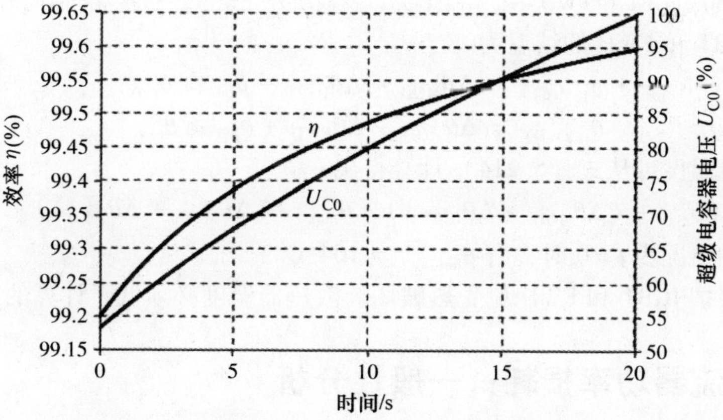

图 5.49　变流器（只考虑半导体器件）效率随时间的变化，不包括 ICT 和电容器

3）IGBT 和 FWD 结至外壳稳态温差由式（5.183）定义，将设备的热阻和损耗方程式（5.207）和式（5.209）代入式（5.183）可得

$$\Delta\theta_{IGBT} = 4.75 + 20.97\sqrt{\frac{a}{a+bt}}$$

$$\Delta\theta_{\mathrm{FWD}} = -9.3 + 23.9\sqrt{\frac{a}{a+bt}} + 6.05\frac{a}{a+bt} \tag{5.212}$$

模块至散热器的温差见式（5.187）。将热阻和模块损耗方程式（5.210）代入式（5.187）可得

$$\Delta\theta_{\mathrm{MOD}} = -0.5 + 17.7\sqrt{\frac{a}{a+bt}}7 + 1.95\frac{a}{a+bt} \tag{5.213}$$

IGBT 和 FWD 结至外壳温差以及模块外壳至散热器温差随时间的变化如图 5.50 所示。

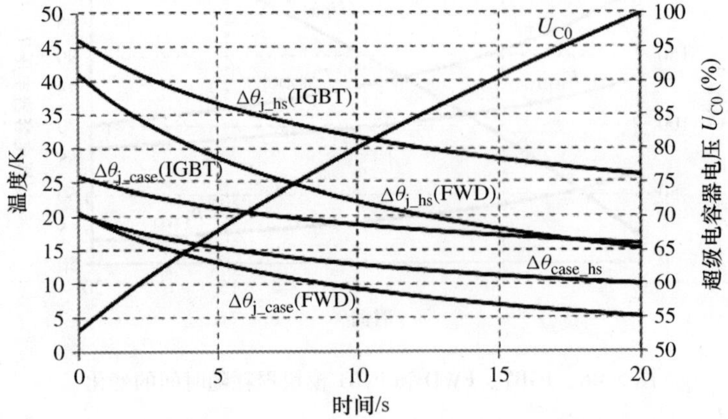

图 5.50 IGBT 和 FWD 结至外壳温差以及模块外壳至散热器温差随时间的变化

4）IGBT 和 FWD 的结温为

$$\begin{aligned}\theta_{\mathrm{j(IGBT)}} &= \Delta\theta_{\mathrm{MOD}} + \Delta\theta_{\mathrm{IGBT}} + \theta_{\mathrm{hs}} \geqslant \theta_{\max}\\ \theta_{\mathrm{j(FWD)}} &= \Delta\theta_{\mathrm{MOD}} + \Delta\theta_{\mathrm{FWD}} + \theta_{\mathrm{hs}} \geqslant \theta_{\max}\end{aligned} \tag{5.214}$$

散热器温度可从式（5.214）计算得出：

$$\theta_{\mathrm{hs}} = \min[(\theta_{\max} - (\Delta\theta_{\mathrm{MOD}} + \Delta\theta_{\mathrm{IGBT}})), (\theta_{\max} - (\Delta\theta_{\mathrm{MOD}} + \Delta\theta_{\mathrm{FWD}}))] \tag{5.215}$$

最坏的情况为 $t=0$ 时，有 $\theta_{\mathrm{hs(max)}} = 104^{\circ}\mathrm{C}$。

为了保护 IGBT 和 FWD 免受热破坏，散热器温度必须低于计算的最高温度。

5.7 变流器功率损耗：一般性分析

5.7.1 损耗的来源

功率半导体器件（开关和二极管）并非理想开关。其通态电压降不为零，关断状态具有漏电流，导通与关断状态切换也需要一定时间。上述非理想特性导致设备加载电流和电压时的损耗。图 5.51b 所示为一个开关周期 T_{SW} 内设备输出端电压和电流波形示意图。在此可分为 4 个阶段：①开通；②导通状态；③关

断；④阻断状态。

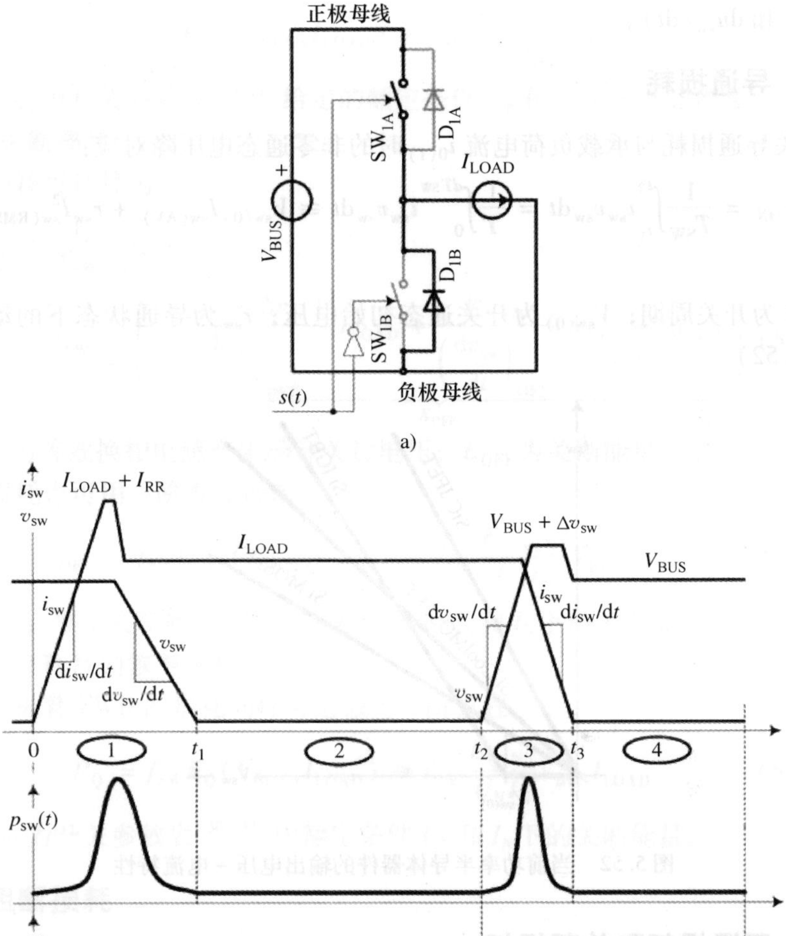

图 5.51　功率半导体开关的输出电压以及一个开关周期内的损耗

一个开关周期 T_{SW} 内开关器件损耗的功率可参考图 5.51b 所示的开关输出电压和电流波形，用下式定义计算得出：

$$P_{SWITCH}=\frac{1}{T_{SW}}\left(\underbrace{\int_0^{t_1}v_{sw}i_{sw}dt}_{1}+\underbrace{\int_{t_1}^{t_2}v_{sw}i_{sw}dt}_{2}+\underbrace{\int_{t_2}^{t_3}v_{sw}i_{sw}dt}_{3}+\underbrace{\int_{t_3}^{T_{SW}}v_{sw}i_{sw}dt}_{4}\right)$$

(5.216)

$$X_{(\mathrm{AV})}(t) = \frac{1}{T_{\mathrm{SW}}}\int_{t}^{t+T_{\mathrm{SW}}} x(\tau)\,\mathrm{d}\tau$$

$$X_{(\mathrm{RMS})}(t) = \sqrt{\frac{1}{T_{\mathrm{SW}}}\int_{t}^{t+T_{\mathrm{SW}}} x^2(\tau)\,\mathrm{d}\tau} \qquad (5.224)$$

5.7.5.1 电流和占空比说明

由式（5.2）、式（5.42）、式（5.43）可以看出，超级电容器的电流和占空比并非常数。这将对式（5.224）中滑动计算的平均值和有效值产生影响。在计算滑动平均变量［式（5.224）］时必须考虑这一点。然而与开关周期相比，电流 $i_{C0}(t)$的变化速率非常低。因此可假设电流在一个开关周期 T_{SW} 内为恒定值。占空比的变化速度也非常低。同时，对于规则采样 PWM 调制，一个开关周期内占空比不能改变。简单而言，在一个开关周期内占空比被采样并被保持。

5.8 变流器热管理：一般性分析

5.8.1 变流器热管理的重要性

变流器及其组件的热管理对于系统的正常工作是十分重要的。但为何热管理如此重要，是必需的还是最好有之？

5.7 节中已讨论过，功率半导体为非理想器件，当开关或二极管置于电压或承载电流时，就会在器件中产生一定的热量损耗。该热量必须通过某种冷却方式耗散到周边环境中去。取决于热量耗散的有效性，芯片（结）的温度升高至某一值。如果结温超过了限定值，器件将失去阻断能力发生灾害性故障。因此，为避免损害，器件结温必须保持在最大允许温度以内。为保障结温在限定值之下，设备冷却系统必须设计得当。5.8.2 节将对功率半导体的热管理进行更详细的介绍。

对于无源设备，如变压器、电抗器和电容器，也是同样的。如 5.5.3.4 节、5.6.1.3 节和 5.6.2.2 节所讨论的，加载在这些设备上的电压和电流将产生一定的热。该热量耗散至周边环境，取决于散热效果，设备温度升高至一定水平。如果温度超过限制，设备寿命将显著下降甚至损坏乃至损毁。为避免出现上述情况，设备应充分冷却。关于无源设备的热管理，详见 5.8.2.3 节和 5.8.4 节。

5.8.2 功率半导体器件的热模型

功率半导体器件具有多层结构。图 5.53 描绘了一个附着于散热器的功率半导体器件的简单结构。器件包括芯片、基底、外壳基板、热量接口和散热器。器件芯片产生功率损耗 P_{ξ}。损耗通过各层耗散到环境中去。由于各层非理想传热，从芯片温度到环境温度将具有一定温度梯度。各层的温度分布如图 5.53 的右半部分所示。

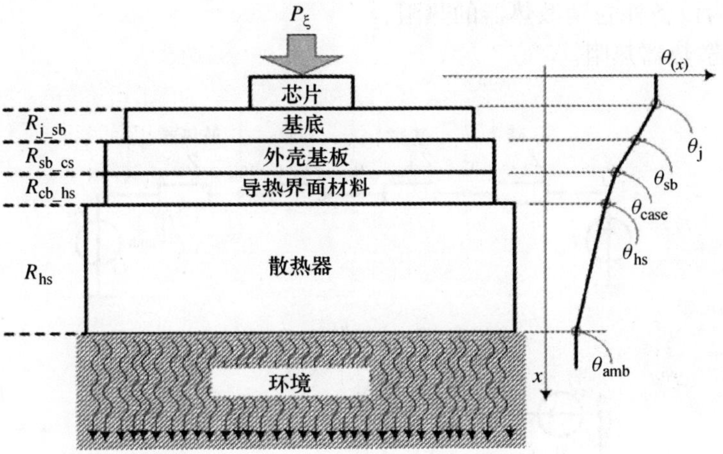

图 5.53　功率半导体截面及各关键温度点

从芯片到外部环境，或者至少到散热器是纯粹的热传导。因此，该热系统可以用偏微分方程描述：

$$\nabla^2\theta + \frac{p_{\xi}}{\sigma_{th}} = \frac{\rho}{\sigma_{th}} c_{th} \frac{\partial \theta}{\partial t} \tag{5.225}$$

式中，∇^2 为拉普拉斯算子；p_{ξ} 为损耗的体积密度（W/m^3）；σ_{th} 为热导率（W/mK）；ρ 为材料密度（kg/m^3）；c_{th} 为特定热容（J/kgK）。

5.8.2.1　附着在散热器的单功率半导体器件模型

通过热场和电磁场的类比，可导出功率半导体模块的等效热路图，如图 5.53 所示。热路和等效电路之间的类比见表 5.5。

表 5.5　热路和电路的对比

热系统	电系统
热，功率（W）	电流（A）
温度（℃）	电压（V）
热阻（K/W）	电阻（Ω）
热容（J/K）	电容（F）

图 5.54a 所示为一个附着于散热器上的功率半导体的热模型。缩写 TIM 代表导热界面材料（Thermal Interface Matrerial）。

热阻定义如下：

Z_{j_sb}为结到基底的热阻；

Z_{sb_c}为基底到外壳基板的热阻；

Z_{c_hs}为设备外壳到散热器的热阻；

Z_{hs}为散热器热阻。

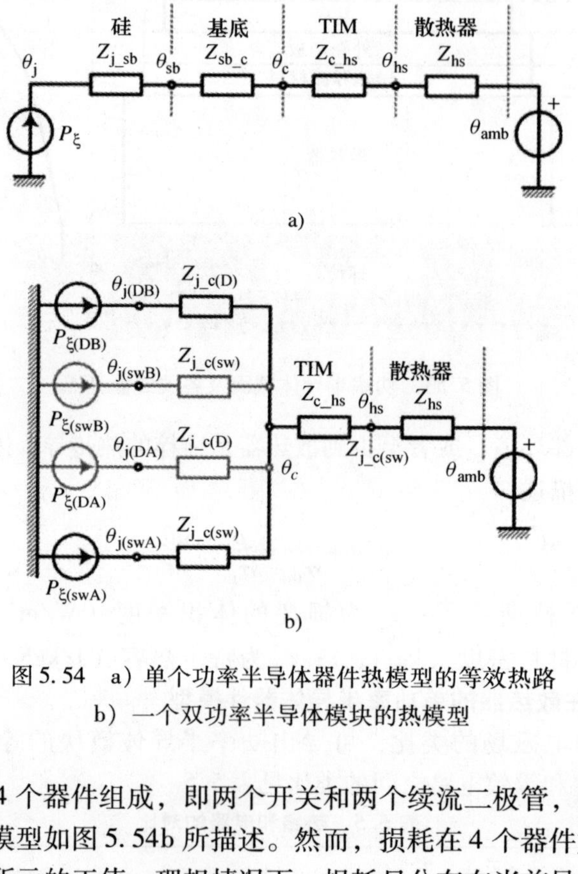

图 5.54 a) 单个功率半导体器件热模型的等效热路
b) 一个双功率半导体模块的热模型

功率模块由 4 个器件组成，即两个开关和两个续流二极管，因此热模型包含了这 4 个器件。模型如图 5.54b 所描述。然而，损耗在 4 个器件如何分布？令模块电流为电路图所示的正值。理想情况下，损耗只分布在当前导通的器件中。本例中为开关 SW_A和二极管 D_B，器件 SW_B 和 D_A不产生损耗，因此可以不将其纳入模型中，如图 5.54b 的浅色线条所示。

该假设在所有情况下都是正确的么？是的，当非激活互补器件（SW_B和 D_A）的阻断损耗可以忽略时，上述假设是正确的。但是，若所设计功率变流器导通和开关损耗都非常低，器件的阻断损耗将变得明显。如果不考虑该损耗，可能发生热失控，进而发生器件损坏[30,32]。

器件结到外壳的热阻为

$$Z_{j\_c}(s) = \sum_{k=1}^{\infty} \frac{R_{j\_c(k)}}{1 + s\tau_{j\_c(k)}} \tag{5.226}$$

式中，R_{j_c}为结到外壳的热阻（K/W）；τ_{j_c}为结到外壳的热时间常数（s）。

图 5.55 所示为 1200V 300A 的双向 IGBT/FWD 的结到外壳热阻。该热阻可近似为一个四阶 RC 网络。

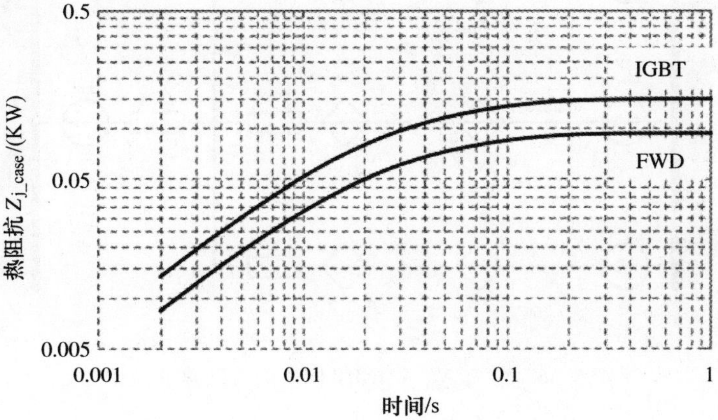

图 5.55　1200V 300A 的双 IGBT/FWD 模块结到外壳热阻

外壳到散热器的热阻可用一阶或二阶模型表述：

$$Z_{c\_hs}(s) = \sum_{k=1}^{2} \frac{R_{c\_hs(k)}}{1 + s\tau_{c\_hs(k)}} \tag{5.227}$$

热阻

$$R_{c\_hs} = R_{c\_hs(1)} + R_{c\_hs(2)} \tag{5.228}$$

为模块到散热器的接触热阻，主要取决于导热硅脂的阻值。

5.8.2.2　附着于大散热器的多模块模型

前面导出了附着于小散热器的一个双功率半导体模块的模型。通常，在大功率应用中，几个功率半导体模块附着于一个大的散热器上。在这种情况下，前面所建立模型和分析就不够准确了。区别在于每个模块都会向散热器耗散热量。由于热在散热器内的不均匀分布，各模块之间存在热交换。若模块的功率密度很高，达 5～10W/cm^2，各模块之间有显著的温度差异。需考虑该效应，设计适当的冷却系统。

图 5.56 所示为大散热器和附着于散热器的功率模块的热模型。散热器（平均）到环境的热阻为 Z_{hs}。各模块和散热器间的热阻分别为 Z_{11}～Z_{NMNM}。这些热阻被称为驱动点热阻。各模块之间的热耦合可用热阻 Z_{nk} 建模，其中，$n \in [1, N_M)$，$k \in [1, N_M)$。耦合热阻并没有物理意义，只是耦合现象的数学表述。

图 5.56 所示的热模型可用如下矩阵方程描述：

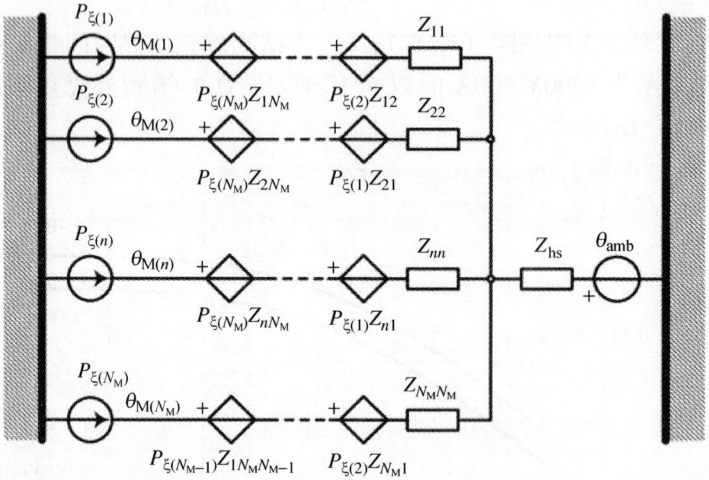

图 5.56　装有 N_M 个 IGBT 模块的大散热器模型

$$\begin{bmatrix}\theta_{M(1)}\\ \theta_{M(2)}\\ \theta_{M(n)}\\ \theta_{M(N_M)}\end{bmatrix}=\begin{bmatrix}Z_{11} & Z_{12} & Z_{1n} & Z_{1N_M}\\ Z_{21} & Z_{22} & \cdots & Z_{2N_M}\\ Z_{n1} & \cdots & Z_{nn} & Z_{nN_M}\\ Z_{N_M1} & Z_{N_M2} & Z_{N_Mn} & Z_{N_MN_M}\end{bmatrix}\begin{bmatrix}P_{\xi(1)}\\ P_{\xi(2)}\\ P_{\xi(n)}\\ P_{\xi(N_M)}\end{bmatrix}+\begin{bmatrix}1\\1\\1\\1\end{bmatrix}\theta_{amb} \tag{5.229}$$

大散热器的驱动点热阻如图 5.57 所示。该热阻利用温度阶跃响应测量，应用 Excel Solver 工具箱辨识该模型。图 5.57 中的模型为二阶模型，其参数为 $R_{hs(1)}=0.035\text{K/W}$，$\tau_{(1)}=59\text{s}$，$R_{hs(2)}=0.034\text{K/W}$，$\tau_{(2)}=9\text{s}$。

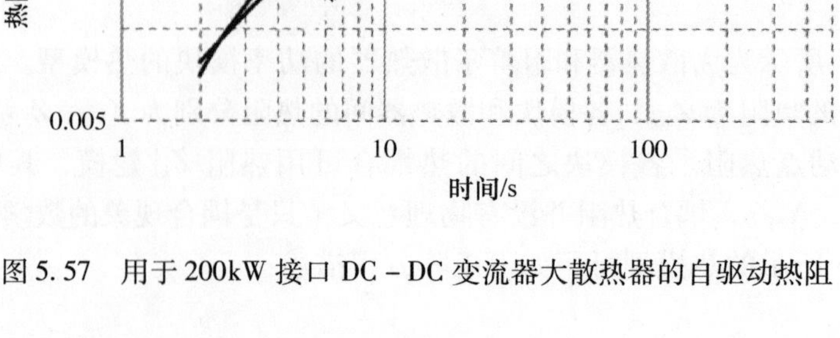

图 5.57　用于 200kW 接口 DC - DC 变流器大散热器的自驱动热阻

5.8.2.3　温度计算

结到散热器的温度为

$$\theta_{j(sw)} = P_{\xi(sw)} Z_{j\_c(sw)}(s) + (P_{\xi(sw)} + P_{\xi(D)}) Z_{c\_hs}(s) + \theta_{hs}(s) \quad (5.230)$$

$$\theta_{j(D)} = P_{\xi(D)} Z_{j\_c(D)}(s) + (P_{\xi(sw)} + P_{\xi(D)}) Z_{c\_hs}(s) + \theta_{hs}(s) \quad (5.231)$$

散热器温度 θ_{hs} 为非常数参数，其为散热器几何形状、附着于散热器功率半导体模块的数量以及各模块损耗的函数。

由式（5.229）散热器热模型可定义第 n 个功率半导体模块下的散热器温度：

$$\theta_{hs(n)} = \sum_{k=1}^{N_M} P_{\xi(k)} Z_{nk}(s) + \theta_{amb} \quad (5.232)$$

式中，$P_{\xi(k)}$ 为第 k 个模块的损耗（W）；Z_{nk} 为下标为 n 和 k 的散热器热阻（K/W）。

若器件损耗恒定（阶跃函数），将式（5.226）和式（5.227）代入式（5.230）和式（5.231）可计算结温随时间的变化：

$$\theta_{j(sw)}(t) = P_{\xi(sw)} \sum_{k=1}^{\infty} R_{j\_c(sw)(k)} (1 - e^{-\frac{t}{\tau_{j\_c(sw)(k)}}}) + (P_{\xi(sw)} + P_{\xi(D)}) \sum_{k=1}^{2} R_{c\_hs(k)} (1 - e^{-\frac{t}{\tau_{c\_hs(k)}}}) + \theta_{hs}(t) \quad (5.233)$$

$$\theta_{j(D)}(t) = P_{\xi(D)} \sum_{k=1}^{\infty} R_{j\_c(D)(k)} (1 - e^{-\frac{t}{\tau_{j\_c(D)(k)}}}) + (P_{\xi(sw)} + P_{\xi(D)}) \sum_{k=1}^{2} R_{c\_hs(k)} (1 - e^{-\frac{t}{\tau_{c\_hs(k)}}}) + \theta_{hs}(t) \quad (5.234)$$

第 n 个功率半导体模块下的散热器温度为

$$\theta_{hs(n)} = \sum_{k=1}^{N_M} P_{\xi(k)} \sum_{i=1}^{2} R_{nk(i)} (1 - e^{-\frac{t}{\tau_{nk(i)}}}) - \theta_{amb} \quad (5.235)$$

5.8.3　电磁装置的热模型

5.8.3.1　磁设备的损耗

磁设备包括铁磁心以及磁心上的一个或多个绕组。磁心磁场一般为时间的函数。简言之，其按照一定频率在最大和最小值间变动。磁场的波动在磁心材料产生损耗，使磁心发热。磁心损耗一般可表述为

$$P_{\xi(core)} = m_{core} p_{m(core)}(f, B(t)) = V_{core} p_{v(core)}(f, B(t)) \quad (5.236)$$

式中，m_{core} 为磁心的质量（kg）；V_{core} 为磁心的体积（m^3）；$p_{\xi m(core)}$ 为磁心特定损耗（W/kg）；$p_{\xi v(core)}$ 为磁心损耗密度（W/kg）；$B(t)$ 为磁心磁通密度的时间函数（T）。

$$\begin{bmatrix}\theta_{w}\\ \theta_{core}\end{bmatrix}=\begin{bmatrix}Z_{ww} & Z_{wc}\\ Z_{cw} & Z_{cc}\end{bmatrix}\begin{bmatrix}P_{\xi(w)}\\ P_{\xi(core)}\end{bmatrix}+\begin{bmatrix}1\\ 1\end{bmatrix}\theta_{amb} \tag{5.246}$$

式中，Z_{w1w1}、Z_{cc}、Z_{w2w2}、Z_{ww}为驱动点热阻抗（K/W）；

Z_{w1c}、Z_{w1w2}、Z_{w2c}、Z_{w2w1}、Z_{cw1}、Z_{cw2}、Z_{wc}为互热阻抗（K/W）。

图5.59描绘了高功率两单元ICT的驱动点热阻抗。该阻抗经温度阶跃响应测试，利用Excel Solver工具箱辨识。图5.59中的模型为二阶模型，其参数如下。磁心参数：$R_{cc(1)}=0.54$K/W，$\tau_{cc(1)}=1280$s，$R_{cc(1)}=0.060$K/W，$\tau_{cc(1)}=12$s。绕组参数：$R_{ww(1)}=0.028$K/W，$\tau_{cc(1)}=660$s，$R_{cc(1)}=0.28$K/W，$\tau_{cc(1)}=606$s。

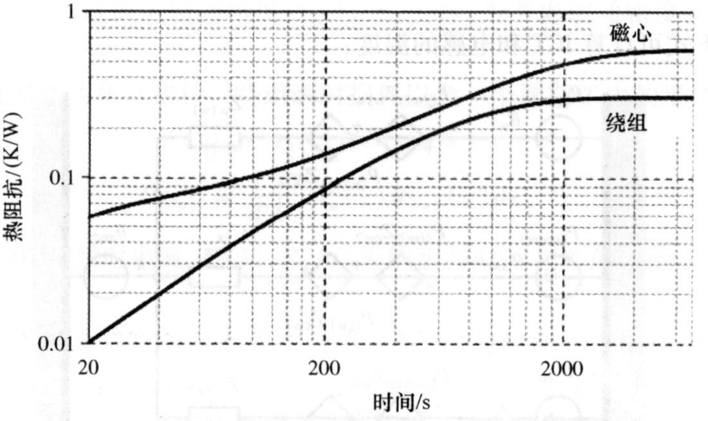

图5.59　高功率两单元ICT的实验量测热阻抗

5.8.4　电解电容器的热模型

5.8.4.1　电容器损耗机制

直流母线电容器并非理想电容器。当有电流通过电容器时，一定的能量便将以热量的形式耗散（见图5.60）。该热量由电容器内阻产生，该内阻称为ESR。不失一般性，可假设ESR是与频率相关的电阻。考虑到时频转换关系，最著名的为傅里叶变化，可以将ESR描写为与时间相关的阻值。

令ESR（t）为与时间相关的电阻，i_{CBUS}（t）为直流母线电容器电流。电容器瞬时损耗以及一个周期T内的平均损耗为

$$p_{\xi(BUS)}=i_{CBUS}^{2}(t)\mathrm{ESR}(t) \tag{5.247}$$

$$P_{\xi(BUS)}=\frac{1}{T}\int_{t}^{t+T}i_{CBUS}^{2}(\tau)\mathrm{ESR}(\tau)\mathrm{d}\tau \tag{5.248}$$

式中，T为滑动平均周期（s）；ESR（t）为直流母线电容器的时间相关内阻（Ω）。

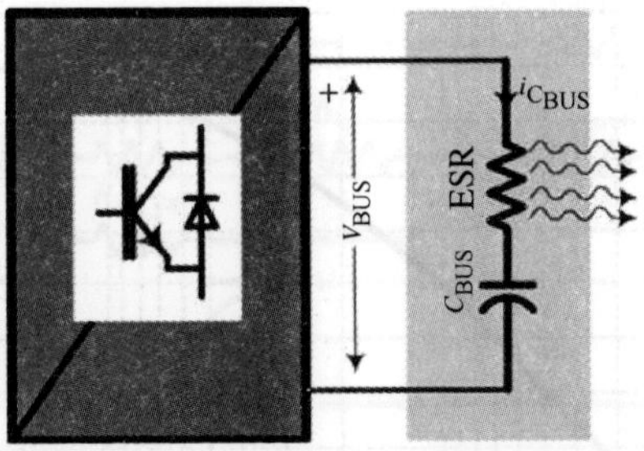

图 5.60　具有作为热损耗来源的等效串联电阻的直流母线电容器

在前一节中已解释过“时间相关电阻”的含义，见式（5.241）和式（5.242）。

在一般的功率变换应用中，直流母线电容器电流 $i_{\mathrm{CBUS}}(t)$ 为无直流分量的周期性函数：

$$i_{\mathrm{CBUS}}(t) = \sqrt{2}\sum_{k=1}^{\infty} I_{\mathrm{C(RMS)}(k)}\sin(k(2\pi f_0)t + \psi_{(k)}) \tag{5.249}$$

将式（5.249）代入式（5.248）可得到如下形式的平均损耗：

$$P_{\xi(\mathrm{CBUS})} = \sum_{k=1}^{+\infty} \mathrm{ESR}(kf_0)\cdot I^2_{\mathrm{C(RMS)}(k)} \tag{5.250}$$

式中，f_0 是基波频率（Hz）；ESR（kf_0）是第 k 次基波频率谐波下的电容器内阻（Ω）。

由式（5.249）和式（5.250）的详细推导已在 2.6 节中的式（2.97）至式（2.109）给出。

通常，电容器制造商会给出基准频率 f_{B} 下的 ESR，通常为 100Hz 或 120Hz[28]。将式（5.250）改写为如下形式：

$$P_{\xi(\mathrm{CBUS})} = \mathrm{ESR}(f_{\mathrm{B}})\sum_{k=1}^{+\infty}\frac{I^2_{\mathrm{C(RMS)}(k)}}{\left(\dfrac{\mathrm{ESR}(f_{\mathrm{B}})}{\mathrm{ESR}(kf_0)}\right)} = \mathrm{ESR}(f_{\mathrm{B}})\sum_{k=1}^{+\infty}\left(\frac{I_{\mathrm{C(RMS)}(k)}}{k_{\mathrm{F}(kf_0)}}\right)^2 \tag{5.251}$$

$$k_{\mathrm{F}(kf_0)} = \sqrt{\frac{\mathrm{ESR}(f_{\mathrm{B}})}{\mathrm{ESR}(kf_0)}} \tag{5.252}$$

式中，$k_{\mathrm{F}(k)}$ 为电流尺度系数，一般通过 $k_{\mathrm{F}(k)}$ 对频率的变化曲线给出。

图 5.61 给出了 450V 电解电容器的示例。

电容器等效 RMS 电流可从式（5.251）计算得出：

$$I_{\mathrm{CBUS(RMS)}} = \sum_{k=1}^{+\infty}\left(\frac{I_{\mathrm{C(RMS)}(k)}}{k_{\mathrm{F}(kf_0)}}\right)^2 \tag{5.253}$$

式（5.253）非常重要，用于计算电容器负载能力和预期寿命。更详细内容见 5.6.3.1 节。

根据表 5.5 中的热 - 电类比，可以建立电解电容器的等效热路图。图 5.62a

- 级联 boost - buck 变流器与 buck - boost 变流器。

在功率变换和储能应用中，若无需严格的输入/输出隔离，宜选用非隔离式变流器。主要原因是，相较于隔离式变流器，其效率及功率密度更高，损耗更低，可靠性也较高。如果输入/输出电压比大于2，宜选用隔离型的变流器。两电平多相交错式非隔离 DC - DC 变流器被认为是低电压（< AC1000V 或 DC1400V）功率变换应用的最佳选择。

本章介绍了两相交错式 DC - DC 变流器的理论背景，详细描述了其运行原则。并将分析扩展到通用的 N 相交错式 DC - DC 变流器。分析了变流器的主要参数，如输出电流纹波和直流母线电流纹波，并给出解析解。

本章详细讨论了变流器的设计步骤，为实践提供指导。逐步介绍了无源元件的设计和选型，如输出滤波电抗器和耦合变压器（ICT）、直流母线电容器和输出滤波电容器。逐步介绍了功率半导体的选型过程。本章的末尾，一般性地讨论了变流器的热管理。全面介绍了变流器损耗的来源，以及功率半导体、变压器、电抗器和电容器的损耗机理。详细介绍了功率半导体及变压器、电抗器、电容器的热模型。通过理论分析、实际案例和习题，本章清晰地概述了如何对超级电容器储能用接口 DC - DC 变流器进行选型和设计。

参考文献

1. W. Li, Lv, X., Deng, Y. *et al.* (2009) A review of non-isolated high step-Up DC/DC converters in renewable energy applications. Applied Power Electronics Conference and Exposition 2009, February, 15–19, 2009, pp. 364–369.
2. Ni, L., D. J. Patterson and J. L. Hudgins, (2012) High power current sensor-less bidirectional 16-phase interleaved DC-DC converter for hybrid vehicle application, *IEEE Transaction Power Electronics*, **27**, 3, 1141–1151.
3. Matsui, M.A., F. Ued, K. Tsubo, and K. Iwata, (1993) A technique of parallel-connections of pulse width modulated NPC inverters by using current sharing reactors Proceedings of the 1993 IEEE-PES Conference, pp. 1246–1251.
4. Panov, Y. and M. M. Jovanovic, (2001) Design consideration for 12-V/1.5-V, 50-A voltage regulator modules, *IEEE Transactions on Power Electronic*, **16**, 6, 776–783.
5. Wong, P.-L., P. Xu, B. Yang, and F. C. Lee, Performance improvements of interleaving VRMs with coupling inductors, *IEEE Transactions on Power Electronics*, **16**, 4, 499–507, 2001.
6. Li, J., C.R. Sullivan, and A. Schultz, (2002) Coupled inductor design optimization for fast-response low-voltage DC-DC converters. Proceedings of the IEEE APEC Conference, 2002, Vol. 2, pp. 817–823.
7. Shen, J., K. Rigbers, and R. W. De Doncker, (2010) A Novel phase-interleaving algorithm for multi-terminal systems, *IEEE Transactions on Power Electronics*, **25**, 3, 741–750.
8. Hirakawa, M., Y. Watanabe, M. Nagano, *et al.* (2009) High power dc-dc converter using extreme close-coupled inductors aimed for electric vehicles. Energy Conversion Conference and Exposition, ECCE 2009, September 20–24, 2009, pp. 1760–1767.
9. Schroeder, J.C., B. Wittig, and F.W. Fuchs, (2010) High efficient battery backup system for lift trucks using interleaved-converter and increased EDLC voltage range. 36th Annual Conference on IEEE Industrial Electronics Society, IECON 2010, November 7–10, 2010, pp. 2334–2339.
10. Hiranuma, S., T. Takayanagi, N. Hoshi, *et al.* (2012) Experimental consideration on dc-dc converter circuits for fuel cell hybrid electric vehicle. Electric Vehicle Conference, IEVC 2012, March 8–12, 2012.
11. Hegazy, O., J. Van Mierlo, and P. Lataire, (2012) Analysis, modeling, and implementation of a multi-device interleaved dc-dc converter for fuel cell hybrid electric vehicles, *IEEE Transactions on Power Electronics*, **27**, 11, 4445–4458.

12. Zhu, J. and A. Pratt, Capacitor ripple current in an interleaved PFC converter, (2009) *IEEE Transactions on Power Electronics*, **24**, 6, 1506–1514.
13. Lee, W., B.-M. Han, and H. Cha, (2011) Battery ripple current reduction in a three-phase interleaved dc-dc converter for 5kW battery charger. Energy Conversion Conference and Exposition, ECCE 2011, September 17–22, 2011, pp. 3535–3540.
14. Zhang, M.T., Y. Jiang, F.C. Lee, and M.M. Jovanovic, (1995) Single-phase three-level boost power factor correction converter. Proceedings of the APEC'95, March 1995, Vol. 1, pp. 434–439.
15. Ruan, X., B. Li, Q. Chen, *et al.* (2008) Fundamental considerations of three-level dc-dc converters: topologies, analyses, and control. IEEE Transactions on Circuits and Systems-I: Regular Papers, December 2008, Vol. 55, No. 11, pp. 3733–3743.
16. Shen, M., F. Z. Peng, and L. M. Leon, (2008) Multilevel dc-dc power conversion system with multiple dc source, *IEEE Transactions on Power Electronics*, **23**, 1, 1190–1197.
17. Grbović, P. J., P. Delarue, P. Le Moigne and P. Bartholomeus, (2010) A bi-directional three-level dc-dc converter for the ultra-capacitor applications, *IEEE Transactions on Industrial Electronics*, **57**, 10, 3415–3430.
18. De Doncker, R. W. A. A., D. M. Divan, and M. H. Kheraluwala, (1991) A three-phase soft-switched high-power-density DC/DC converter for high-power applications, *IEEE Transactions on Industry Applications*, **27**, 1, 63–73.
19. Park, I.G. and S.I. Kim, (1997) Modelling and analysis of multi-interphase transformers for connecting power converters in parallel. Power Electronics Specialists Conference 1997.
20. Forest, F., T. A. Meynard, Member, E. L., V. Costan, E. Sarraute, A. Cunière, and T. Martiré, (2007) Optimization of the supply voltage system in interleaved converters using intercell transformers, *IEEE Transactions on Power Electronics*, **22**, 3, 934–942.
21. Labouré, E., A. Cunière and T. A. Meynard, (2008) A theoretical approach to inter-cell transformers, application to interleaved converters, *IEEE Transactions on Power Electronics*, **23**, 1, 464–474.
22. Tolstov, G. P. (1962) *Fourier Series*, Englewood Cliffs, Prentice-Hall.
23. Forest, F., E. Laboure and T. A. Meynard, (2009) Design and comparison of inductors and intercell transformers for filtering of PWM inverter output, *IEEE Transactions on Power Electronics*, **24**, 3, 812–821.
24. Colonel W. M., T. McLyman, (2011) *Transformer and Inductor Design Handbook*, Electrical and Computer Engineering, Boca Raton, CRC Press, 4th edn.
25. Hitachi Metals POWERLITE® C-Cores, Hitachi Metals www.hitachimetals.com (accessed 22 April 2013)
26. Ruan, X., B. Li, and Q. Chen, (2004) Three-level converters-a new approach for high voltage and high power DC-to-DC conversion. 33rd Annual Power Electronics Specialists Conference, PESC'02, Vol. 2, pp. 663–668.
27. TDK Epcos (2012) Film Capacitors for Industrial Applications, EPCOS Data Book 2012, www.epcos.com (accessed 22 April 2013).
28. TDK Epcos (2012) Aluminum Electrolytic Capacitors, General Technical Information, EPCOS Data Book 2013, www.epcos.com (accessed 22 April 2013).
29. Infineon http://www.infineon.com (accessed 22 April 2013)
30. Grbović, P. J. (2012) Art of control of advanced power semiconductors: from theory to practice. Full day tutorial, IPEMC (ECCE Asia) 2012, IEEE Energy Conversion Congress and Exposition, Harbin, Chine, June 2–6, 2012.
31. Linder, S. (2006) *Power Semiconductors*, Lausanne, EPFL Press, (Collection: Electrical Engineering).
32. Schnell, R. and N. Kaminski, Thermal Runaway During Blocking, Application Note 5SYA 2045-01, ABB Switzerland Ltd, Semiconductors, April 2005.
33. Caliskan, V.A, O. C. Verghese, and A. M. Stankovic, (1999) Multi-frequency averaging of dc-dc converters, *IEEE Transactions on Power Electronics*, **14**, 1, 124–133.
34. Albersten, A. *Electrolytic Capacitor Life Time Estimation*. Jinghai Europe GmbH, www.janghai-europe.com.
35. Karshenas, H. R., H. Daneshpajooh, A. Safaee, P. Jain and A. Bakhshai, (2011) *Bidirectional dc—dc converters for energy storage systems, energy storage in the emerging era of smart grids*, R. Carbone (Ed.)http://www.intechopen.com/books/energy-storage-in-the-emerging-era-of-smart-grids/bidirectional-dc-dcconverters-for-energy-storage-systems (accessed 29 April 2013).
36. Zhang, J., J.-S. Lai, R.-Y. Kim, and W. Yu, (2007) High-power density design of a soft-switching high-power bidirectional dc–dc converter, *IEEE Transaction Power Electronics*, **22**, 4, 1145–1153.

37. Zhao, C., S. D. Round, and J.W. Kolar, (2008) An isolated three-port bidirectional DC-DC converter with decoupled power flow management, *IEEE Transactions on Power Electronics*, **23**, 5, 2443–2453.
38. Inoue S. and H. Akagi, (2007) A bi-directional DC-DC converter for an energy storage system with galvanic isolation, *IEEE Power Electronics*, **22** 6, 2299–2306.
39. Ortiz, G., D. Bortis, J.W. Kolar, and O. Apeldoorn, (2012) Soft-switching techniques for medium-voltage isolated bidirectional DC/DC converters in solid state transformers. Proceedings of the 38th Annual Conference of the IEEE Industrial Electronics Society (IECON 2012), Montreal, Canada, October 25–28, 2012.
40. Van de Bossche, A. and V. C. Valchev, (2005) *Inductors and Transformers for Power Electronics*, Boca Raton, CRC Press.
41. Notaroš, B. M. (2010)*Electromagnetics*, Englewood Cliff, Prentice Hall, 1st edn.
42. Grbović, P.J. (2010) Ultra-capacitor based regenerative energy storage and power factor correction device for controlled electric drives. PhD Dissertation. Laboratoire d'Electrotechnique et d'Electronique de Puissance (L2EP) Ecole Doctorale SPI 072, Ecole Centrale de Lille, July 2010, Lille.
43. Parler, S.G. Jr., (1999) Thermal modeling of aluminum electrolytic capacitors. IEEE Industry Application Society Conference, October 1999.
44. Graovac D. and M. Pürschel, *IGBT Power Losses Calculation Using the Data-Sheet Parameters*, Application Note, V.1.1, Edition 2009-01-29, 2009, Infineon Technologies AG, Neubiberg.

图书在版编目（CIP）数据

超级电容器在功率变换系统中的应用、分析与设计：从理论到实际/（德）佩塔尔 J. 格尔波维奇著；田立亭等译．—北京：机械工业出版社，2017.5
（国际电气工程先进技术译丛）
书名原文：Ultra – Capacitors in Power Conversion Systems：Applications，Analysis and Design from Theory to Practice
ISBN 978-7-111-56266-5

Ⅰ.①超… Ⅱ.①佩… ②田… Ⅲ.①电容器 – 应用 – 功率变换器 – 研究 Ⅳ.①TM761

中国版本图书馆 CIP 数据核字（2017）第 047018 号

机械工业出版社（北京市百万庄大街 22 号 邮政编码 100037）
策划编辑：顾 谦 责任编辑：顾 谦
责任校对：张 薇 封面设计：马精明
责任印制：李 昂
三河市宏达印刷有限公司印刷
2017 年 5 月第 1 版第 1 次印刷
169mm × 239mm · 18.5 印张 · 349 千字
0 001—3000 册
标准书号：ISBN 978 - 7 - 111 -56266-5
定价：79.00 元

凡购本书，如有缺页、倒页、脱页，由本社发行部调换

电话服务
服务咨询热线：010 – 88361066
读者购书热线：010 – 68326294
010 – 88379203
封面无防伪标均为盗版

网络服务
机 工 官 网：www. cmpbook. com
机 工 官 博：weibo. com/cmp1952
金 书 网：www. golden – book. com
教育服务网：www. cmpedu. com

